JN276464

詳解　大学院への数学
——微分積分編

佐藤義隆監修／本田龍央，五十嵐貫　著

東京図書株式会社

R〈日本複写権センター委託出版物〉
本書の全部または一部を無断で複写複製(コピー)することは、著作権法上での例外を除き、禁じられています。本書からの複写を希望される場合は、日本複写権センター(03-3401-2382)にご連絡ください。

はじめに

　本書は『詳解　大学院への数学』の姉妹書である．『詳解　大学院への数学』は 1982 年に発行されて以来 30 年以上の長きにわたり親しまれてきた．この間，読者から詳しい解答以外にも，その問題の意味や出題の意図（数学の中での位置づけ）なども知ることができれば，という要望がなされてきた．そこで本書は，最近出題された微分積分学の入試問題について［基本問題］，［解答］，［解説］，［練習問題］を 1 セットとし，章末に［標準問題］，［発展問題］を置く構成とした．

　［基本問題］は，出題されたものの中から適当と思われるものを 3〜5 題取り上げ，各問題に［解答（答案例）］をつけ，さらに［解説］では，問題を解くためのポイント，必要な公式と使い方の注意，出題者の意図（その問題の数学における意味）を書き，問題によっては，関連する他の数学的な事柄についても触れた．読者は［基本問題］を考え，［解答］を読んで答案の作り方を学び，［解説］によって，問題を解くにあたり何を考え何処に注意を払えばよいのか，またその問題が数学分野の中でどのような意味を持つか関連する周辺の知識も得ることができると考える．

　［練習問題］は，［基本問題］を解けるようになるために必要な基礎的な問題である．各章末の［標準問題］は，［基本問題］よりやや難しめの問題であるが，［発展問題］は，主に数学系大学院の入試問題であり，数学系以外の人は解けなくても解答を読んで「入試問題の奥深さ」を感じていただければと思う．

　大学院入試問題は，専門の研究を行っていく上で必要な力を測るために出題される．言い換えれば，学部でしっかり学習して欲しい数学がここに示されているとも言える．

一般に大学院入試問題は，標準的教科書の章末問題のレベルを越えるものであり，一つの問題もいくつかの数学項目にまたがる内容となっているものが少なくない．教科書の単元別学習だけでは対処することはできないと思う．入試問題をすらすら解ける人はほとんどいないであろう．**解けないのが普通なのである**．しかし問題にチャレンジし，解答，解説を繰り返し読んで考えることで，解けるようになってくる．

　問題の中には幾通りかの解法が考えられるものもある．頁数の関係で別解を示すことはできなかった．しかも説明したい事柄に関連させて，必ずしもベストな解法でないものもある．読者は問題を理解したら是非別解についても考えて欲しい．別解を考えることで数学的思考力が増すばかりでなく，問題を解く楽しさも体験できるようになる．練習問題の解答は巻末に略解として掲載したが，より詳しい解答は本書のサポートページ上に，準備の整い次第掲載する予定である．

　本書で扱った問題数は多くはないが，問題を解くための基本的役割は十分に果たせると考えている．さらに多くの問題を解いてみたいと考える読者には『詳解　大学院への数学（改訂新版）』を薦めたい．

　なお本書の原稿は，本田が問題の選択，執筆を行い，五十嵐が解答をフォローし，佐藤が全体に目を通した．

　本書「微分積分編」に引き続き「線形代数編」の刊行も予定されている．

　本書のシリーズが，読者の問題を解く力を増し，数学への興味を大きくすることにいささかでも寄与することができれば，著者達にとってこの上もない喜びである．

　本書を編むに当たって，東京図書の松永智仁氏，清水剛氏に大変お世話になりました．この場を借りてお礼申し上げます．

2014 年 9 月

佐藤義隆

　本書のサポートページ（http://math-prof-test.mods.jp/kaneko/）には，練習問題の詳しい解答例や本書の訂正等の追加情報を掲載していますので，ご覧下さい．（本田追記）

目 次

第1章　1変数の微分　　1
- §1.1　基本問題編　　1
  - 1.1.1　基本的な関数の微分　　1
  - 1.1.2　定義に関連する問題　　18
- §1.2　標準問題編　　28

第2章　関数のベキ級数展開　　41
- §2.1　基本問題編　　41
  - 2.1.1　ベキ級数展開の問題　　41
  - 2.1.2　近似, 誤差の評価　　58
  - 2.1.3　l'Hospital の定理　　60
- §2.2　標準・発展問題編　　66

第3章　1変数の積分　　79
- §3.1　基本問題編　　79
  - 3.1.1　不定積分の計算問題　　79
  - 3.1.2　定積分の計算問題　　95
  - 3.1.3　広義積分　　102
- §3.2　標準・発展問題編　　111

第 4 章 　多変数の微分　　　　　　　　　　　　　134

§4.1　基本問題編 ･････････････････････････････ 134
§4.2　標準・発展問題編 ･･･････････････････････ 155

第 5 章 　重積分　　　　　　　　　　　　　　　　171

§5.1　基本問題編 ･････････････････････････････ 171
　　5.1.1　（有限領域での）計算問題 ･･････････････ 171
　　5.1.2　3 重以上の重積分の計算問題 ･･････････ 183
　　5.1.3　広義積分 ･････････････････････････････ 186
§5.2　標準・発展問題編 ･･･････････････････････ 188

第 6 章 　極値の問題　　　　　　　　　　　　　　208

§6.1　基本問題編 ･････････････････････････････ 208
§6.2　標準・発展問題編 ･･･････････････････････ 220

第 7 章 　図形への応用　　　　　　　　　　　　　238

§7.1　基本問題編 ･････････････････････････････ 238
§7.2　標準問題編 ･････････････････････････････ 248

微分積分の基本公式　　　　　　　　　　　　　　271

練習問題の略解　　　　　　　　　　　　　　　　274

索　引　　　　　　　　　　　　　　　　　　　　279

◆装幀　戸田ツトム

第1章　1変数の微分

　1変数関数の微分積分の重要性はあらためて言うまでもないだろう．理工系の大学入試でも花形であり問題の種類も多様である．大学院入試でも1変数関数に関する問題はあるが，ほとんどが大学以降に学習した内容からの出題である．大学以降の数学は内容自体が高度なため，大学入試のようなひねった問題を作るのは難しく，教科書にある典型的な例題，演習問題がそのまま出題される場合が多い．本章では具体的な関数の微分の計算に関するもの，一般の関数に対する微分の定義に関わるものの2種類に分けて解説を行う．ここでは典型的な計算問題を中心に取り上げた．

　なお，微分の応用である Taylor 展開，極値に関する問題，また（l'Hospital の定理などの）極限への応用については別立ての章で解説する．

§1.1　基本問題編

1.1.1　基本的な関数の微分

この節では計算技術の確認という意味で，微分の計算問題を取り上げる．特に大学院入試で頻繁に出題される計算問題として

- 基本関数の計算問題（【基本問題 1,2】）
- 対数微分法による計算（【基本問題 3】）」
- 高階導関数の計算（【基本問題 4】）
- 曲線に関係する微分の計算（【基本問題 5】）

という4種類が考えられる．微分積分の教科書でもこの辺りが標準的な項目であろう．各項目ごとに解説する．尚，陰関数の微分は曲線に関係する微分の計算に含まれる内容だが，これは第4章で扱う．

基本問題 1

次の関数を x で微分せよ.

(1) $y = \ln(\tan x) + \sin^{-1}(\cos x)$ $(0 < x < \pi)$ (2) $y = \ln\sqrt{\dfrac{1-\cos x}{1+\cos x}}$

((1) 東京農工大工学研究科)

基本問題 1 の解答

(1) $y_1 = \ln s,\ s = \tan x,\ y_2 = \sin^{-1}(t),\ t = \cos x$ と置く. このとき連鎖律より

$$\frac{dy_1}{dx} = \frac{dy_1}{ds} \cdot \frac{ds}{dx} = \frac{1}{s} \cdot \frac{1}{\cos^2 x} = \frac{1}{\tan x} \cdot \frac{1}{\cos^2 x} = \frac{1}{\sin x \cos x}$$

$$\frac{dy_2}{dx} = \frac{dy_2}{dt} \cdot \frac{dt}{dx} = \frac{1}{\sqrt{1-t^2}} \cdot (-\sin x)$$

$$= \frac{1}{\sqrt{1-\cos^2 x}} \cdot (-\sin x) = \frac{1}{\sin x} \cdot (-\sin x)$$

$y = y_1 + y_2$ より $\dfrac{dy}{dx} = \dfrac{dy_1}{dx} + \dfrac{dy_2}{dx} = \dfrac{1 - \sin x \cos x}{\sin x \cos x}$

(2) $y = \ln s,\ s = \sqrt{t},\ t = (1-u)/(1+u),\ u = \cos x$ と置く. このとき連鎖律より

$$\frac{dy}{dx} = \frac{dy}{ds} \cdot \frac{ds}{dt} \cdot \frac{dt}{du} \cdot \frac{du}{dx}$$

$$= \frac{1}{s} \cdot \frac{1}{2\sqrt{t}} \cdot \frac{(1-u)'(1+u) - (1-u)(1+u)'}{(1+u)^2} \cdot (-\sin x)$$

$$= \underbrace{\frac{1}{s} \cdot \frac{1}{2\sqrt{t}} \cdot \frac{-2}{(1+u)^2}}_{(*)} \cdot (-\sin x)$$

$s = \sqrt{t},\ t = (1-u)/(1+u),\ u = \cos x$ より

$(*) = \dfrac{1}{\sqrt{t}} \cdot \dfrac{1}{2\sqrt{t}} \cdot \dfrac{-2}{(1+u)^2} = \dfrac{1}{2t} \cdot \dfrac{-2}{(1+u)^2} = \dfrac{-1}{1-u^2} = \dfrac{-1}{1-\cos^2 x} = -\dfrac{1}{\sin^2 x}$

したがって $\dfrac{dy}{dx} = \dfrac{-1}{\sin^2 x} \cdot (-\sin x) = \dfrac{1}{\sin x}$ ∎

> **解 説**
>
> **1.** 最初に基本的な計算問題について考える．一般の関数に対する公式を求めるような問題でない限り「計算せよ」という問題に現れる関数は高校で学んだ，
>
> （多項式を含む）有理関数：$\dfrac{a_m x^m + \cdots + a_1 x + a_0}{b_n x^n + \cdots + b_1 x + b_0}$, 無理関数：$\sqrt[n]{x}$
>
> 指数関数：$e^x = \exp(x)$, 三角関数：$\sin x, \cos x, \tan x$,
>
> 対数関数：$\ln x = \log_e x$
>
> の5種と，大学で導入される
>
> 逆三角関数：$\sin^{-1} x \quad (-1 \leq x \leq 1), \quad \cos^{-1} x \quad (-1 \leq x \leq 1),$
> $\tan^{-1} x \quad (-\infty < x < \infty)$
>
> （定義は次問の解説参照）
>
> を加えた計6種の基本的な関数を和，差，積，商，および代入操作により組合せて作られる．たとえば(2)の関数 $y = \ln \sqrt{\dfrac{1-\cos x}{1+\cos x}}$ は
>
> $y = \ln s$（対数関数），$s = \sqrt{t}$（無理関数），
> $t = \dfrac{1-u}{1+u}$（有理関数），$u = \cos x$（三角関数）
>
> という4種の関数の合成と考えられる．複雑に見える関数も基本的な関数を一つひとつ重ねているだけなのである．そして微分の計算は6種の関数に対する導関数の公式（巻末の公式集を参照のこと）と各組合せに関する次の微分の公式を用いることで遂行される：

定理1

I.（四則演算に関する導関数）　微分可能な関数 $f(x)$, $g(x)$, および定数 α, β に対して次の等式が成り立つ：

(1)　（微分の線形性）　$(\alpha f(x) + \beta g(x))' = \alpha f'(x) + \beta g'(x)$
(2)　（積の微分の法則）　$(f(x)g(x))' = f'(x)g(x) + f(x)g'(x)$
(3)　（商の微分）　$\left(\dfrac{f(x)}{g(x)}\right)' = \dfrac{f'(x)g(x) - f(x)g'(x)}{(g(x))^2}$　　$(g(x) \neq 0)$

特に　$\left(\dfrac{1}{g(x)}\right)' = -\dfrac{g'(x)}{(g(x))^2}$

II.（合成関数の導関数，連鎖律）　$y = f(t)$, $t = g(x)$ がともに微分可能ならば合成関数 $y = f(g(x))$ も微分可能であり，さらに次の公式が成り立つ：

$$\frac{dy}{dx} = \frac{dy}{dt}\frac{dt}{dx}$$

上の解答例は合成関数であること，そして連鎖律を利用したことを強調したが，ここまで丁寧に書かずとも，次のように各公式を適切に利用したこと，および鍵となる式変形がアピールできていればよい．

【(1) の解答（簡易版）】

$$\begin{aligned} y' &= \frac{1}{\tan x}\cdot\frac{1}{\cos^2 x} + \frac{1}{\sqrt{1-\cos x^2}}\cdot(-\sin x) \\ &= \frac{1}{\sin x \cos x} - \frac{\sin x}{\sin x} = \underline{\frac{1 - \sin x \cos x}{\sin x \cos x}} \end{aligned}$$

2. 上の (2) の解答では上述の例で与えた組合せに従って微分の計算を実行したが，対数の性質を利用すると次のように計算できる：

【別解2】　$y = \ln\sqrt{\dfrac{1-\cos x}{1+\cos x}} = \dfrac{1}{2}\ln\dfrac{1-\cos x}{1+\cos x} = \dfrac{1}{2}(\ln(1-\cos x) - \ln(1+\cos x))$ より

$$y' = \frac{1}{2}\{(\ln(1-\cos x))' - (\ln(1+\cos x))'\} = \frac{1}{2}\left\{\frac{\sin x}{1-\cos x} - \frac{-\sin x}{1+\cos x}\right\}$$
$$= \frac{1}{2}\frac{\sin x(1+\cos x) + \sin x(1-\cos x)}{1-\cos^2 x} = \frac{1}{2}\frac{2\sin x}{\sin^2 x} = \underline{\frac{1}{\sin x}}$$

> このように各関数のいろいろな性質を利用することで，微分の計算が容易にできるようになる．下ごしらえは問題を料理するための基本である！
>
> **3.** 本書では対数の記号を出題に合わせて log, ln の両方を使う．高校の教科書，および数学科では自然対数 $\log_e$ を log と略記しているが，工学では常用対数 $\log_{10}$ を log と略記する場合が多く，その代わりに自然対数を ln (logarithmus naturalis) と記す．ちなみに $\log_{10} 2 \fallingdotseq 0.3010$, $\log_e 2 \fallingdotseq 0.6931$ である．問題文中に $\log 2 \fallingdotseq 0.3010$ という記述があったら log は常用対数の意味で用いている．

〔練習問題 1〕以下の関数を微分せよ．（基本 6 種の関数の和，積および合成関数として分解せよ．）

(1) $\quad y = \tan^{-1}\dfrac{1-x^2}{1+x^2}$ $\qquad$ (2) $\quad y = \sin^{-1}\tan\ln(x^2+1)$

(3) $\quad y = \dfrac{1}{2\sqrt{2}}\left(\dfrac{1}{2}\ln\dfrac{x^2+\sqrt{2}x+1}{x^2-\sqrt{2}x+1} + \tan^{-1}\dfrac{\sqrt{2}x}{1-x^2}\right)$

((1) 筑波大システム情報工学研究科)

6 第1章 1変数の微分

基本問題 2

関数 $y = \dfrac{1}{2}\left(x\sqrt{a^2-x^2} + a^2 \sin^{-1}\dfrac{x}{a}\right)$ $(a > 0)$ を微分せよ．
（筑波大システム情報工学研究科，他）

基本問題 2 の解答

$$\begin{aligned}
y' &= \frac{1}{2}\left\{\sqrt{a^2-x^2} + x\left(-\frac{x}{\sqrt{a^2-x^2}}\right) + a^2 \frac{1}{\sqrt{1-\left(\frac{x}{a}\right)^2}}\cdot\frac{1}{a}\right\} \\
&= \frac{1}{2}\left\{\sqrt{a^2-x^2} - \frac{x^2}{\sqrt{a^2-x^2}} + \frac{a^2}{\sqrt{a^2-x^2}}\right\} \\
&= \frac{1}{2}\left\{\sqrt{a^2-x^2} + \frac{a^2-x^2}{\sqrt{a^2-x^2}}\right\} = \frac{1}{2}\left(\sqrt{a^2-x^2} + \sqrt{a^2-x^2}\right) \\
&= \underline{\sqrt{a^2-x^2}}
\end{aligned}$$

解説

1. まずは逆三角関数の定義を確認する．同様なので逆正弦関数のみ扱うことにする．定義の仕方はいろいろあるが，ここでは幾何学的，関数的な2種の定義を述べる：

定義 1 逆正弦関数の幾何学的定義

$-1 \leq y \leq 1$ となる y に対し y 座標が y となる単位円上，かつ xy 平面の半平面 $x \geq 0$ 内にある点を P とする．半直線 OP と x 軸とのなす角が θ であるとき，

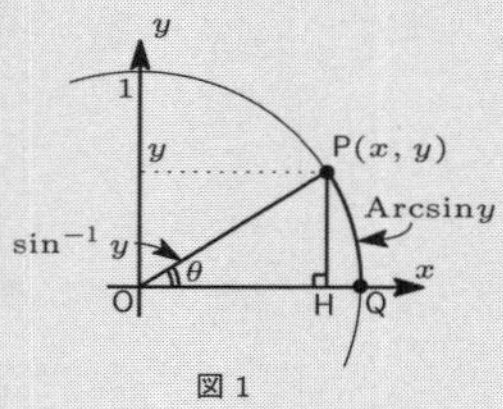

$$\sin^{-1} y = \text{Arcsin}\, y := \theta$$

と定義する．$\text{Arcsin}\, y$ は半弦 PH $(= y)$ に対する弧 $(= \text{arc})$ $\overparen{PQ}$ の長さと考えることもできる．

図 1

定義 2　逆関数としての逆正弦関数の定義

1つの y に対して $y = \sin\theta$ となる θ は複数（無限個）あるので，写像 $\theta \mapsto \sin\theta = y$ の逆対応を考えると多価関数（値が複数あるような関数）になってしまう（図1, 図3参照）．

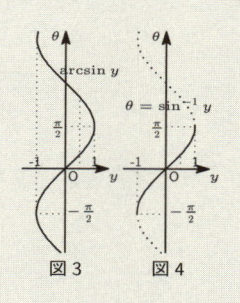

そこで θ の範囲を $-\frac{\pi}{2} \leq \theta \leq \frac{\pi}{2}$ に限定すれば $-1 \leq y \leq 1$ なる y に対応する θ はただ一つになり，写像 $\theta \mapsto \sin\theta = y$ の逆対応は一価関数（値がただ一つの通常の意味の関数）となる（図2, 図4参照）．この一価関数

$$\sin^{-1} : [-1, 1] \ni y \mapsto \sin^{-1} y := \theta \in [-\tfrac{\pi}{2}, \tfrac{\pi}{2}]$$

を逆正弦関数という．ちなみに $y = \sin\theta$ の逆対応を $\arcsin y$ と記すこともある．

逆余弦関数 $\cos^{-1} x$，逆正接関数 $\tan^{-1} x$ についても上と同様に幾何学的な定義，および関数的な定義ができる．流儀によって記号の使い方は異なるので，最初に意味を確認してもらいたい．

2. 逆三角関数の微分の公式

$$(\sin^{-1} x)' = \frac{1}{\sqrt{1-x^2}}, \qquad (\cos^{-1} x)' = -\frac{1}{\sqrt{1-x^2}} \quad (-1 < x < 1),$$

$$(\tan^{-1} x)' = \frac{1}{1+x^2}$$

は大学に入ってから導入される関数の微分ということもあって大学院入試で最も標的になる公式の一つである．結果は有名な不定積分の公式であり，本問はその証明問題として頻繁に出題されている．また類似の公式

$$\left\{\frac{1}{2}\left(x\sqrt{x^2+A} + A\ln|x+\sqrt{x^2+A}|\right)\right\}' = \sqrt{x^2+A} \qquad (A \neq 0)$$

およびこれらの逆である不定積分

$$\int \sqrt{a^2-x^2}\,dx = \frac{1}{2}\left(x\sqrt{a^2-x^2} + a^2\sin^{-1}\frac{x}{a}\right) + C$$

$$\int \sqrt{x^2+A}\,dx = \frac{1}{2}\left(x\sqrt{x^2+A} + A\ln|x+\sqrt{x^2+A}|\right) + C$$

は（導出も含めて）覚えておかなければいけない重要な公式である．

3. 微分の計算というのは組合せに従って公式を丁寧に適用していけば実行できる．問題となるのは微分の計算の後の整理の部分．よく見かけるのは微分しっぱなしという答案．ひどい場合は上の解答例の1行目をちょっと整理した

$$y' = \frac{1}{2}\left\{\sqrt{a^2-x^2} - \frac{x^2}{\sqrt{a^2-x^2}} + \frac{a}{\sqrt{1-\left(\frac{x}{a}\right)^2}}\right\}$$

で終わってしまうような答案もある．一般に何処まで整理すればよいか？　これは後続の問題にもよるので絶対的な正解はないが，よく知られた公式なので，本問に関しては少なくとも $\sqrt{a^2-x^2}$ まで整理して欲しい．

このような変形の練習が微分積分で必要な基礎体力を作るのである．

〔練習問題 2〕 関数 $y = \dfrac{1}{2}\left(x\sqrt{x^2+A} + A\ln|x+\sqrt{x^2+A}|\right)$ $(A \neq 0)$ を微分せよ．

基本問題 3

(i) $y = \sqrt[x]{x}$,　(ii) $y = x^3\sqrt{\dfrac{2x^2+4x+1}{x^3+x+1}}$ をそれぞれ微分せよ．

((ii) 東京工業大総合理工学研究科メカノマイクロ専攻)

基本問題 3 の解答

(i) $y = x^{\frac{1}{x}} = e^{\frac{1}{x}\ln x}$ より

$$y' = \left(e^{\frac{1}{x}\ln x}\right)' = e^{\frac{1}{x}\ln x}\left(\frac{\ln x}{x}\right)' = x^{\frac{1}{x}}\cdot\frac{1-\ln x}{x^2} = \underline{x^{\frac{1}{x}-2}(1-\ln x)}$$

(ii) 両辺の対数をとる：

$$\ln y = \ln\left(x^3\sqrt{\frac{2x^2+4x+1}{x^3+x+1}}\right) = 3\ln x + \frac{1}{2}(\ln(2x^2+4x+1) - \ln(x^3+x+1))$$

この両辺を x で微分すれば

$$\frac{y'}{y} = \frac{3}{x} + \frac{4(x+1)}{2(2x^2+4x+1)} - \frac{3x^2+1}{2(x^3+x+1)} = \frac{(*)}{2x(2x^2+4x+1)(x^3+x+1)}$$

$$\begin{aligned}(*) =& 3\times 2(2x^2+4x+1)(x^3+x+1)\\&+ 4(x+1)\times x(x^3+x+1) - (3x^2+1)\times x(2x^2+4x+1)\\=& 12x^5 + 24x^4 + 18x^3 + 36x^2 + 30x + 6\\&+ 4x^5 + 4x^4 + 4x^3 + 8x^2 + 4x\\&- 6x^5 - 12x^4 - 5x^3 - 4x^2 - x\\=& 10x^5 + 16x^4 + 17x^3 + 40x^2 + 33x + 6\end{aligned}$$

$$\begin{aligned}\therefore\ y' &= y\times\frac{(*)}{2x(2x^2+4x+1)(x^3+x+1)}\\&= \underline{\frac{x^2(10x^5+16x^4+17x^3+40x^2+33x+6)}{2(2x^2+4x+1)^{1/2}(x^3+x+1)^{3/2}}}\end{aligned}$$

解　説

1. 特殊な微分の計算方法である対数微分法に関する問題である．逆三角関数と並んで大学院入試では格好の標的となっている．対数微分法が利用される典型的な問題には (i) のように肩（指数部分）に変数を含む関数の微分と (ii) のような多項式のベキ（$p(x)^\alpha$ という形の式）の分数式の微分の計算，という2種がある．

(i) 通常「両辺の対数をとって」という文言から始めるが，肩に変数のある場合は公式「$A = e^{\ln A}$」を使って対数を使って底を肩に乗せる方法も便利である．たとえば $y = a^x$ の微分を計算する場合，

$$y = a^x = (e^{\ln a})^x = e^{(\ln a)x}, \quad y' = (e^{(\ln a)x})' = (\ln a)e^{(\ln a)x} = (\ln a)a^x$$

のように計算することもできる．ちなみに $(a^x)'$ の微分と x^a の微分を混同している答案（多いのは $(a^x)' = xa^{x-1}$ という誤答）をよく見かける．再度確認を．

(ii) 有理式の分母が1種類の1次式のベキならば商の微分などで直接処理できるが，何種類か含まれる場合は対数微分法のほうがすっきりと処理できる．もちろん，力技で商の微分を用いて計算してもよいが．

2. $f(x)$ を微分可能な関数とする．連鎖律を用いれば次の公式を得る：

$$(e^{f(x)})' = f'(x)e^{f(x)}, \quad (\log|f(x)|)' = \frac{f'(x)}{f(x)} \quad \text{（後者は '対数微分' などと呼ばれている．）}$$

上の解答では (i) では前者を，(ii) では後者を用いた．さらにこれらを不定積分として考えた

$$\int f'(x)e^{f(x)}dx = e^{f(x)} + C, \quad \int \frac{f'(x)}{f(x)}dx = \log|f(x)| + C \quad \text{（C は定数）}$$

は非常によく使われる公式となる．

12　第1章　1変数の微分

> **3.** (ii) の解答の (∗) では式を縦に並べて書いてみた．展開式を延々と横に並べていき，整理し切れず，最終的に計算間違いをしている答案がある．正確さを重視する採点者は容赦なく 0 点をつけるだろう．実にもったいない．一般に展開式は往々にして長くなり，横一列に並べる書き方は計算ミスを誘発する．別に上のように縦型に書く必要はないが書き方一つでミスを劇的に軽減される場合もある．各自書き方を工夫してみて欲しい．
>
> **4.** 途中計算が多くなる問題の解答を見ていると解答用紙を計算用紙代わりに使いゴチャゴチャしすぎて途中経過が読み取り不能な答案や結果のみの答案を見かける．最終的な結果だけではなく導いた根拠・過程も込めて「答え」であり，その「答え」を出題者，採点者に提示するものが答案なのである．答案には計算力，知識だけでなくセンスや性格も現れる．がさつな答案を書く人は整理できないことから研究者の適性を疑われる．結果のみの答案は下手をすると不正まで疑われかねない．単に結果を求めるだけでなく，答案の書き方にも気を配って欲しい．

〔練習問題 3〕　次の関数の導関数を求めよ．

(1) $y = x^{x^x}$　(2) $y = x^{\sin^{-1} x}$　(3) $y = (\sin x)^{\sin x}$　(4) $y = \sqrt[4]{\dfrac{(a+x)(b+x)}{(a-x)(b-x)}}$

基本問題 4

(1) $y = x^{n-1} \log x$ であるとき,$d^n y/dx^n$ を求めよ.ただし n は自然数とする.
(2) $f(x) = x^2 e^{x/2}$ の n 次導関数を求めよ.
((1) 北海道大環境科学研究科,(2) 筑波大システム情報工学研究科社会システム工学専攻)

基本問題 4 の解答

(1) $y_n = x^{n-1} \log x$ と置く.$(x^{n-1})^{(n)} = 0$ に注意して $y_n^{(n)}$ を $n = 1, 2, 3, 4$ のときに計算すれば

$$y_1^{(1)} = (\log x)' = \frac{1}{x}, \quad y_2^{(2)} = (\log x + 1)' = y_1^{(1)} = \frac{1}{x},$$
$$y_3^{(3)} = (2x \log x + x)'' = 2y_2^{(2)} = \frac{2}{x},$$
$$y_4^{(4)} = (3x^2 \log x + x^2)^{(3)} = 3y_3^{(3)} = 3 \cdot \frac{2}{x} = \frac{3!}{x}$$

となる.これらの計算より $y_n^{(n)} = \dfrac{(n-1)!}{x}$ $\cdots$ $(*)$ であると予想される.この予想を帰納法で示す.一般の $n\ (\geq 2)$ に対し $n-1$ まで $(*)$ が成立すると仮定すれば

$$\begin{aligned} y_n^{(n)} = (y_n')^{(n-1)} &= \left\{(n-1)x^{n-2} \log x + x^{n-2}\right\}^{(n-1)} \\ &= (n-1)(x^{n-2} \log x)^{(n-1)} + 0 \\ &= (n-1) \cdot y_{n-1}^{(n-1)} = (n-1) \cdot \frac{(n-2)!}{x} = \frac{(n-1)!}{x}. \end{aligned}$$

したがって任意の n に対して $(*)$ は成立する.ゆえに $(x^{n-1} \log x)^{(n)} = \underline{\dfrac{(n-1)!}{x}}$

(2) Leibniz の法則より $f^{(n)}(x) = \displaystyle\sum_{k=0}^{n} {}_nC_k (x^2)^{(k)} (e^{x/2})^{(n-k)}$.$(x^2)' = 2x$, $(x^2)'' = 2$, $(x^2)^{(k)} = 0\ (k \geq 3)$ より

$$f^{(n)}(x) = x^2 (e^{x/2})^{(n)} + n \cdot 2x (e^{x/2})^{(n-1)} + \frac{n(n-1)}{2} \cdot 2 (e^{x/2})^{(n-2)}$$

$$= x^2 \frac{e^{x/2}}{2^n} + 2nx \frac{e^{x/2}}{2^{n-1}} + n(n-1) \frac{e^{x/2}}{2^{n-2}}$$
$$= \frac{e^{x/2}}{2^n} \{x^2 + 4nx + 4n(n-1)\}$$

■

解 説

1. 高階導関数 $y', y'', \cdots$ を求める問題は単独としてでなくベキ級数展開の問題の一部として扱われることが多い．後に続く解析の問題で必要となる計算である（他の計算例については第 2 章も参照のこと）．

(1) は法則性を探る問題とみて解答した．簡単な場合の計算結果から法則性を探っていく方法は如何なる問題にも有効である．ただし，実験結果により得られた法則性はあくまで「予想」であって，予想は証明して初めて正しい「結論」となる．一方，(2) では Leibniz の法則を用いた：

定理 2　Leibniz の法則

関数 f, g の積 $f \cdot g$ の n 階導関数は次で与えられる：

$$(f \cdot g)^{(n)} = \sum_{k=0}^{n} {}_nC_k f^{(n-k)} \cdot g^{(k)}$$
$$= f^{(n)} g + n f^{(n-1)} g^{(1)} + \frac{n(n-1)}{2} f^{(n-2)} g^{(2)}$$
$$+ \cdots + \frac{n(n-1)}{2} f^{(2)} g^{(n-2)} + n f^{(1)} g^{(n-1)} + f g^{(n)}$$

ここで ${}_nC_k$ は二項係数を表す．

Leibniz の法則は各関数 f, g の高階導関数の計算が簡単な場合（たとえば一方が多項式になっている場合，または一方が指数関数になっている場合など）には有効だが，このような特別な状況以外では計算上の旨みはない．Leibniz の法則は具体的な計算よりも理論の展開上で用いる公式だろう．

2. 一般に高階導関数の計算は簡単ではない．たとえば関数 $y = \dfrac{1}{x^2+1}$ の高階導関数 $y^{(n)}$ は

$$y^{(n)} = \frac{(-1)^n n!}{(x^2+1)^{(n+1)/2}} \sin\left((n+1)\operatorname{arccot} x\right)$$

(arccot は $\cot x = \dfrac{\cos x}{\sin x}$ の逆関数，岩波『数学公式 I』p.32 参照）というように高々有理関数の微分なのだが記述には三角関数が現れる．特に分数の形になっているものの高階導関数は大抵の場合，複雑になり，うまく誘導しない限り入試問題としては出題し難い．入試で出題できる関数の範囲は実は非常に狭いのである．

〔練習問題 4〕　次の関数の n 次導関数を求めよ．

(1)　$y = \dfrac{1}{x^2-1}$ 　(2)　$y = \dfrac{ax+b}{cx+d}$ 　$(ad-bc \neq 0)$ 　(3)　$y = \sin ax \cos bx$

(4)　$y = \cos^3 x$ 　(5)　$y = e^x \sin x$ 　(6)　$y = x^3 \sin x$ 　(7)　$y = x^{n-1} e^{1/x}$

基本問題 5

$x = 1/(t^3 + t + 1)$, $y = 2t/(t^3 + t + 1)$ で与えられる x の関数 y の微分 dy/dx, および d^2y/dx^2 を求めよ.
(東京工業大総合理工学研究科メカノマイクロ工学専攻 改題)

基本問題 5 の解答

$d/dt = (\dot{\ })$ と記すことにする.
$\dfrac{dy}{dx} = \dfrac{\dot{y}}{\dot{x}}$ および $\dot{x} = \dfrac{-(3t^2 + 1)}{(t^3 + t + 1)^2}, \dot{y} = \dfrac{-2(2t^3 - 1)}{(t^3 + t + 1)^2}$ より $\dfrac{dy}{dx} = \underline{\dfrac{2(2t^3 - 1)}{3t^2 + 1}}$.

一般の 2 階微分は $\dfrac{d^2y}{dx^2} = \dfrac{1}{\dot{x}} \dfrac{d}{dt}\left(\dfrac{\dot{y}}{\dot{x}}\right)$ と計算できる.

$$\frac{d}{dt}\left(\frac{\dot{y}}{\dot{x}}\right) = \frac{d}{dt}\left(2\frac{2t^3 - 1}{3t^2 + 1}\right) = 2\frac{6t^2(3t^2 + 1) - (2t^3 - 1) \cdot 6t}{(3t^2 + 1)^2} = 12t\frac{t^3 + t + 1}{(3t^2 + 1)^2}$$

$\therefore \dfrac{d^2y}{dx^2} = \dfrac{1}{-\dfrac{3t^2 + 1}{(t^3 + t + 1)^2}} \cdot 12t \dfrac{t^3 + t + 1}{(3t^2 + 1)^2} = \underline{-12t\dfrac{(t^3 + t + 1)^3}{(3t^2 + 1)^3}}$

■

解 説

理学, 工学では質点の移動による軌跡として曲線が現れる. 曲線を表現する方法としては, 時間 (パラメータ) に伴い質点の位置を明示する方法, 時間が経過した後にできる軌跡を座標変数間の関係式として表す方法などがある. 微分係数の計算は質点が瞬間的に移動したときの x 座標と y 座標の変位の割合として出現し, 表現方法に応じて計算方法が確立している. 本問は前者の計算例である.

まず時刻 t における質点 P の x, y 座標が t の関数 $x(t), y(t)$ を用いて表される場合を考える. 物理学では t に関する 1 階微分, 2 階微分はそれぞれ速度, 加速度と解釈できる. 複数の変数が連動している場合には Leibniz

流の微分記号 $\dfrac{dy}{dx}$ が有効となる．上の問題で用いた公式をあらためて書くと1階導関数は $\dfrac{dy}{dx} = \dfrac{dy/dt}{dx/dt} = \dfrac{\dot{y}}{\dot{x}}$ であり，2階導関数は次のように計算できる：

$$\dfrac{d^2y}{dx^2} = \boxed{\dfrac{d}{dx}}\left(\dfrac{dy}{dx}\right) = \boxed{\dfrac{dt}{dx}\dfrac{d}{dt}}\left(\dfrac{\dot{y}}{\dot{x}}\right) = \boxed{\dfrac{1}{\frac{dx}{dt}} \cdot \dfrac{d}{dt}}\left(\dfrac{\dot{y}}{\dot{x}}\right)$$

$$= \dfrac{1}{\dot{x}}\underbrace{\dfrac{d}{dt}\left(\dfrac{\dot{y}}{\dot{x}}\right)}_{\text{商の微分}} = \dfrac{1}{\dot{x}}\dfrac{\ddot{y}\dot{x} - \dot{y}\ddot{x}}{(\dot{x})^2}$$

このように微分量をあたかも分数の如く代数的に扱えるようになる．また Leibniz 流の記号とは別に微分の記号 $(\dot{\ })$ も用いたが，こちらは Newton の用いた記号である．理工系では記号 $(\dot{\ })$ により時間 t に関する微分を表すのが慣例である．ちなみに一方の書き方に統一しなければいけない，というこだわりを持っている方もいるが，一方の流儀にのみ従うのではなく状況に応じて使い分けるというのが賢明だと思う．

〔練習問題5〕 曲線 $y = f(x)$ が極座標 $x = r\cos\theta, y = r\sin\theta$ に関して $r = r(\theta)$ で表されたとする．このとき次式が成り立つことを証明せよ．

(1) $\dfrac{dy}{dx} = \dfrac{\frac{dr}{d\theta}\sin\theta + r\cos\theta}{\frac{dr}{d\theta}\cos\theta - r\sin\theta}$

(2) $\dfrac{d^2y}{dx^2} = \dfrac{r^2 + 2\left(\frac{dr}{d\theta}\right)^2 - r\frac{d^2r}{d\theta^2}}{\left(\frac{dr}{d\theta}\cos\theta - r\sin\theta\right)^3}$

1.1.2 定義に関連する問題

大学院入試では計算以外の問題は数理・情報系の専攻に集中するが，定義，定理の確認という意味で，数理・情報以外でも稀に出題されている．

基本問題 6

集合 X をユークリッド空間上の凸集合とし，$f : X \to \mathbb{R}$ を X 上の実数値関数であるとする．任意の $\mathbf{x}, \mathbf{x}' \in X$，および任意の $0 \leq t \leq 1$ に対して次式が成り立つとき，$f(\mathbf{x})$ を**凹関数**という：

$$f((1-t)\mathbf{x} + t\mathbf{x}') \geq (1-t)f(\mathbf{x}) + tf(\mathbf{x}')$$

特に任意の $0 < t < 1$，および $\mathbf{x} \neq \mathbf{x}'$ に対して次式が成り立つときには $f(\mathbf{x})$ を**狭義の凹関数**という．

$$f((1-t)\mathbf{x} + t\mathbf{x}') > (1-t)f(\mathbf{x}) + tf(\mathbf{x}')$$

以下の問いに答えよ．

(1) 集合 X および関数 $f : X \to \mathbb{R}$ を，それぞれ $X = \mathbb{R}$ および $f(x) = ax + b$ (a, b は実数) とする．このとき $f(x)$ が凹関数であることを上述の定義を用いて示せ．

(2) 集合 X および関数 $f : X \to \mathbb{R}$ を，それぞれ $X = \{x \in \mathbb{R} \mid x \geq 0\}$ および $f(x) = \sqrt{x}$ とする．このとき $f(x)$ が狭義の凹関数であることを上述の定義を用いて示せ．

(3) 集合 X を $X = \mathbb{R}$ とし，$f : \mathbb{R} \to \mathbb{R}$ が微分可能であるとする．$f(x)$ が凹関数ならば，任意の実数 $x_1, x_2 \in X$ に対して次式が成り立つことを証明せよ．

$$f(x_2) \leq f(x_1) + f'(x_1) \cdot (x_2 - x_1)$$

(4) 集合 X および関数 $f : X \to \mathbb{R}$ を，それぞれ $X = \{(x, y) \in \mathbb{R}^2 \mid x \geq 0, y \geq 0\}$ および $f(x, y) = \sqrt{xy}$ とする．このとき $f(x, y)$ は凹関数であるが，狭義の凹関数ではないことを上述の定義を用いて示せ．

§1.1 基本問題編   19

(筑波大システム情報工学研究科 社会システム工学専攻)

基本問題 6 の解答

(1) $x, x' \in \mathbb{R}, \ 0 < t < 1$ とする.

$$
\begin{aligned}
f((1-t)x + tx') &= a((1-t)x + tx') + b = (1-t)ax + tax' + (1-t+t)b \\
&= (1-t)ax + (1-t)b + tax' + tb = (1-t)f(x) + tf(x')
\end{aligned}
$$

より $f(x)$ は（狭義ではない）凹関数である.

(2) $x, x' \in \mathbb{R} \ (x \neq x'), \ 0 < t < 1$ とする.

$$
\begin{aligned}
&\{f((1-t)x + tx')\}^2 - \{(1-t)f(x) + tf(x')\}^2 \\
&= \{(1-t)x + tx'\} - \{(1-t)^2 x + 2(1-t)t\sqrt{xx'} + t^2 x'\} \\
&= (1-t)tx - 2(1-t)t\sqrt{xx'} + (1-t)tx' \ = \ (1-t)t(\sqrt{x} - \sqrt{x'})^2
\end{aligned}
$$

$0 < t < 1$ より $(1-t)t > 0$, $x \neq x'$ より $(\sqrt{x} - \sqrt{x'})^2 > 0$ だから $f((1-t)x + tx')^2 - ((1-t)f(x) + tf(x'))^2 > 0$ である. 一般に $X, Y > 0$ に対して $X^2 - Y^2 = (X+Y)(X-Y) > 0$ ならば $X - Y > 0$ となる. 仮定より $f((1-t)x + tx'), (1-t)f(x) + tf(x') > 0$ だから, 上の考察と合わせて $f((1-t)x + tx') > (1-t)f(x) + tf(x')$ である. ゆえに $f(x)$ は狭義の凹関数である.

(3) 仮定より任意の $x_1, x_2 \in \mathbb{R}$ と $0 < t < 1$ について

$$f((1-t)x_1 + tx_2) \geq (1-t)f(x_1) + tf(x_2),$$

$$\therefore \ f(x_2) - f(x_1) \leq \frac{f((1-t)x_1 + tx_2) - f(x_1)}{t}$$

また $t = 0$ の近傍で

$$
\begin{aligned}
&f((1-t)x_1 + tx_2) \\
&= f(x_1 + t(x_2 - x_1)) \\
&= f(x_1) + \left.\frac{d\{f(x_1 + t(x_2 - x_1))\}}{dt}\right|_{t=0} \cdot t + \varepsilon(t) \qquad \text{かつ} \quad \lim_{t \to 0} \frac{\varepsilon(t)}{t} = 0 \\
&= f(x_1) + f'(x_1)(x_2 - x_1)t + \varepsilon(t)
\end{aligned}
$$

したがって $f((1-t)x_1 + tx_2) - f(x_1) = f'(x_1)(x_2 - x_1)t + \varepsilon(t)$ と表されるので

$$f(x_2) - f(x_1) \leq \frac{f'(x_1)(x_2 - x_1)t + \varepsilon(t)}{t} = f'(x_1)(x_2 - x_1) + \frac{\varepsilon(t)}{t}$$

となる．ここで t を 0 に近づければ $\lim_{t \to 0} \frac{\varepsilon(t)}{t} = 0$ だから $f(x_2) \leq f(x_1) + f'(x_1)(x_2 - x_1)$ が成り立つ．

(4) $\mathbf{x} = (x, y)$, $\mathbf{x}' = (x', y') \in X$, $0 < t < 1$ のとき

$$\{f((1-t)\mathbf{x} + t\mathbf{x}')\}^2 - \{(1-t)f(\mathbf{x}) + tf(\mathbf{x}')\}^2$$
$$= \left\{\sqrt{((1-t)x + tx')((1-t)y + ty')}\right\}^2 - \left\{(1-t)\sqrt{xy} + t\sqrt{x'y'}\right\}^2$$
$$= (1-t)t\left\{(xy' + x'y) - 2\sqrt{xx'yy'}\right\} = (1-t)t\left(\sqrt{xy'} - \sqrt{x'y}\right)^2 \geq 0.$$

(2) と同様の議論により $f((1-t)\mathbf{x} + t\mathbf{x}') \geq (1-t)f(\mathbf{x}) + tf(\mathbf{x}')$．したがって f は凹関数である．一方，直線 $x = y$ 上の点 $\mathbf{x} = (x, x)$, $\mathbf{x}' = (x', x')$ $(x \neq x')$，および $0 < t < 1$ に対し

$$f((1-t)\mathbf{x} + t\mathbf{x}') = (1-t)x + tx' = (1-t)f(\mathbf{x}) + tf(\mathbf{x}')$$

となり，$\mathbf{x} \neq \mathbf{x}'$ であっても等号が成立する．よって狭義の凹関数ではない． ∎

解 説

本問は最適化と呼ばれる問題に現れる一定理が題材になっている．特に(3)の不等式は微分の定義式の使い方の一例であり，また定理の証明自体が出題されている例にもなっている．

1. 最初に凸集合の定義を述べる．

定義（凸集合） ユークリッド空間内の集合 C について

"C の任意の二点 P, Q を端点とする線分 PQ は C に含まれる"

が成り立つとき，C は凸集合 (convex set) という．平たく言えば，へこみのない集合を凸という（前ページの図参照）．

2. (1) では不等号が現れないので不安になるが，特に間違ったことは言っていない．たとえば $5 < 10$ を $5 \leq 10$ と書いてもなんら間違ってはいない．次いで (2) について，二乗して根号を外すのはこの手の問題の常套手段だろう．上の解答例では詳しく根拠を書いたが，$x < y \Leftrightarrow \sqrt{x} < \sqrt{y}$ は常識的な事実なのでここまで詳しく書く必要はないだろう．

3. 微分可能性の定義には次のような形がある．

定義 3　微分可能の定義 1

$x = a$ の近傍で定義された関数 $f(x)$ に対し極限
$$\lim_{x \to a} \frac{f(x) - f(a)}{x - a}$$
が存在するとき $f(x)$ は $x = a$ で微分可能であるといい，この極限を $f(x)$ の $x = a$ における微分係数という．

定義 4　微分可能の定義 2

$x = a$ の近傍で定義された関数 $f(x)$ に対し次の条件を満たす定数 α が存在したとする：

"$\varepsilon(x) = f(x) - f(a) - \alpha(x - a)$ とおけば
$$\lim_{x \to a} \left| \frac{\varepsilon(x)}{x - a} \right| = 0 \text{ となる．"}$$

このとき $f(x)$ は $x = a$ で微分可能であるといい，この α を $f(x)$ の $x = a$ における微分係数という．

前者は微分係数を求める際に用いられる．一方，後者は "接線が引ける"

ということを定義にしたものであり，本問のような幾何学的考察を要する問題に適している．(3) での定義式の使い方には多少経験を要するだろう．「凹である」という条件を素直に使えば結論は案外簡単に導かれる．微分に関する証明問題では微分の定義式と平均値の定理の 2 種類が基本ツールである．本格的に難しいものもあるが，定義や条件を素直に使えば容易に結論が導かれるものが割合多い．条件が上手くハマって綺麗に結論が導かれたときの達成感は簡単な計算問題で得られる小さな成功体験の比ではない．慣れてくるまで時間は掛かるが毛嫌いせずに付き合って欲しい．

「原理を知らずとも数値の算出方法だけ知っていればよい」「証明などは数学の先生に任せておけばよい」という意見を持っている方が少なくない．扱う対象が特化されているという状況ならば正論だが，さまざまな状況が現れるような現場においては原理を知らない（＝特定の状況にしか対応できない）というのはナンセンスである．全ての原理を知る必要はないが，少なくとも自分が研究対象とするものに関連する公式の導出方法（＝証明）くらいは知っておくべきだろう．

4. 凹関数，凸関数については，標準問題 2 とその解説も参照して下さい．

〔練習問題 6〕 $f(x)$ を開区間 I で定義された関数とする．以下の 3 つの設問に答えよ．

(1) $f(x)$ は $x = a \in I$ で微分可能，すなわち
$$\lim_{x \to a-0} \frac{f(x) - f(a)}{x - a} = \lim_{x \to a+0} \frac{f(x) - f(a)}{x - a}$$
であるものとする．このとき $f(x)$ が $x = a$ で連続，すなわち
$$f(a) = \lim_{x \to a-0} f(x) = \lim_{x \to a+0} f(x)$$
を満たすことを示せ．

(2) $f(x)$ が $x = a \in I$ で連続ならば，$f(x)$ は $x = a$ で微分可能となるか，答えを裏付ける証明か反例を示せ．

(3) $f(x)$ が $x = a \in I$ で連続ならば，$(x-a)f(x)$ は $x = a$ で微分可能となるか，答えを裏付ける証明か反例を示せ．

（筑波大システム情報工学研究科）

〔練習問題 7〕 n 次元ユークリッド空間を $\mathbb{R}^n$ とするとき，次の小問 (1) から (3) に答えよ．

(1) 　$\mathbb{R}^n$ の部分集合 C が凸集合であることの定義を述べよ．
(2) 　関数 $f: \mathbb{R}^n \to \mathbb{R}$ が凸関数であることの定義を述べよ．
(3) 　関数 $f: \mathbb{R}^n \to \mathbb{R}$ が凸関数であるとき，任意の実数 $\beta \in \mathbb{R}$ に対して次の集合
$$C = \{\, x \in \mathbb{R}^n \mid f(x) \leq \beta \,\}$$
が凸集合となることを証明せよ．

（東京工業大社会理工学研究科 経営工学専攻）

基本問題 7

$f(x)$ は実軸上で定義された実数値連続関数で,任意の実数 x, y に対して

$$f(x+y) = f(x) + f(y)$$

をみたすものとする.このとき

$$f(x) = ax \qquad (a = f(1))$$

であることを示せ.
(早稲田大基幹理工学研究科 数学応用数理専攻)

基本問題 7 の解答

以下の順で示す.

1. $f(0+0) = f(0) + f(0)$ より $f(0) = 0$ となる.

2. 任意の x に対し $f(0) = f(x-x) = f(x) + f(-x)$ より $f(-x) = -f(x)$ となる.

3. 任意の x と整数 n に対し $f(nx) = nf(x)$ が成り立つ.

(∵) まず n は 1 以上の整数だとする.n に関する帰納法による.$n = 2$ のとき $f(2x) = f(x+x) = f(x) + f(x) = 2f(x)$.また $n \geq 3$ のとき,帰納法の仮定より

$$f(nx) = f((n-1)x + x) = f((n-1)x) + f(x) = (n-1)f(x) + f(x) = nf(x)$$

したがって n が 1 以上の整数ならば成立する.また 1, 2 より n が 0, 負の整数の場合も成立する.

4. 任意の x と 1 以上の整数 m に対し $f\left(\dfrac{x}{m}\right) = \dfrac{1}{m}f(x)$ が成り立つ.

(∵) 3. より $f(x) = f\left(m\dfrac{x}{m}\right) = mf\left(\dfrac{x}{m}\right)$.したがって $f\left(\dfrac{x}{m}\right) = \dfrac{1}{m}f(x)$.

5. 1〜4 より $n, m \in \mathbb{Z}$ $(m \geq 1)$ に対して $f\left(\dfrac{n}{m}\right) = nf\left(\dfrac{1}{m}\right) = \dfrac{n}{m}f(1) = a\dfrac{n}{m}$. ゆえに任意の有理数 $x \in \mathbb{Q}$ に対し $f(x) = ax$ が成り立つ.

6. x を無理数とする. $\mathbb{R}$ における有理数の稠密性より x に対し $\lim_{n\to\infty} x_n = x$ となる有理数から成る数列 $\{x_n\}_{n=1,2,\ldots}$ が存在する. f の連続性と 5 より

$$f(x) = f(\lim_{n\to\infty} x_n) = \lim_{n\to\infty} f(x_n) = \lim_{n\to\infty} ax_n = a\lim_{n\to\infty} x_n = ax.$$

1〜6 より任意の実数 $x \in \mathbb{R}$ に対し $f(x) = ax$ となることが示された.

> **解 説**
>
> 微分に直接関係ないが,連続の意味や解析のエッセンスがぎゅっと詰まった問題なので,ここに掲載した.解答の構成をみると前半部と後半部に分けられる.
>
> 解答の前半部 (1〜5) は代数的部分.自然数より始めて(有限回の)代数的な操作で捉えることができる限界が有理数という範疇である.写像 f に対して与えられた条件は純代数的なものだから,$f(1)$ より始めて条件式より導き出せる結論の限界は有理数までである.
>
> 解答の後半部 (6) で有理数体の範疇で得られた結果が実数体の範疇でも有効であることを示す.無理数は代数的な操作では届かない範囲にあるので,無条件では結論に到達できない.ここで必要となるのが極限,稠密,連続等々の概念である.極限,連続の定義は ϵ-δ 論法を用いて正確に定義すべきなのだろうが,頁数の関係より中途半端になってしまうので割愛し,ここでは稠密性の定義のみ与える.

> **定義 5　稠密性**
>
> $\mathbb{R}^n$ の部分集合 $A \subset B$ について，B の任意の点 b に対し，
>
> 　任意の $\varepsilon > 0$ に対し $|a - b| < \varepsilon$ となる $a \in A$ が存在する．
>
> という条件が成り立つとき，A は B に於いて稠密 (dense) であるという．

有理数の全体 $\mathbb{Q}$ は実数全体 $\mathbb{R}$ の中で稠密に分布する．したがって無理数の近くには必ず有理数がいる．有理数の範疇で成立していることはその近くにいる無理数たちについても成立しているだろうと推測できる．「ある集団が皆同じ性格なら，その側近も同様の性格になる」という推測が正しい事を保証するのが"連続"という条件である．

2. 説明なしに $\mathbb{R}, \mathbb{Q}$ などの記号を使ってきたので，ここにまとめておく．数の集合としては　$\mathbb{N}$：自然数 (natural number) 全体の集合，$\mathbb{Z}$：整数 (integer) 全体の集合，$\mathbb{Q}$：有理数 (rational number) 全体の集合，$\mathbb{R}$：実数 (real number) 全体の集合，$\mathbb{C}$：複素数 (complex number) 全体の集合，の5種類が頻繁に用いられる．ちなみに $\mathbb{Z}$ はドイツ語で数を表す "*Zahlen*" の頭文字，$\mathbb{Q}$ は商を表す "*quotient*" の頭文字である．これらの数の集合の間には

$$\mathbb{N} \subset \mathbb{Z} \subset \mathbb{Q} \subset \mathbb{R} \subset \mathbb{C}$$

という包含関係がある．なお，自然数の全体 $\mathbb{N}$ は 0 を含む流儀と含まない流儀がある．誤用を避けるために正整数（1以上），非負整数（0以上）という用語を用いることもある．

数と呼ばれるものはこれら以外にも数学・情報系では有限個からなる数の集合（有限体または Galois 体），実数の 10 進数表示を変形した p 進数，複素数の拡張である四元数，八元数，さらには積の順序を交換すると $ab = -ba$ とマイナスが現れる Grassmann 数という奇妙な数を考えることもある．

〔**練習問題 8**〕 連続関数 $f : \mathbb{R}^2 \to \mathbb{R}$ が $(x,y) \neq (0,0)$ のとき正であり，なおかつ，すべての $c > 0$ と実数の組 (x,y) について
$$f(cx, cy) = cf(x,y)$$
を満たしているものとする．このとき，ある正の数 $a \leq b$ がとれて
$$a\sqrt{x^2+y^2} \leq f(x,y) \leq b\sqrt{x^2+y^2}$$
が成り立つことを示せ．
（神戸大理学研究科 数学専攻）

§1.2 標準問題編

標準問題 1

(1) $\mathbb{R}$ 上の関数 $f(x)$ を

$$f(x) = \begin{cases} x^2 \cos \frac{1}{x} & (x \neq 0) \\ 0 & (x = 0) \end{cases}$$

で定義する．関数 $f(x)$ は微分可能であるが，導関数は連続ではないことを示せ．

(2) $\mathbb{R}$ 上の関数 $g(x)$ を

$$g(x) = \begin{cases} \sin \frac{1}{x} & (x \neq 0) \\ 0 & (x = 0) \end{cases}$$

で定義する．関数 $g(x)$ の原始関数が存在することを示せ．

(九州大数理学府)

標準問題 1 の解答

(1) $x = 0$ のとき $|\cos \theta| \leq 1$ より

$$\left| \frac{f(x) - f(0)}{x - 0} - 0 \right| = \left| x \cos \frac{1}{x} \right| \leq |x| \xrightarrow[x \to 0]{} 0$$

より $f(x)$ は $x = 0$ で微分可能，かつ $f'(0) = 0$ となる．$x \neq 0$ で微分可能であることは明らかであり，$f'(x) = 2x \cos \frac{1}{x} + \sin \frac{1}{x}$ となる．したがって $f(x)$ は $\mathbb{R}$ 上で微分可能となる．一方，右辺の第 2 項は $x \to 0$ のときの極限が存在しないので $\lim_{x \to 0} f'(x) \neq f'(0)$ となり，ゆえに $f'(x)$ は連続ではない．

(2) $\mathbb{R}$ 上の関数 $h(x)$ を

$$h(x) = \begin{cases} 2x \cos \frac{1}{x} & (x \neq 0) \\ 0 & (x = 0) \end{cases}$$

で定義する．$h(x)$ は $x \neq 0$ のとき連続であり，また $|h(x)| \leq 2|x|$ より $x = 0$ でも連続．したがって $h(x)$ は $\mathbb{R}$ 上連続となる．ここで $H(x) = \int_0^x h(x)dx$ とすれば $H(x)$ は微分可能であり，かつ $H'(x) = h(x)$ が成り立つ．さらに $G(x) = f(x) - H(x)$ と置けば (1) と併せて $G(x)$ は微分可能であることが分かり，$x \neq 0$ のとき

$$G'(x) = 2x\cos\frac{1}{x} + \sin\frac{1}{x} - h(x) = \sin\frac{1}{x},$$

また $G'(0) = f'(0) - h(0) = 0 = g(0)$ だから，$G(x)$ は $g(x)$ の原始関数であることが分かる． ∎

解説

まず一般の C^k 級関数の定義を与える．

定義6 C^k 級関数

$\mathbb{R}$ の区間 I で定義された関数 f が I の各点で k 回微分可能かつ k 階導関数 $f^{(k)}$ が連続であるとき，f は I で C^k 級 または k 回連続微分可能であるという．特に C^0 級関数とは連続関数のことであり，また任意回数微分可能な関数を C^∞ 級または無限回微分可能であるという．

本問 (1) は微分可能だが C^1 級ではない，すなわち1階導関数が連続ではない関数の例を扱った頻出の問題．一方，(2) の $g(x)$ は $x = 0$ の近傍で激しく振動し，したがって $x = 0$ で連続にならない．教科書，参考書で御馴染みの例だが，$g(x)$ の原始関数を求めている問題はあまり見ない．関数は連続でなくても原始関数は存在するという例になっている．微分，積分は強力なツールではあるが万能ではなく，前提条件が崩れていると定理は成立しない．定理が成立しない実例（= 反例）を学ぶのはツールを適切に利用する上で知っておかなければいけない大事な知識である．大学院入試でも教科書にあるような反例がそのまま出題される場合も多いので，単純に公式を用いた計算だけでなく，反例になっているような例題もしっかりとカバーしておいて欲しい．

標準問題 2

区間 $I = (a,b)$ $(a < b)$ において関数 $f(x)$ は 2 回連続微分可能で $f''(x) > 0$ であるとする．以下の問に答えよ．

(1) 区間 I に含まれる数 x, c に対して
$$f(x) \geq f(c) + f'(c)(x - c)$$
が成り立つことを示せ．

(2) I に含まれる任意の x_k $(k = 1, 2, \ldots, n)$ に対して，不等式
$$f\left(\frac{x_1 + x_2 + \cdots + x_n}{n}\right) \leq \frac{f(x_1) + f(x_2) + \cdots + f(x_n)}{n}$$
が成り立つことを示せ．またここで等号が成り立つための必要十分条件を求めよ．

(3) 区間 $[\alpha, \beta]$ $(\alpha < \beta)$ 上で定義された連続関数 $g(t)$ の値域が I に含まれているとき，不等式
$$f\left(\frac{1}{\beta - \alpha}\int_\alpha^\beta g(t)dt\right) \leq \frac{1}{\beta - \alpha}\int_\alpha^\beta f(g(t))dt$$
が成り立つことを示せ．

(九州大数理学府)

標準問題 2 の解答

(1) f が 2 回微分可能であることと Taylor の定理より
$$f(x) = f(c) + \frac{f'(c)}{1!}(x - c) + \frac{f''(c')}{2!}(x - c)^2, \qquad c < c' < x$$

となる c' が存在する．このとき仮定 $f''(x) > 0$ より $f(x) \geq f(c) + f'(c)(x-c)$ となる．特に等号が成立するのは $x = c$ のときのみである．

(2) (1) より全ての n について $f(x_i) \geq f(c) + f'(c)(x_i - c)$ $(i = 1, 2, \cdots, n)$ が成り立つ．したがって

$$f(x_1) + \cdots + f(x_n) \geq nf(c) + f'(c)(x_1 + \cdots + x_n - nc)$$

となる．ここで $c = \frac{x_1 + \cdots + x_n}{n}$ とおけば (2) の不等式を得る．等号成立は各不等式が成り立つときに限るから $x_1 = c, \cdots x_n = c$, すなわち $x_1 = x_2 = \cdots = x_n$ のときに限る．

(3) $g(t)$, $f(g(t))$ は閉区間 $[\alpha, \beta]$ 上連続，したがって積分可能だから区分求積法より

$$\int_\alpha^\beta g(t)dt = \lim_{n\to\infty} \frac{\beta-\alpha}{n} \sum_{k=1}^n g\left(\alpha + \frac{(\beta-\alpha)k}{n}\right),$$

$$\int_\alpha^\beta f(g(t))dt = \lim_{n\to\infty} \frac{\beta-\alpha}{n} \sum_{k=1}^n f\left(g\left(\alpha + \frac{(\beta-\alpha)k}{n}\right)\right)$$

と表される．このとき f の連続性に注意すれば (2) の不等式より

$$f\left(\frac{1}{\beta-\alpha}\int_\alpha^\beta g(t)dt\right) = f\left(\frac{1}{\beta-\alpha}\lim_{n\to\infty}\frac{\beta-\alpha}{n}\sum_{k=1}^n g\left(\alpha + \frac{(\beta-\alpha)k}{n}\right)\right)$$

$$= \lim_{n\to\infty} f\left(\frac{1}{n}\sum_{k=1}^n g\left(\alpha + \frac{(\beta-\alpha)k}{n}\right)\right)$$

$$\leq \lim_{n\to\infty} \frac{1}{n}\sum_{k=1}^n f\left(g\left(\alpha + \frac{(\beta-\alpha)k}{n}\right)\right)$$

$$= \frac{1}{\beta-\alpha} \lim_{n\to\infty} \frac{\beta-\alpha}{n} \sum_{k=1}^n f\left(g\left(\alpha + \frac{(\beta-\alpha)k}{n}\right)\right)$$

$$= \frac{1}{\beta-\alpha} \int_\alpha^\beta f(g(t))dt$$

したがって $f\left(\frac{1}{\beta-\alpha}\int_\alpha^\beta g(t)dt\right) \leq \frac{1}{\beta-\alpha}\int_\alpha^\beta f(g(t))dt$ となる． ■

解　説

1. 本問は関数の凸性を利用した不等式の証明問題であり，古くから大学，大学院入試で出題されている．2階導関数は幾何的にグラフの凸性と関連している．

定義 7

$f: I \to \mathbb{R}$ を閉区間 I 上の実数値関数であるとする．任意の $x, x' \in I$，および任意の $0 \leq t \leq 1$ に対して次式が成り立つとき，$f(x)$ を凸関数という：
$$f((1-t)x + tx') \leq (1-t)f(x) + tf(x')$$
特に任意の $0 < t < 1$，および $x \neq x'$ に対して
$$f((1-t)x + tx') < (1-t)f(x) + tf(x')$$
が成り立つときには $f(x)$ を狭義の凸関数という．また $-f(x)$ が凸，狭義の凸関数のとき，$f(x)$ を凹関数，狭義の凹関数 という．

定理 3

区間 I で $f(x)$ が2階微分可能なとき，次の4条件は互いに同値である：

(a) 　f は凸関数である．

(b) 　$a < x < b$ となる任意の $a, b, x \in I$ に対し次の不等式が成り立つ（下図参照）：
$$\frac{f(x) - f(a)}{x - a} \leq \frac{f(b) - f(a)}{b - a} \leq \frac{f(b) - f(x)}{b - x}$$

(c) 　f' は I 上で単調に増加する．

(d) 　任意の $x \in I$ に対し $f''(x) \geq 0$.

特に任意の $x \in I$ に対し $f''(x) > 0$ ならば f は狭義の凸関数である．

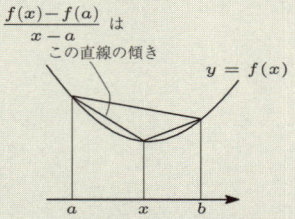

(1) は上の定理の証明において (d) から (a) を導く際に用いられる不等式をそのまま問題にしたものである．定理に証明が付いている教科書であれば大抵載っているだろう．なお，証明中にある Taylor の定理については第 2 章基本問題 1 の解説を参照のこと．

大学の数学は「定理 → 証明」というスタイルで講義が行われると言うのが標準的だが，このスタイル，特に証明を付けることに異論を唱える方も少なくない．またこの単調なスタイルが程好い子守唄のように聞こえてしまう方も少なくないだろう．しかし証明は戦略の集積であり，問題攻略のための武器の宝庫である．証明を疎かにするということはその武器をドブに捨てていくようなものなのである．

3. 上の証明では区間を n 等分する区分求積法を用いた．

命題　n 等分の区分求積法

閉区間 $I = [a, b]$ 上の関数 $f(x)$ が積分可能ならば次の等式が成り立つ：

$$\int_a^b f(x)dx = \lim_{n\to\infty} \sum_{k=1}^{n} \frac{b-a}{n} f\left(a + \frac{b-a}{n}k\right)$$
$$= \lim_{n\to\infty} \sum_{k=0}^{n-1} \frac{b-a}{n} f\left(a + \frac{b-a}{n}k\right)$$

これは以前の高校で採用されていた積分の定義式であるが，本来は定義式ではなく積分可能であることを保証した後に利用する式である．今の場合は「被積分関数が閉区間 $[\alpha, \beta]$ 上で連続」というのが積分可能であることを保証する．定理，命題の使い方については結構厳しく採点されるので，しっかりと覚えておくこと．

4. (2) の不等式において $f(x) = e^x$ とし $t_i > 0$ に対し $x_i = \ln t_i$ とすると

$$(左辺) = \exp\left(\frac{\ln t_1 + \cdots + \ln t_n}{n}\right) = (e^{\ln t_1} \cdot e^{\ln t_1} \cdots e^{\ln t_n})^{1/n}$$
$$= \sqrt[n]{t_1 \cdot t_2 \cdots t_n}$$

$$(右辺) = \frac{e^{\ln t_1} + e^{\ln t_2} + \cdots + e^{\ln t_n}}{n} = \frac{t_1 + t_2 + \cdots + t_n}{n}$$

だから，(2) の不等式より相加・相乗平均の関係

$$\sqrt[n]{t_1 \cdot t_2 \cdots t_n} \leq \frac{t_1 + t_2 + \cdots + t_n}{n}$$

を得る．(2) の不等式はこの有名な相加・相乗平均の関係の一般化になっている．

発展問題 1

関数 $f : \mathbb{R} \to \mathbb{R}$ を以下のように定義する.

$$f(x) = \begin{cases} e^{\frac{x^2}{x^2-1}} & |x| < 1 \text{ のとき}, \\ 0 & \text{その他のとき}. \end{cases}$$

このとき f は $\mathbb{R}$ 上の C^∞ 級関数であることを示せ.
(東北大理学研究科 数学専攻)

発展問題 1 の解答

(i) $\mathbb{R}$ 上の関数 $\varphi(x)$ を

$$\varphi(x) = \begin{cases} e^{-\frac{1}{x}} & 0 < x \text{ のとき}, \\ 0 & \text{その他のとき}. \end{cases}$$

により定義する. $x \neq 0$ のときは $\varphi^{(n)}(x)$ が C^∞ 級であることは明らかだが $x = 0$ においても C^∞ 級であり, かつ $\varphi^{(n)}(0) = 0$ となる.
(∵) まず $x > 0$ のとき $\left(e^{-\frac{1}{x}}\right)^{(n)} = \dfrac{p_n(x)}{x^{2n}} e^{-\frac{1}{x}}$ ($p_n(x)$ は $2n - 1$ 次以下の多項式) という形になることを n に関する帰納法により示す. $n = 1$ のとき $\left(e^{-\frac{1}{x}}\right)' = \dfrac{1}{x^2} e^{-\frac{1}{x}}$ より正しく, また n までこの主張は正しいとすると

$$\left(e^{-\frac{1}{x}}\right)^{(n+1)} = \left(\left(e^{-\frac{1}{x}}\right)^{(n)}\right)' = \left(\frac{p_n(x)}{x^{2n}} e^{-\frac{1}{x}}\right)'$$
$$= \frac{x^2 p_n'(x) - 2nx p_n(x) + p_n(x)}{x^{2(n+1)}} e^{-\frac{1}{x}}.$$

$p_{n+1}(x) = x^2 p_n'(x) - 2nx p_n(x) + p_n(x)$ と置けば, $x^2 p_n'(x)$, $x p_n(x)$ は $2n + 1$ 次以下の多項式なので $p_{n+1}(x)$ も $2n + 1$ $(= 2(n+1) - 1)$ 次以下の多項式となる. 次に $\varphi^{(n)}(0) = 0$ であることを再び n に関する帰納法により示す. 任意の自然数 n に対し $\lim\limits_{t \to \infty} t^n e^{-t} = 0$, $\lim\limits_{x \to 0+0} e^{-\frac{1}{x}}/x^n = 0$ となることに注意すれば, $n = 1$ のときは $x \to 0+0$ のとき $(\varphi(x) - \varphi(0))/x = e^{-\frac{1}{x}}/x \to 0$, $x \to 0-0$ のとき $(\varphi(x) - \varphi(0))/x = 0$ だから $\varphi'(0) = 0$ である.

$n > 0$ のとき $p_n(x) = a_{2n-1}x^{2n-1} + \cdots + a_1 x + a_0$ とすれば

$$\lim_{x \to 0+0} \frac{\left(e^{-\frac{1}{x}}\right)^{(n)}}{x} = \lim_{x \to 0+0} \left(\frac{a_{2n-1}}{x^2} + \cdots + \frac{a_1}{x^{2n}} + \frac{a_0}{x^{2n+1}}\right) e^{-\frac{1}{x}}$$
$$\underset{t = \frac{1}{x} \text{と置く}}{=} \lim_{t \to \infty} (a_{2n-1}t^2 + \cdots + a_1 t^{2n} + a_0 t^{2n+1}) e^{-t} = 0.$$

一方,明らかに $\displaystyle\lim_{x \to 0-0} \frac{\varphi^{(n)}(x) - \varphi^{(n)}(0)}{x} = 0$ だから $\varphi^{(n+1)}(0) = 0$ である.

(ii) (i) の $\varphi(x)$ を用いて $\varphi_{-1}(x) = \sqrt{e}\varphi(2(x+1))$, $\varphi_1(x) = \sqrt{e}\varphi(-2(x-1))$ と置く. $\varphi_{\pm 1}(x)$ が C^∞ 級であることは明らか. また $x \leq -1$ ならば $\varphi_{-1}(x) = 0$ であり, $x > -1$ ならば

$$\varphi_{-1}(x) = \sqrt{e}e^{-\frac{1}{2(x+1)}} = e^{\frac{1}{2} - \frac{1}{2(x+1)}} = e^{\frac{x}{2(x+1)}}$$

となる. 同様に $x \geq 1$ ならば $\varphi_1(x) = 0$, $x < 1$ ならば $\varphi_1(x) = e^{\frac{x}{2(x-1)}}$ となることが分かる.

(iii) (ii) の $\varphi_{\pm 1}(x)$ を用いて $g(x) = \varphi_{-1}(x)\varphi_1(x)$ と置く. その構成法より $g(x)$ は $\mathbb{R}$ 上 C^∞ 級である. また $|x| \geq 1$ のとき $g(x) = 0$ であり, $|x| < 1$ のとき

$$g(x) = \varphi_{-1}(x) \times \varphi_1(x) = e^{\frac{x}{2(x+1)}} \times e^{\frac{x}{2(x-1)}} = e^{\frac{x}{2(x+1)} + \frac{x}{2(x-1)}} = e^{\frac{x^2}{x^2-1}}.$$

したがって $g(x) = f(x)$ となり,ゆえに $f(x)$ が C^∞ 級であることが示された.

§1.2 標準問題編 37

解 説

1. 問題の主題の1つは関数 $\varphi(x)$ の C^∞ 級性である．たとえば $x \leq 0$ 上の関数 $f_-(x)$ と $0 \leq x$ 上の関数 $f_+(x)$:

$$f_-(x) = \begin{cases} x+1 & (-1 \leq x \leq 0) \\ 0 & (x < -1) \end{cases},$$

$$f_+(x) = \begin{cases} -x+1 & (0 \leq x \leq 1) \\ 0 & (1 < x) \end{cases}$$

をつなぎ合わせて

$$f(x) = \begin{cases} f_-(x) & (x < 0) \\ f_+(x) & (0 \leq x) \end{cases}$$

という連続関数を作る（図1参照）．このように角ができてもよければ，簡単に繋ぎ合せることができる．

図1

右図2の関数 $f(x)$ は $x < 0$ で $f(x) = 0$, $0 \leq x$ で $f(x) = x^2$ により定義したものだが，$x = 0$ で2回微分可能となる（ただし2階導関数は連続ではない）．x^2 の代わりに x^n とすれば n 階微分可能となる（n 階導関数は連続ではない）．

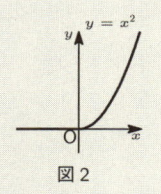

図2

連続性だけでなく無限回微分可能（特に繋ぎ目の $x = 0$ で無限回微分可能）となるように繋げたものが証明中の関数 $\varphi(x)$ である（右図3）．この関数 $\varphi(x)$ の C^∞ 級性の証明は多くの大学院で出題されている．

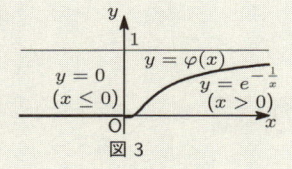

図3

2. この関数 $\varphi(x)$ はさらに，C^∞ 級（＝無限回微分可能）だが実解析的ではない関数の例を与えている．一般に関数 $f(x)$ の $x = a$ を中心とする

Taylor 級数

$$f(a) + \frac{f'(a)}{1!}(x-a) + \frac{f''(a)}{2!}(x-a)^2 + \cdots$$

が元の関数 $f(x)$ が $x=a$ を含む開区間 $(a-R, a+R)$ (特に $R>0$) で完全に一致する状態のとき, $f(x)$ は $x=a$ で実解析的だという. 仮に関数 $\varphi(x)$ が実解析的だとすると, 上の証明の (i) で示したように $\varphi^{(n)}(0) = 0$ だから $x=0$ のある近傍 $(-R, R)$ で常に 0 となる. しかし $x>0$ では $\varphi(x) > 0$ だから矛盾. ゆえに $\varphi(x)$ は C^∞ だが実解析的ではない. $\varphi(x)$ は Taylor 級数を途中で止めた Taylor 多項式によって幾らでも近似できるが, Taylor 級数とは一致しないのである.

3. $\varphi(x)$ 自体は頻出の題材だが, 本問ではさらに一歩踏み込んで捻りを加えた関数が題材となっている. これは釣鐘関数と呼ばれるものの一種である (右図 4 参照). この釣鐘関数は解析, 幾何のさまざまな場面で利用される非常に重要な関数である.

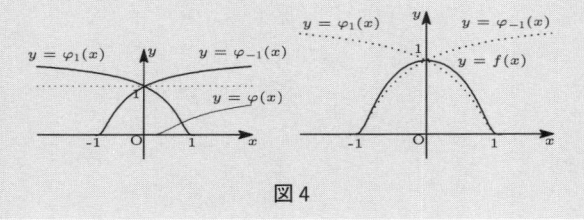

図 4

以下で応用例の一つを与える. 少々長くなるので興味のない方は読み飛ばして欲しい. また厳密性を犠牲に流れを優先することにする.

> **ノート** 連続関数を C^∞ 級の関数で近似することを考える. 連続関数の中には折れ線のように角を持ったり, さらには至る所で微分できないようなものまで存在し, 微分積分が自由に使えなくなる. そこで連続関数を C^∞ 級関数により近似し, これを用いて元の連続関数の素性を明らかにしよう, という発想に至る. これは無理数を有理数で近似し, その有理数により元の無理数を調べることに似ている.
>
> 本問題の関数 $f(x)$ を使って任意の正数 ε に対し

$$f_\varepsilon(x) = \frac{1}{\varepsilon M} f\left(\frac{x}{\varepsilon}\right) \qquad (M = \int_{-\infty}^\infty f(x)dx \text{ と置く})$$

とする．このとき $f_\varepsilon(x)$ は再び C^∞ 級となり，さらに次のことが分かる：

- $f_\varepsilon(x) \geq 0$, • $f_\varepsilon(x) = 0 \quad (|x| \geq \varepsilon)$,
- $\int_{-\infty}^\infty f_\varepsilon(x)dx = \int_{-\varepsilon}^\varepsilon f_\varepsilon(x)dx = 1$

これは $[-\varepsilon, \varepsilon]$ に集中して分布している確率分布と考えられる（下図 6 参照）．今，実数全体で定義された連続関数 $g(x)$ に対し

$$g_\varepsilon(x) := \int_{-\infty}^\infty f_\varepsilon(y-x)g(y)dy = \int_{x-\varepsilon}^{x+\varepsilon} f_\varepsilon(y-x)g(y)dy$$

と置く（これは x の近傍に集中した確率密度 $f_\varepsilon(y-x)$ による統計量 $g(y)$ の期待値と考えられる）．実質的に有限区間上の連続関数の積分だから各 x に対し有限値となり，また x は f_ε 内に含まれるので $g_\varepsilon(x)$ は x の C^∞ 級関数となる．

今，下図 5(a) のように区間 $[x-\varepsilon, x+\varepsilon]$ における $g(y)$ の最小値，最大値をそれぞれ M_1, M_2 とすれば

$$\int_{x-\varepsilon}^{x+\varepsilon} M_1 f_\varepsilon(y-x)dy \leq \int_{x-\varepsilon}^{x+\varepsilon} g(y)f_\varepsilon(y-x)dy \leq \int_{x-\varepsilon}^{x+\varepsilon} M_2 f_\varepsilon(y-x)dy$$

と（最左辺）$= M_1 \int_{-\infty}^\infty f_\varepsilon(y-x)dy = M_1$，同様に（最右辺）$= M_2$ より $M_1 \leq g_\varepsilon(x) \leq M_2$ となる．

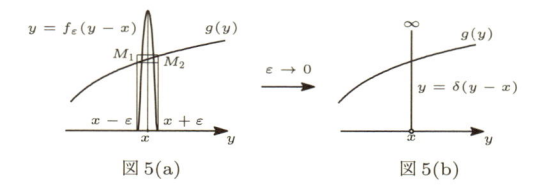

図 5(a)　　　　　　図 5(b)

ここで $\varepsilon \to 0$ とすれば $M_1, M_2 \to g(x)$ となるから

$$\lim_{\varepsilon \to 0} g_\varepsilon(x)$$
$$= \lim_{\varepsilon \to 0} \int_{-\infty}^\infty f_\varepsilon(y-x)g(y)dy = g(x)$$

となる（図 5(b)）．$\varepsilon \to 0$ とすれば分布が $y = x$ に集中するので期待値の極限は $g(x)$ になる，という直感に基づくものである．このように分布を集中させるための道具として釣鐘関数が使われる．この話には続きがある．極限と積分の順序を交換してみる：

$$\lim_{\varepsilon \to 0} \int_{-\infty}^{\infty} f_\varepsilon(y-x)g(y)dy = \int_{-\infty}^{\infty} \lim_{\varepsilon \to 0} f_\varepsilon(y-x)g(y)dy$$

実際の交換は不可能であり，あくまで"形式的"なものである．この形式的な交換結果の積分内に現れる極限の関数について，$y - x$ をあらためて x に置いたものを

$$\delta(x) = \lim_{\varepsilon \to 0} f_\varepsilon(x)$$

と置く（この関数 $\delta(x)$ を **Dirac** のデルタ関数と呼ぶ）．確率の言葉で考えると確率密度 $f_\varepsilon(x)$ の定める分布は $x = 0$ の周りに集中している分布であり ϵ が小さくなると分散（＝拡がり）も小さくなっていく（下図 6(a)(b)(c) 参照）．そしてその極限は一点 $x = 0$ にのみ分布する確率となる（下図 6(d) 参照）．

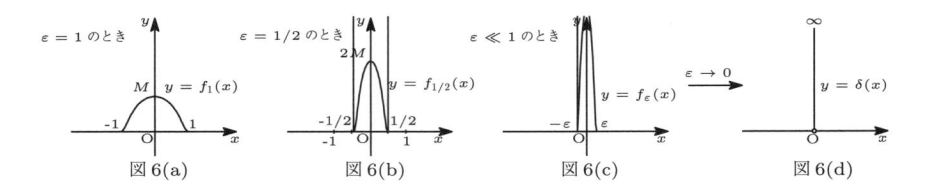

$\varepsilon = 1$ のとき	$\varepsilon = 1/2$ のとき	$\varepsilon \ll 1$ のとき	
$y = f_1(x)$	$y = f_{1/2}(x)$	$y = f_\varepsilon(x)$ $\xrightarrow{\varepsilon \to 0}$	$y = \delta(x)$
図 6(a)	図 6(b)	図 6(c)	図 6(d)

その作り方から

- $\delta(0) = \infty$, 　　・$\delta(x) = 0 \quad (x \neq 0)$,
- $\int_{-\infty}^{\infty} \delta(x)dx = \int_0^0 \delta(x)dx = 1$

となる．これはもはや関数とは言えない仮想的な代物なのだが，理工系では欠くことのできない重要な関数の一つであり，必須の知識である（デルタ関数の詳細は微分方程式，Fourier 解析等の教科書を参照して下さい）．

第2章　関数のベキ級数展開

> 　関数のベキ級数展開（= Taylor 展開，Maclaurin 展開）とは関数を多項式で近似していくことである．これにより関数や特殊値に関する情報を近似した多項式から比較的簡単に知ることができ，工学にとって不可欠なツールとなっている．そのため大学院入試でもこの分野の出題は多い．出題内容としては，(1) 関数を展開する問題，(2) 近似，誤差の評価という2種類が主なものである．本節では主な出題パターンを示し解説を行ったが，読者は単に技術的な修得をするだけではなく，各問題を通して関数の持つさまざまな性質や取り扱いについても深く考察を行って欲しい．

§2.1　基本問題編

2.1.1　ベキ級数展開の問題

最初に「与えられた関数をベキ級数展開せよ」という問題について考える．大学院入試では (1) の展開に関する計算問題が圧倒的多数である．さらにベキ級数展開の計算問題を解法の観点から次の2種のパターンに大別する：

(a)　　Taylor の定理を利用する問題
(b)　　初等関数に関する既存の公式（本書では，初等関数に対する Maclaurin 展開の公式をテンプレートと呼ぶ）を利用する問題

それぞれのパターンについて解説していこう．

(a)　Taylor の定理を利用する問題

基本問題 1

次の問いに答えよ．

(i)　$\dfrac{1}{\sqrt{1-3x}}$ の x のベキの低いほうから 3 次の項まで求めよ．

第 2 章 関数のベキ級数展開

(ii) $f(x) = \sin 2x$ の 5 次までの Maclaurin 展開を求めよ．
(iii) $f(x) = \sin x^2$ の 4 次までの Maclaurin 展開を求めよ．
(iv) $f(x) = x \sin x$ の 4 次までの Maclaurin 展開を求めよ．
(v) $f(x) = e^x \cos(x+a)$ （a は定数） を Maclaurin 展開せよ．
(vi) $f(x) = \tan x$ の 5 次までの Maclaurin 展開を求めよ．
(vii) $|x|$ が小さいとき $\log(1+\sin x) \approx x - \dfrac{x^2}{2} + \dfrac{x^3}{6}$ （a は定数） を証明せよ．

((i) 早稲田大基幹理工学研究科電子光システム学専攻，(v) 首都大情報通信システム学域 改題，(vii) 北海道大環境科学院環境起学専攻)

基本問題 1 の解答

(i) $f(x) = \dfrac{1}{\sqrt{1-3x}} = (1-3x)^{-\frac{1}{2}}$ とおく．

$f'(x) = (-3) \cdot \left(-\dfrac{1}{2}\right)(1-3x)^{-\frac{3}{2}}, \quad f''(x) = (-3)^2 \cdot \left(-\dfrac{1}{2}\right)\left(-\dfrac{3}{2}\right)(1-3x)^{-\frac{5}{2}},$

$f'''(x) = (-3)^3 \cdot \left(-\dfrac{1}{2}\right)\left(-\dfrac{3}{2}\right)\left(-\dfrac{5}{2}\right)(1-3x)^{-\frac{7}{2}}$

より $f'(0) = \dfrac{3}{2}$，$f''(0) = \dfrac{27}{4}$，$f'''(0) = \dfrac{405}{8}$．したがって

$$\begin{aligned}\dfrac{1}{\sqrt{1-3x}} &= f(0) + \dfrac{f'(0)}{1!}x + \dfrac{f''(0)}{2!}x^2 + \dfrac{f'''(0)}{3!}x^3 + \cdots \\ &= \underline{1 + \dfrac{3}{2}x + \dfrac{27}{8}x^2 + \dfrac{135}{16}x^3 + \cdots}\end{aligned}$$

(ii) $f(x)$ の 5 階までの導関数は以下のとおり：

$$f^{(1)}(x) = 2\cos 2x, \quad f^{(2)}(x) = -2^2 \sin 2x, \quad f^{(3)}(x) = -2^3 \cos 2x,$$
$$f^{(4)}(x) = 2^4 \sin 2x, \quad f^{(5)}(x) = 2^5 \cos 2x.$$

ここに $x=0$ を代入すれば

$$f(0) = 0, \quad f^{(1)}(0) = 2, \quad f^{(2)}(0) = 0,$$

$$f^{(3)}(0) = -2^3, \quad f^{(4)}(0) = 0, \quad f^{(5)}(0) = 2^5.$$

したがって $f(x)$ に Taylor の定理を適用すれば

$$\begin{aligned}
f(x) &\fallingdotseq f(0) + \frac{f^{(1)}(0)}{1!}x + \frac{f^{(2)}(0)}{2!}x^2 + \frac{f^{(3)}(0)}{3!}x^3 + \frac{f^{(4)}(0)}{4!}x^4 + \frac{f^{(5)}(0)}{5!}x^5 \\
&= 0 + \frac{2}{1!}x + \frac{0}{2!}x^2 + \frac{-2^3}{3!}x^3 + \frac{0}{4!}x^4 + \frac{2^5}{5!}x^5 = \underline{2x - \frac{4}{3}x^3 + \frac{4}{15}x^5}
\end{aligned}$$

(iii) $f^{(1)}(x) = 2x\cos x^2, \quad f^{(2)}(x) = 2\cos x^2 - 4x^2\sin x^2, \quad f^{(3)}(x) = -12x\sin x^2 - 8x^3\cos x^2, \quad f^{(4)}(x) = 16x^4\sin x^2 - 12\sin x^2 - 48x^2\cos x^2.$ ここで $x = 0$ とすれば $f(0) = 0, \quad f^{(1)}(0) = 0, \quad f^{(2)}(0) = 2, \quad f^{(3)}(0) = 0, \quad f^{(4)}(0) = 0.$ 中心 $x = 0$ における Taylor の定理を適用すれば x が十分小さいとき

$$\begin{aligned}
f(x) &\approx f(0) + \frac{f^{(1)}(0)}{1!}x + \frac{f^{(2)}(0)}{2!}x^2 + \frac{f^{(3)}(0)}{3!}x^3 + \frac{f^{(4)}(0)}{4!}x^4 \\
&= 0 + \frac{0}{1!}x + \frac{2}{2!}x^2 + \frac{0}{3!}x^3 + \frac{0}{4!}x^4 = \underline{x^2}
\end{aligned}$$

(iv) Leibniz の法則と $x' = 1, \quad x'' = 0,$ および $(\sin x)^{(\ell)} = \sin\left(x + \frac{\ell\pi}{2}\right)$ $(\ell = 0, 1, 2, \ldots)$ より

$$f^{(n)}(x) = \sum_{k=0}^{n} {}_nC_k x^{(k)}(\sin x)^{(n-k)} = x\sin\left(x + \frac{n\pi}{2}\right) + n\sin\left(x + \frac{(n-1)\pi}{2}\right)$$

となるから $f^{(n)}(0) = n\sin((n-1)\pi/2).$

∴ $\quad f(0) = 0, \quad f^{(1)}(0) = 0, \quad f^{(2)}(0) = 2, \quad f^{(3)}(0) = 0, \quad f^{(4)}(0) = -4.$

$$\therefore \quad f(x) \fallingdotseq 0 + \frac{0}{1!}x + \frac{2}{2!}x^2 + \frac{0}{3!}x^3 + \frac{-4}{4!}x^4 = \underline{x^2 - \frac{x^4}{6}}$$

(v) 三角関数の合成 $\cos\theta - \sin\theta = \sqrt{2}\cos\left(\theta + \frac{\pi}{4}\right)$ を用いて

$$f'(x) = e^x\cos(x + a) + e^x(-\sin(x + a))$$

$$= \sqrt{2}e^x \cos\left(x + a + \frac{\pi}{4}\right),$$
$$f''(x) = \sqrt{2}\left\{e^x \cos\left(x + a + \frac{\pi}{4}\right) + e^x \left(-\sin\left(x + a + \frac{\pi}{4}\right)\right)\right\}$$
$$= (\sqrt{2})^2 e^x \cos\left(x + a + \frac{2\pi}{4}\right),$$
$$f'''(x) = (\sqrt{2})^2 \left\{e^x \cos\left(x + a + \frac{2\pi}{4}\right) + e^x \left(-\sin\left(x + a + \frac{2\pi}{4}\right)\right)\right\}$$
$$= (\sqrt{2})^3 e^x \cos\left(x + a + \frac{3\pi}{4}\right), \quad \cdots$$

上と同様の計算により一般の k に対し

$$f^{(k)}(x) = (\sqrt{2})^k e^x \cos\left(x + a + \frac{k\pi}{4}\right), \qquad f^{(k)}(0) = (\sqrt{2})^k \cos\left(a + \frac{k\pi}{4}\right)$$
$$\therefore \quad f(x) = \sum_{k=0}^{\infty} \frac{f^{(k)}(0)}{k!} x^k = \underline{\sum_{k=0}^{\infty} (\sqrt{2})^k \cos\left(a + \frac{k\pi}{4}\right) \frac{x^k}{k!}}$$

(vi) $f^{(1)}(x) = \frac{1}{\cos^2 x} = 1 + \tan^2 x$, $f^{(2)}(x) = 2\tan x \cdot \frac{1}{\cos^2 x} = 2\tan x + 2\tan^3 x$. 以下同様の計算により

$$f^{(3)}(x) = 2 + 8\tan^2 x + 6\tan^4 x, \quad f^{(4)}(x) = 16\tan x + 40\tan^3 x + 24\tan^5 x,$$
$$f^{(5)}(x) = 16 + 132\tan^2 x + 240\tan^4 x + 120\tan^6 x.$$
$$\therefore \quad f^{(1)}(0) = 1, \quad f^{(3)}(0) = 2, \quad f^{(5)}(0) = 16, \quad f^{(0)}(0) = f^{(2)}(0) = f^{(4)}(0) = 0.$$

中心 $x = 0$ における Taylor の定理を適用すれば x が十分小さいとき

$$f(x) \approx 0 + \frac{1}{1!}x + \frac{0}{2!}x^2 + \frac{2}{3!}x^3 + \frac{0}{4!}x^4 + \frac{16}{5!}x^4 = \underline{x + \frac{1}{3}x^3 + \frac{2}{15}x^5}$$

(vii) $f(x) = \log(1 + \sin x)$ と置けば

$$f^{(1)}(x) = \frac{\cos x}{1 + \sin x}, \qquad f^{(2)}(x) = -\frac{1}{1 + \sin x}, \qquad f^{(3)}(x) = \frac{\cos x}{1 + \sin x}$$

中心 $x = 0$ における Taylor の定理を適用すれば十分小さい x に対して

$$\log(1 + \sin x) \approx \log 1 + \frac{1}{1!}x + \frac{-1}{2!}x^2 + \frac{1}{3!}x^3 = \underline{x - \frac{x^2}{2} + \frac{x^3}{6}} \quad \text{となる.} \quad \blacksquare$$

解 説

1. 関数 $f(x)$ と局所的に（= 中心の近傍で）ほぼ同じ挙動をする多項式の構成法を与えるのが Taylor の定理である．

> **定理 1　Taylor の定理**
>
> 区間 $I = [a, x]$ で $(n+1)$ 回微分可能な関数 $f(x)$ と n 次多項式
> $$p(x) = a_0 + a_1(x-a) + a_2(x-a)^2 + \cdots + a_n(x-a)^n$$
> との誤差を $R_{n+1}(x) = f(x) - p(x)$ と置く．もし多項式 $p(x)$ の各係数 a_i が
> $$a_0 = f(a),\ \ a_1 = \frac{f'(a)}{1!},\ \ a_2 = \frac{f''(a)}{2!}, \cdots, a_n = \frac{f^{(n)}(a)}{n!}$$
> により与えられるならば，$R_{n+1}(x) = \frac{f^{(n+1)}(c)}{(n+1)!}(x-a)^{n+1}$ $(a < c < x)$ となる c が存在する．ここに現れる多項式を $f(x)$ の $x=a$ における n 次 **Taylor** 多項式 (Taylor polynomial)，n 次の **Taylor** 展開 (Taylor expansion) という．特に中心が $x=0$ のとき上の多項式を n 次 **Maclaurin** 展開 (Maclaurin expansion) という．また $R_{n+1}(x)$ を $n+1$ 次の剰余項 (remainder term) と呼ぶ．

型が決まっているので，そこに当てはめていけば目的の多項式が構成できる．Taylor の定理を利用する問題では「Taylor の定理を正確に覚えているか？」「正確に計算できるか？」という 2 点が問われている．前者については定理自体を記述させる問題も度々出題されている（【基本問題 3】参照）．

2. Taylor の定理は「局所的に」しか成り立たない定理である．たとえば (i) (iii) について上の解答で得られた近似多項式と元の関数のグラフを比較したものが下図である：

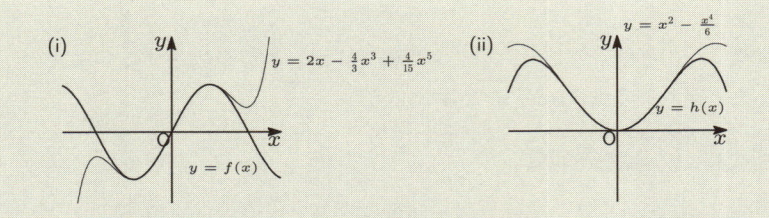

中心 $x=0$ の近傍では元の関数とほとんど同じ挙動になるが中心から離れるほど誤差が広がっていくことが見て取れる．「$x-a$ が十分小さいときに」という枕詞は x が中心の近傍にあることを保障するための文言である．

3. 次に計算に関する注意点を与える．Taylor の定理を利用する問題は基本的に高階導関数の計算問題と同等である．高階導関数の計算は関数の個性によって注意すべき点が異なってくる．

(i) (ii) は三角関数，無理関数の基本形で変数 x を $ax+b$ という 1 次式に置換したものである．教科書の解答では (i) の解答の $f''(x)$ などは通常，$f''(x) = \dfrac{27}{4\sqrt{(1-3x)^5}}$ のように整理されたものが掲載されている．しかし続けて高階導関数を計算する場合は解答例のような「やりっぱなし」が鉄則！規則を把握しやすくなるし，ケアレスミスも防げる．また不必要な時間も省略できる．試験中の学生が手に汗を握りながら一生懸命不要な整理をしているのを見ると実に惜しい感じがする．

(iv) (v) は積の形，したがって Leibniz の法則の出番である．(iv) は x が 2 回の微分で消滅することより容易に計算できる．一方，(v) も積の形だが Leibniz の法則を利用すると

$$(e^x \cos(x+a))^{(n)} = e^x \sum_{k=0}^{n} {}_nC_k \cos\left(x+a+\frac{\pi}{2}k\right)$$

となり右辺の和の部分が複雑になる．今の場合は上の解答例のように三角関数に関する特殊事情を用いるべきだろう．

(iii) (vi) (vii) は高階導関数の規則性が見えにくい関数になっている．第1章でも述べたが，分数の形になっている関数は一般に高階導関数が計算し難い．(vi) の $\tan x = \sin x / \cos x$ はその代表的な例である．また (iii) (vii) のように基本の関数の合成として作られるものも高階導関数の計算は難しい．このような関数の展開を出題する場合は通常「3, 4 次の展開を求めよ」という低次の展開を求める問題になっている．仮に一般の高階導関数を求めさせる場合は何らかの誘導が付いているので，その指示に従って計算していけばよい．

〔練習問題 1〕 $f(x) = \log(1 + x^2)$ とする．このとき以下の問いに答えよ．

(a) $f(x)$ の第 n 次導関数を $f^{(n)}(x)$ と表すとき，$n = 0, 1, 2, 3, 4$ について $f^{(n)}(0)$ をそれぞれ求めよ．
(b) $f(x)$ を x の 4 次式で近似せよ．

(筑波大システム情報工学研究科 コンピュータサイエンス専攻，抜粋)

〔練習問題 2〕 $f(x) = \sin^{-1} x$ について次の問いに答えよ．

(1) $F(x) = (1 - x^2) f''(x) - x f'(x)$ を計算せよ．
(2) 関数 $F(x)$ の n 次導関数を $f(x)$ の高階導関数を用いて表せ．
(3) 関数 $g(x) = \sin^{-1} 3x$ のマクローリン展開を求め，その収束半径を述べよ．

(名古屋工業大工学研究科)

(b) テンプレートを利用する問題

基本問題 2

次の問いに答えよ．

(i)　　$\sin 2x$ の 5 次までの Maclaurin 展開を求めよ．
(ii)　　$\sin x^2$ の 4 次までの Maclaurin 展開を求めよ．
(iii)　　$x \sin x$ の 4 次までの Maclaurin 展開を求めよ．
(iv)　　$e^{-\gamma x^2}$ （γ は定数） の Maclaurin 展開を求めよ．
(v)　　次に与える関数の Maclaurin 展開を求めよ．

$$(1)\ f_1(x) = \frac{1}{x^2 - 3x + 2}, \quad (2)\ f_2(x) = \frac{1}{(1+3x)^2}, \quad (3)\ f_3(x) = \log(1+x)$$

((i)〜(iii) 再掲，(iv) 早稲田大基幹理工学研究科 電子光システム学専攻，(v) 電気通信大，東京工業大他（改題含む））

基本問題 2 の解答

以下 x は十分小さいものとする．

(i) $\sin x$ の Maclaurin 展開 $\sin x = x - \dfrac{x^3}{3!} + \dfrac{x^5}{5!} - \dfrac{x^7}{7!} + \cdots$ において x を $2x$ とすれば

$$\begin{aligned}\sin 2x &= (2x) - \frac{(2x)^3}{3!} + \frac{(2x)^5}{5!} - \frac{(2x)^7}{7!} + \cdots \\ &\approx 2x - \frac{(2x)^3}{3!} + \frac{(2x)^5}{5!} = \underline{2x - \frac{4x^3}{3} + \frac{4x^5}{15}}\end{aligned}$$

(ii) $\sin x$ の Maclaurin 展開 $\sin x = x - \dfrac{x^3}{3!} + \dfrac{x^5}{5!} - \dfrac{x^7}{7!} + \cdots$ において x を x^2 とすれば

$$\sin x^2 = (x^2) - \frac{(x^2)^3}{3!} + \frac{(x^2)^5}{5!} - \cdots = x^2 - \frac{x^6}{3!} + \frac{x^{10}}{5!} - \cdots \approx \underline{x^2}$$

(iii) $\sin x$ の Maclaurin 展開より

$$x \sin x = x \times \left(x - \frac{x^3}{3!} + \frac{x^5}{5!} - \cdots \right) = x^2 - \frac{x^4}{3!} + \frac{x^6}{5!} - \cdots$$

$$\approx x^2 - \frac{x^4}{3!} = \underline{x^2 - \frac{x^4}{6}}$$

(iv) 公式 $e^X = \sum_{n=0}^{\infty} \frac{X^n}{n!}$ において $X = -\gamma x^2$ と置けば

$$e^{-\gamma x^2} = \sum_{n=0}^{\infty} \frac{(-\gamma x^2)^n}{n!} = \underline{\sum_{n=0}^{\infty} \frac{(-\gamma)^n}{n!} x^{2n}}$$

(v) (1) $f_1(x)$ を部分分数に分けると $f_1(x) = \dfrac{1}{(1-x)(2-x)} = \dfrac{1}{1-x} - \dfrac{1}{2-x}$ となる. 等比級数の和 $\dfrac{1}{1-X} = \sum_{k=0}^{\infty} X^k$ $(|X|<1)$ を用いれば

$$\frac{1}{2-x} = \frac{1}{2} \cdot \frac{1}{1-\frac{x}{2}} = \frac{1}{2} \sum_{k=0}^{\infty} \left(\frac{x}{2}\right)^k = \sum_{k=0}^{\infty} \frac{1}{2^{k+1}} x^k \quad (|x/2|<1)$$

ゆえに $|x|<1$ かつ $|x|<2$. したがって $|x|<1$ の範囲で $f_1(x)$ は次のように展開される:

$$f_1(x) = \sum_{k=0}^{\infty} x^k - \sum_{k=0}^{\infty} \frac{1}{2^{k+1}} x^k = \underline{\sum_{k=0}^{\infty} \left(1 - \frac{1}{2^{k+1}}\right) x^k}$$

(2) 等比級数の和 $\frac{1}{1-X} = 1 + X + X^2 + \cdots$ $(|X|<1)$ の両辺を X について微分する. 収束半径内では項別微分可能なので

$$\frac{1}{(1-X)^2} = \left(\frac{1}{1-X}\right)' = \sum_{k=0}^{\infty} k X^{k-1} = \sum_{k=0}^{\infty} (k+1) X^k \qquad (|X|<1).$$

ここで $X = -3x$ とすれば $|-3x|<1$, したがって $|x|<1/3$ において

$$\frac{1}{(1+3x)^2} = \sum_{k=0}^{\infty} (k+1)(-3x)^k = \underline{\sum_{k=0}^{\infty} (k+1)(-3)^k x^k}$$

(3) 等比級数の和 $\frac{1}{1-X} = \sum_{k=0}^{\infty} X^k$ において $X = -x$ とおけば $\frac{1}{1+x} = \sum_{k=0}^{\infty} (-1)^k x^k$. 右辺の級数が $|-x| = |x| < 1$ で項別積分可能であること,

$\int \frac{dx}{1+x} = \log(1+x) + C$, および $\log 1 = 0$ より

$$\log(1+x) = \sum_{k=0}^{\infty} (-1)^k \frac{x^{k+1}}{k+1} = \sum_{k=1}^{\infty} (-1)^{k-1} \frac{x^k}{k} = x - \frac{x^2}{2} + \frac{x^3}{3} - \cdots$$

■

解 説

1. (a) で用いた Taylor の定理は関数 $f(x)$ を近似する多項式を構成するための定理だったが，次の定理は関数 $f(x)$ が「級数で再構成される」ことを主張する定理である：

> **定理 2**
>
> $f(x)$ が $x = a$ を含む区間 I で無限回微分可能，かつ剰余項
> $$R_n(x) = f(x) - \sum_{k=0}^{n-1} \frac{f^{(k)}(a)}{k!}(x-a)^k$$
> が I の各点 x で $\lim_{n \to \infty} R_n(x) = 0$ となるならば $f(x)$ は区間 I 上で
> $$f(x) = \sum_{k=0}^{\infty} \frac{f^{(k)}(a)}{k!}(x-a)^k \qquad (x \in I)$$
> という級数の形で表される．

> **定義 1 Taylor 展開**
>
> $f(x)$ が上の定理のように $x = a$ を含む区間 I で級数の形に表される，すなわち $f(x)$ が級数によって再構成できるとき，$f(x)$ は $x = a$ の近傍で **Taylor** 展開可能，ベキ級数展開可能，または $x = a$ の近傍で**実解析的**であるという．このとき上の右辺に現れる級数を $f(x)$ の $x = a$ を中心とする **Taylor** 展開 (Taylor expansion) という．特に中心が $x = 0$ のときの Taylor 展開を $f(x)$ の **Maclaurin** 展開という．

多項式近似と級数展開の決定的な違いの一つは前者が中心の近傍のみで成り立つのに対し，後者は（絶対）収束する範囲全体で関数と級数が一致していることである．【基本問題1】の解説2の図でも分かるように，展開を途中で止めた場合，近似は中心近傍でのみ有効となる．全てのベキ x^n を使うことで全域的に有効となるのである．

2. Taylor の定理は微分可能という条件があればどんな関数に対しても適用できる．しかし理論的に万能であっても実際の計算では高階微分の計算や代入など非常に手間が掛かる．実際の計算で有効なのが基本関数に対する Maclaurin 展開の公式（テンプレート）である．

以下に必要最小限である 3 系統のテンプレートを挙げよう：

基本関数の Maclaurin 展開（テンプレート）

(**A**)　指数関数系（以下の各右辺の級数の収束半径は ∞）

(A1)　指数関数の Maclaurin 展開

$$e^x = \sum_{k=0}^{\infty} \frac{x^k}{k!} = 1 + \frac{x}{1!} + \frac{x^2}{2!} + \frac{x^3}{3!} + \cdots$$

(A2)　三角関数の Maclaurin 展開（i は虚数単位 $\sqrt{-1}$ を表す）

$$\sin x \left(= \frac{e^{ix} - e^{-ix}}{2i} \right) = \sum_{k=0}^{\infty} \frac{(-1)^k}{(2k+1)!} x^{2k+1}$$
$$= x - \frac{x^3}{3!} + \frac{x^5}{5!} - \frac{x^7}{7!} + \cdots$$

$$\cos x \left(= \frac{e^{ix} + e^{-ix}}{2} \right) = \sum_{k=0}^{\infty} \frac{(-1)^k}{(2k)!} x^{2k}$$
$$= 1 - \frac{x^2}{2!} + \frac{x^4}{4!} - \frac{x^6}{6!} + \cdots$$

(B) 幾何級数系（以下の各右辺の無限べき級数の収束半径は 1）

(B1) 幾何級数（＝等比級数の和）

$$\frac{1-x^{n+1}}{1-x} = \sum_{k=0}^{n} x^k = 1 + x + x^2 + x^3 + \cdots + x^n$$

（有限和の場合（n は自然数））

$$\frac{1}{1-x} = \sum_{k=0}^{\infty} x^k = 1 + x + x^2 + x^3 + \cdots$$

（無限和の場合，$|x| < 1$ のときのみ成立）

(B2) 対数関数，逆正接関数の Maclaurin 展開

$$\log(1+x) \left(= \int_0^x \frac{dx}{1+x} \right) = \sum_{k=1}^{\infty} \frac{(-1)^{k-1}}{k} x^k$$
$$= x - \frac{x^2}{2} + \cdots + \frac{(-1)^{k-1}}{k} x^k + \cdots$$

$$\arctan x \left(= \int_0^x \frac{dx}{1+x^2} \right) = \sum_{k=1}^{\infty} \frac{(-1)^k}{2k+1} x^{2k+1}$$
$$= x - \frac{x^3}{3} + \frac{x^5}{5} + \cdots + (-1)^k \frac{x^{2k+1}}{2k+1} + \cdots$$

(C) 一般二項定理（以下の各右辺の無限べき級数の収束半径は 1，α を任意の複素数とする）

$$(1+x)^\alpha = \sum_{k=0}^{\infty} \binom{\alpha}{k} x^k = 1 + \binom{\alpha}{1} x + \binom{\alpha}{2} x^2 + \binom{\alpha}{3} x^3 + \cdots$$

$$(1+x)^n = \sum_{k=0}^{n} {}_nC_k x^k = 1 + {}_nC_1 x + {}_nC_2 x^2 + \cdots + {}_nC_n x^n$$

（n が自然数の場合）

$$\sqrt{1+x} = 1 + \frac{1}{2}x - \frac{1}{8}x^2 + \frac{1}{16}x^3 + \cdots \quad (\alpha = 1/2, \text{平方根の場合})$$

$$\frac{1}{\sqrt{1+x}} = 1 - \frac{1}{2}x + \frac{3}{8}x^2 - \frac{5}{16}x^3 + \cdots \quad (\alpha = -1/2)$$

$$\binom{\alpha}{k} = \frac{\alpha(\alpha-1)\cdots(\alpha-(k-1))}{k!} \text{ は二項係数}.$$
$$\alpha = n \text{ (自然数) のとき } {}_nC_k = \binom{n}{k} = \frac{n!}{k!(n-k)!}.$$

Taylor の定理のように万能ではないが，使う範囲を限定することに高階導関数の計算を実行するよりも圧倒的に早く，そして正確に処理できる．試験など時間の制約がある場合には強力な武器になる．問題文に「Taylor の定理を利用して」「高階導関数を計算することにより」という指示がなければ，テンプレートの利用をお勧めする．

3. 本問の目的はこのテンプレートの使用法の紹介である．
(i)〜(iv) は全て指数関数のテンプレートを利用した問題である．Euler の公式を経由すれば三角関数の展開公式も指数関数の範疇と考えられる．(i)〜(iii) は【基本問題 1】(ii)〜(iv) をテンプレートを利用して解いたものである．これだけ見ても Taylor の定理を利用するよりも圧倒的に簡単であることが分かるだろう．また (iii) (iv) は高階導関数を計算する非常に複雑になる関数の一例である．このような場合でもテンプレートを利用すれば秒殺である．

(v) は幾何級数より導かれる問題である．幾何級数は「等比級数の和」として高校数学で既に現れる．この幾何級数を利用するときに注意しなければいけないのは"収束半径"である．たとえば幾何級数の左辺に $x = 2$ を代入すると

(左辺) $= 1/(1-x)|_{x=2} = 1/(1-2) = -1,$ (右辺) $= 1 + 2 + 2^2 + \cdots$

特に右辺は意味を成さない．正確に言えば $x = 0$ を中心とした $-1 < x < 1$ という範囲でのみ意味を持つ等式となる．より一般に

定理 3

ベキ級数 $f(x) = \sum_{k=0}^{\infty} a_k(x-a)^k$ に対して 「$|x-a| < R$ ならば $f(x)$ は絶対収束し，$|x-a| > R$ ならば $f(x)$ は発散する」という $0 \leq R \leq +\infty$ が一意に存在する．この R をベキ級数 $f(x)$ の収束半径 と呼ぶ．

これにより Taylor 展開が意味を持つ範囲が確定する．幾何級数の収束半径は 1 であり，一方，指数関数の収束半径は ∞，特に後者の場合は任意の x に対して意味を持つ．収束半径が有限な場合は上記の解答例のように，等式の有効範囲を記しておくほうがよいだろう．さらに収束半径内の級数に対して次の項別微分，項別積分ができる：

定理 4

収束半径 R を持つベキ級数 $f(x) = \sum_{k=0}^{\infty} a_k(x-a)^k$ に対して

(1) $\sum_{k=1}^{\infty} ka_k(x-a)^{k-1}$, $\sum_{k=0}^{\infty} \frac{a_k}{k+1}(x-a)^{k+1}$ はともに $f(x)$ と同じ収束半径を持つ．

(2) 級数より定まる関数 $f(x) = \sum_{k=0}^{\infty} a_k(x-a)^k$ は微分可能であり
$$f'(x) = \sum_{k=1}^{\infty} ka_k(x-a)^{k-1} \ (|x-a| < R) \ となる（項別微分）．$$

(3) 定数 C に対して $F(x) = \sum_{k=0}^{\infty} \frac{a_k}{k+1}(x-a)^{k+1} + C$ と置けば，
$F'(x) = f(x) \ (|x-a| < R)$ となる（項別積分）．

一度，級数より関数を構成すれば項別微分，項別積分を繰り返すことにより多くの関数を構成できる．(v) の問題は幾何級数から得られる公式の

導き方を与えている．また (3) では $\log(1+x)$ を扱ったが他にも $\tan^{-1} x$ の展開が項別積分を用いた同様の方法で導かれる．これらはある関数（指数関数，正接関数）の逆関数となっており，初等関数の逆関数が何らかの形で幾何級数に関連していることを暗示している．

4. テンプレートを用いた方法は強力だが，【基本問題 1】(vi) のように分数の形になっているもの，また (vii) のように合成になっているものについては注意しなければいけない．これについては以下の【標準問題 1, 2】を参照のこと．また高階導関数の計算が無益のように誤解されるといけないので注意喚起のための例を一つ．(iv) では $d^n(e^{-x^2})/dx^n$ を計算すると（多項式）$\times e^{-x^2}$ という形になる．そこで

$$H_n(x) = (-1)^n e^{x^2} \frac{d^n}{dx^n} e^{-x^2}$$

とすれば x の多項式が定まる．これは **Hermite** 多項式 (Hermitian polynomials) と呼ばれ，量子力学で調和振動子の波動関数を記述する際に用いられる非常に重要な多項式である．（一般項は少々複雑な形になる．興味がある方は量子力学の教科書，たとえば原島鮮『初等量子力学』（裳華房）第 4 章参照．また第 3 章【標準問題 1】も参照．この関数については積分の章（第 3 章）でも扱う）．この例のように高階導関数の計算自体に意味を持つ場合もある．テンプレートの利用はあくまで展開に限った場合の話なので使用する際は注意して欲しい．

5. ちなみに (iv)，および【基本問題 1】(i) は元々次のように一組になって出題された：

（早稲田大学基幹理工学研究科電子光システム学専攻）次の変数 x の関数を $x=0$ のまわりで [ ] 内の指示に従って Taylor 展開せよ．

1) $\dfrac{1}{\sqrt{1-3x}}$ 　[x のべきの低いほうから 3 次の項まで求めよ]

2) $e^{-\gamma x^2}$ （γ は定数）　[x のすべての次数のべきを求め，結果を総和

第2章 関数のベキ級数展開

> 記号 Σ を用いて表せ]
>
> Taylor の定理とテンプレートの利用に関する2種の形式が同時に出題されている．問題文より出題者が発信しているメッセージをしっかりと汲み取って頂きたい．

〔練習問題 3〕 指数関数の Maclaurin 展開の公式 $e^X = \sum_{k=0}^{\infty} \dfrac{X^n}{n!}$ を利用して $f(x) = e^x \cos(x+a)$ (a は定数) の Maclaurin 展開を求めよ．

〔練習問題 4〕 関数 $y = xe^{\frac{x}{2}}$ の n 次導関数 $y^{(n)}(x)$ の $x = 0$ における値 $y^{(n)}(0)$ を求めなさい．

(東京農工大工学府)

Column

[展開とは] 高校まで「展開」とは「積を和で表すこと」と教わったと思う．たとえば「$(1-x)^2$, $(1-x)^3$ を展開せよ」と問われたら，$(1-x)^2 = 1 - 2x + x^2$, $(1-x)^3 = 1 - 3x + 3x^2 - x^3$ と答えるだろう．しかし「$(1-x)^{-1}$ を展開せよ」と問われたらどうだろう？ 高校までの定義だと答えは「$(1-x)^{-1}$ は積じゃないので展開はできない」と言った解答になるが，展開を「積を和で表すこと」と考えている限り答えは得られない．展開とは「積を」の部分を除いた「和で表すこと」，さらに無限和まで許せば等比級数の和（= 幾何級数）：

$$(1-x)^{-1} = \frac{1}{1-x} = 1 + x + x^2 + x^3 + \cdots \qquad (\text{ただし } -1 < x < 1)$$

がその答えになる．もう少し詳しく言うと関数の展開とは

「基本素材となる関数の族 $\{\phi_n(x)\}_{n=0,1,2,\ldots}$ を固定するとき，与えられた関数 $f(x)$ をこの族の和

$$f(x) = a_0\phi_0(x) + a_1\phi_1(x) + a_2\phi_2(x) + \cdots \qquad (a_n \text{ は定数})$$

で作り直すこと」

をいう．族としてべき関数 $\phi_n(x) = (x-a)^n$ $(n = 0, 1, 2, \ldots)$ を取ったときの展開がいわゆる，べき級数展開（=Taylor 展開）である．べき級数展開も重要だが，工学では次の展開も非常に重要である：

例 $\omega > 0$ を固定する．三角関数の族 $\{\cos n\omega x, \sin n\omega x\}_{n=0,1,2,\ldots}$ をとったときの展開

$$f(x) = a_0 + a_1 \cos \omega x + b_1 \sin \omega x + a_2 \cos 2\omega x + b_2 \sin 2\omega x + \cdots$$

を **Fourier 級数展開** (Fourier series expansion) という．これは主に「Fourier 解析」で扱われる．■

これら以外にも Laurant 展開，漸近展開，n 進数展開などのさまざまな「展開」がある．微分積分では特に断わりのない限り展開と言ったらべき級数展開のことをいう．

ノート [べき級数展開の発想] 級数展開の由来は十進法展開である．数を表現するにはさまざまな方法がある．たとえば分数 $\dfrac{b}{a}$ は 1 次方程式の「$ax = b$」の解を表す記号として導入されるが，単なる記号ではなく代数的扱いに適した表示になっているし，一方，十進法展開は数値どうしの大小を比較するのに有効な表示である．例として有理数 $99/70$ と無理数 $\sqrt{2}$ を考えると，このままでは大小の比較はできないが，それぞれを十進法展開すると

$$\frac{99}{70} = 1.414285714, \quad \sqrt{2} = 1.41421356\ldots, \quad \therefore \frac{99}{70} > \sqrt{2}$$

と容易に大小を比較できるようになる．$\sqrt{2}$ の十進法展開は

$$\sqrt{2} = 1.41421356\ldots = 1 + \frac{4}{10} + \frac{1}{10^2} + \frac{4}{10^3} + \frac{2}{10^4} + \frac{1}{10^5} + \frac{3}{10^6} + \frac{5}{10^7} + \frac{6}{10^8} + \cdots$$

と書き直せるが，これは与えられた数を「$1/10^n$」という形の基本素材の和で作り直すことだと分かる．この考察を関数の場合に当てはめれば「最も基本的な関数 x^n により関数を作り直す」という発想に至り，したがって関数を比較する手段の 1 つが確立することになる．

58　第2章　関数のベキ級数展開

2.1.2　近似，誤差の評価

次に「近似，誤差の評価」に関する問題を考える．工学系では関数の展開に関する問題は Taylor 多項式，Taylor 級数を求める計算問題が中心だが，数学，情報系では理論的側面に関する問題，および誤差評価の問題が多い．ここでは誤差に関する問題を1題だけ扱おう．

基本問題 3

1. 関数 $f(x)$ が 0 を含む開区間 (a,b) で n 回連続微分可能のとき，$f(x)$ のマクローリンの定理を書け（ただし剰余項は θ $(0<\theta<1)$ を用いて表すこと）．

2. $x>0$ において次の不等式が成り立つことを示せ．

$$1 - x + \frac{1}{2!}x^2 - \frac{1}{3!}x^3 + \cdots - \frac{1}{(2n-1)!}x^{2n-1}$$
$$< e^{-x} < 1 - x + \frac{1}{2!}x^2 - \frac{1}{3!}x^3 + \cdots + \frac{1}{(2n)!}x^{2n}$$

（首都大理工学研究科　数理情報科学専攻）

基本問題 3 の解答

1. （Maclaurin の定理）(a,b) 上の n 回微分可能な関数 $f(x)$ に対して

$$f(x) = f(0) + \frac{f'(0)}{1!}x + \frac{f''(0)}{2!}x^2 + \cdots + \frac{f^{n-1}(0)}{(n-1)!}x^{n-1} + R_n(x)$$

により $R_n(x)$ を定義するとき，

$$R_n(x) = \frac{f^{(n)}(\theta x)}{n!}x^n, \qquad 0<\theta<1$$

となる θ が存在する．

2. $f(x) = e^{-x}$ とする．このとき $f^{(n)}(x) = (-1)^n e^{-x}$ である．$f(x)$ に Maclaurin の定理を適用すれば任意の実数 x に対し

$$f(x) = 1 + \frac{(-1)}{1!}x + \frac{(-1)^2}{2!}x^2 + \cdots + \frac{(-1)^{n-1}}{(n-1)!}x^{n-1} + R_n(x),$$

$$R_n(x) = \frac{(-1)^n e^{-\theta x}}{n!} x^n$$

となる $0 < \theta < 1$ が存在する．ℓ は自然数とし，$x > 0$ だとすれば $n = 2\ell$ のとき $R_{2\ell}(x) = \frac{(-1)^{2\ell} e^{-\theta x}}{(2\ell)!} x^{2\ell} > 0$ だから

$$e^{-x} - \left(1 - x + \frac{1}{2!}x^2 + \cdots - \frac{1}{(2\ell-1)!}x^{2\ell-1}\right) = R_{2\ell}(x) > 0 \quad \cdots\cdots (1)$$

一方，$n = 2\ell + 1$ のとき $R_{2\ell+1}(x) = \frac{(-1)^{2\ell+1} e^{-\theta x}}{(2\ell+1)!} x^{2\ell+1} < 0$ だから

$$e^{-x} - \left(1 - x + \frac{1}{2!}x^2 + \cdots + \frac{1}{(2\ell)!}x^{2\ell}\right) = R_{2\ell+1}(x) < 0 \quad \cdots\cdots (2)$$

(1) (2) より

$$1 - x + \frac{1}{2!}x^2 + \cdots - \frac{1}{(2\ell-1)!}x^{2\ell-1} < e^{-x} < 1 - x + \frac{1}{2!}x^2 + \cdots + \frac{1}{(2\ell)!}x^{2\ell}$$

となる． ■

解 説

誤差に関連する問題としては，本問の2のように誤差を利用して元の関数と Taylor 多項式を比較する問題と，誤差自体を評価する問題などが考えられる．ただし誤差を評価すると言っても，数に対する誤差の評価ほど単純ではない．本問の場合，元の関数が指数関数，特に単調増加であるという特殊事情が有効に働くので誤差項の正負が容易に分かるのだが，一般の場合はこれほど簡単ではない．

2.1.3　l'Hospital の定理

微分の応用問題だが関数のベキ級数展開の応用と考えたほうがスッキリするので，ここで扱うことにした．

基本問題 4

関数の極限に関する以下の問いに答えよ．

(a) 関数 $f(x), g(x)$ は開区間 (a,b) で微分可能，$\lim_{x \to a+0} f(x) = \lim_{x \to a+0} g(x) = 0$，かつ $g(x), g'(x) \neq 0$ だとする．このとき $\lim_{x \to a+0} f'(x)/g'(x)$ が存在すれば，$\lim_{x \to a+0} f(x)/g(x)$ も存在し，かつ

$$\lim_{x \to a+0} \frac{f(x)}{g(x)} = \lim_{x \to a+0} \frac{f'(x)}{g'(x)}$$

が成り立つことを示せ．

(b) 以下の極限値を求めよ（ここで n は自然数とする）．

(i) $\lim_{x \to +0} x^{e^x - 1}$ (ii) $\lim_{x \to 0} \left(\frac{1}{\sin x} - \frac{1}{x} \right)$ (iii) $\lim_{x \to \infty} \frac{x^n}{e^x}$

（注意：∞/∞ 不定形の場合も (a) と同様の結果が成り立つ．）

((a) 首都大情報通信システム学域，(b)(i) 広島大理学研究科，(ii) 電通大機械制御工学専攻)

基本問題 4 の解答

(a) (i) $f(a) = g(a) = 0$ と定義する．仮定より $f(x), g(x)$ は $[a,b)$ で連続となる．今，$a < x < b$ となる x を固定し，

$$\varphi(y) = f(y) - \frac{f(x)}{g(x)} g(y) \qquad (a \leq y \leq x)$$

と置く．$\varphi(y)$ は $[a, x]$ で連続，かつ (a, x) で微分可能であり，さらに $\varphi(a) = \varphi(x) = 0$ となる．Rolle の定理より $\varphi'(c_x) = f'(c_x) - \frac{f(x)}{g(x)} g'(c_x) = 0$ となる $a < c_x < x$ が存在する．

(ii) $\ell = \lim\limits_{x \to a+0} \dfrac{f(x)}{g(x)}$ と置く．このとき任意の $\varepsilon > 0$ に対し

$$\left| \dfrac{f'(x)}{g'(x)} - \ell \right| < \varepsilon \qquad (a < \forall x < a+\delta < b)$$

となる $\delta > 0$ が存在する．今，$a < x < a+\delta$ だとすれば (i) で得た $a < c_x < x$ を使って

$$\left| \dfrac{f(x)}{g(x)} - \ell \right| \leq \left| \dfrac{f(x)}{g(x)} - \dfrac{f'(c_x)}{g'(c_x)} \right| + \left| \dfrac{f'(c_x)}{g'(c_x)} - \ell \right| < 0 + \varepsilon = \varepsilon$$

となる．したがって $\lim\limits_{x \to a+0} \dfrac{f(x)}{g(x)} = \ell$ となる．

(b) (i)

$$\dfrac{(\ln x)'}{\left(\frac{1}{e^x-1}\right)'} = \dfrac{\frac{1}{x}}{-\frac{e^x}{(e^x-1)^2}} = -\dfrac{(e^x-1)^2}{xe^x}, \quad \dfrac{((e^x-1)^2)'}{(xe^x)'} = \dfrac{2e^x(e^x-1)}{e^x + xe^x} = \dfrac{2(e^x-1)}{1+x}.$$

$\lim\limits_{x \to +0} \dfrac{2(e^x-1)}{1+x} = \dfrac{2 e^0-1)}{1+0} = 0$ と (a) を用いて $\lim\limits_{x \to +0} \dfrac{(e^x-1)^2}{xe^x} = \lim\limits_{x \to +0} \dfrac{((e^x-1)^2)'}{(xe^x)'} = 0$．
再び (a) を用いて

$$\lim\limits_{x \to +0} (e^x - 1) \ln x = \lim\limits_{x \to +0} \dfrac{\ln x}{\frac{1}{e^x-1}} = \lim\limits_{x \to +0} \dfrac{(\log x)'}{\left(\frac{1}{e^x-1}\right)'} = -\lim\limits_{x \to +0} \dfrac{(e^x-1)^2}{xe^x} = 0$$

となる．
ここで指数関数の連続性を用いれば

$$\lim\limits_{x \to 0+} x^{e^x-1} = \lim\limits_{x \to 0+} \exp((e^x-1) \ln x) = \exp\left(\lim\limits_{x \to 0+} (e^x - 1) \ln x \right) = \exp(0) = \underline{1}$$

(ii) (a) を 2 回適用すれば

$$\lim\limits_{x \to 0} \left(\dfrac{1}{\sin x} - \dfrac{1}{x} \right) = \lim\limits_{x \to 0} \dfrac{x - \sin x}{x \sin x} = \lim\limits_{x \to 0} \dfrac{(x - \sin x)'}{(x \sin x)'}$$

$$= \lim\limits_{x \to 0} \dfrac{1 - \cos x}{\sin + x \cos x} = \lim\limits_{x \to 0} \dfrac{(1 - \cos x)'}{(\sin + x \cos x)'} = \lim\limits_{x \to 0} \dfrac{\sin x}{2 \cos x - x \sin x} = \underline{0}$$

(iii) n に関する帰納法により $\lim_{x \to \infty} \dfrac{x^n}{e^x} = 0$ であることを証明する．

$n = 0$ のとき $\lim_{x \to \infty} \dfrac{1}{e^x} = 0$ より成立．

$n \geq 0$ とする．n までの成立を仮定するとき，帰納法の仮定と (a) より

$$\lim_{x \to \infty} \frac{x^{n+1}}{e^x} = \lim_{x \to \infty} \frac{(n+1)x^n}{e^x} = (n+1) \lim_{x \to \infty} \frac{x^n}{e^x} = 0$$

ゆえに任意の自然数 n に対し $\lim_{x \to \infty} \dfrac{x^{n+1}}{e^x} = \underline{0}$ ∎

解 説

1. (a) は不定形の極限を求める際の必須アイテムである l'Hospital の定理の証明問題である．微分に関する定理のほとんどはこの平均値の定理（$=$Rolle の定理）より導かれる．証明にあるように $f(x), g(x)$ に平均値の定理を直接適用するのではなく，証明のための補助をする関数を上手く設定する必要がある．これはすぐに発想できるようなものではないので，厳密な証明問題を出題する傾向の強い場合は型として覚えておいた方がよいだろう．

2. 証明だけをとれば微分の問題だが，l'Hospital の定理はベキ級数展開の応用と考えるべきである．

基本的となる考え方は有理関数の極限問題の解法である．たとえば $\lim_{x \to 1}(x^2 - x)/(x - 1)$ は $x = 1$ を代入すると分母，分子ともに 0 だから 0/0 となってしまう．正しく極限を求めるために一旦 $x \neq 1$ として $(x^2 - x)/(x - 1) = \{x(x - 1)\}/(x - 1) = x$ と約分し，後に $x = 1$ を代入する．これにより極限 $\lim_{x \to 1}(x^2 - x)/(x - 1) = \lim_{x \to 1} x = 1$ が求まる．ここで上の解法を反省してみよう．

I. 極限は周りの状況が決める.

上の例で $x = 1$ という代入だけでは値が確定できないが $x = 1$ の周辺の状況をみると $g(1) = 1$ と定めるのが最も自然である（右図参照）. 極限 $\lim_{x \to 1} g(x)$ は周りの状況から推測される値のことであり, 代入により実際に観測される値 $g(1)$ とは異なることが分かる. 代入することと極限をとることは全く異なるものなのである. ついでに言うと推測値（= 極限）と観測値（= 代入）が一致する状態のときを連続と言っている.

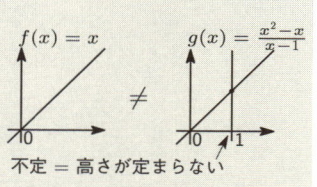

II. 障害は取り除いてやる.

「$ax = b$ となる x を b/a と記す」という分数の定義に従えば $0/0$ とは $0 \cdot x = 0$ となる x のことであり, "存在しない" のではなく無数に存在し値が定まらない, 所謂「不定」という状態になる.「約分」は不定の原因となる $0/0$ の部分を除去する操作であり, 除去により推測値が代入で測定できるようになる.

上の考察を一般の $0/0$ 不定形の極限 $\lim_{x \to a} f(x)/g(x)$ に拡張したものが l'Hospital の定理である. $x = a$ の周りの状況を知るために中心 $x = a$ における Taylor の定理を適用する. 不定形であること, したがって $f(a) = g(a) = 0$ となることに注意すれば

$$\lim_{x \to a} \frac{f(x)}{g(x)} = \lim_{x \to a} \frac{f(a) + \frac{f'(a)}{1!}(x-a) + \frac{f''(a)}{2!}(x-a)^2 + \cdots}{g(a) + \frac{g'(a)}{1!}(x-a) + \frac{g''(a)}{2!}(x-a)^2 + \cdots}$$

$$= \lim_{x \to a} \frac{(x-a)\left\{f'(a) + \frac{f''(a)}{2}(x-a) + \cdots\right\}}{(x-a)\left\{g'(a) + \frac{g''(a)}{2}(x-a) + \cdots\right\}}$$

となり, $0/0$ の原因となる $(x-a)/(x-a)$ を摘出することができる. こ

こで約分 (0/0 の除去) を行えば

$$\lim_{x \to a} \frac{f(x)}{g(x)} = \lim_{x \to a} \frac{\cancel{(x-a)}\left\{f'(a) + \frac{f''(a)}{2}(x-a) + \cdots\right\}}{\cancel{(x-a)}\left\{g'(a) + \frac{g''(a)}{2}(x-a) + \cdots\right\}} = \frac{f'(a)}{g'(a)}$$
$$= \lim_{x \to a} \frac{f'(x)}{g'(x)}$$

となり代入によって正しい推測ができるようになる．ある程度のテンプレートを持っていれば実際の計算にも利用できる．たとえば (ii) は

$$\frac{1}{\sin x} - \frac{1}{x} = \frac{x - \sin x}{x \sin x} = \frac{x - \left(x - \frac{x^3}{3!} + \frac{x^5}{5!} - \frac{x^7}{7!} + \cdots\right)}{x^2 - \frac{x^4}{3!} + \frac{x^6}{5!} - \cdots}$$
$$= \frac{x^3 \left(\frac{1}{3!} - \frac{x^2}{5!} + \frac{x^4}{7!} - \cdots\right)}{x^2 \left(1 - \frac{x^2}{3!} + \frac{x^4}{5!} - \cdots\right)} = x \frac{\frac{1}{3!} - \frac{x^2}{5!} + \frac{x^4}{7!} - \cdots}{1 - \frac{x^2}{3!} + \frac{x^4}{5!} - \cdots}$$

と整理でき，ここで $x = 0$ を代入すれば全体が 0 であることが分かる．

3. (b) は l'Hospital の定理を実際に使ってみようという問題．(a) は 0/0 不定形のみの証明だが，∞/∞ 不定形の場合も同様の結果が成り立つ（ただし証明は場合に応じて修正が必要になる）．(i) では前提条件「$\lim_{x \to a+0} f'(x)/g'(x)$ が存在」をチェックした後に適用するという形で解答案を作成したが杓子定規な印象がある．ここまで書かなくとも (ii) のように「l'Hospital の定理を適用して」という断りを置いて何処で定理を用いたかを示せばよいだろう．

次に各極限について考えよう．不定形には 0/0 形，$\infty - \infty$ 形，0^0 形等の型があり，それぞれに応じた対処法がある．

(i) は 0^0 形．これは対数をとることで 0/0 形に帰着される．

(ii) の $\infty - \infty$ 形は通分することで 0/0 形に帰着される．

(iii) は l'Hospital の定理を複数回適用するほか，Taylor の定理を利用する方法など様々な方法がある．特にこの (iii) より極限

$$\lim_{x\to+\infty} p(x)e^{-ax} = 0 \qquad (p(x) \text{ は任意の多項式}, \ a>0)$$

が導かれる.「指数関数の増加はどんな多項式の増加よりも急速である」という事実は必須な知識だろう.

〔練習問題 5〕 次の極限値を求めよ.

(1) $\displaystyle\lim_{x\to +0}(\sin x)^x$ 　　(2) $\displaystyle\lim_{x\to 0}\frac{1}{x}\left(\frac{1}{x}-\frac{1}{\tan x}\right)$ 　　(3) $\displaystyle\lim_{x\to +0} x^a \log x \quad (a>0)$

((1) 東北大工学研究科 化学工学・バイオ工学専攻, (2) (3) 筑波大システム情報工学研究科 コンピュータサイエンス専攻)

§2.2 標準・発展問題編

標準問題 1

x の絶対値が小さいときに,次の近似式が成り立つことを証明しなさい.

$$\frac{1}{e}(1+x)^{\frac{1}{x}} \approx 1 - \frac{x}{2} + \frac{11}{24}x^2 - \frac{7}{16}x^3$$

必要なら以下のテイラー展開式を用いなさい.

- $e^x = 1 + \dfrac{x}{1!} + \dfrac{x^2}{2!} + \dfrac{x^3}{3!} + \cdots$
- $\log(1+x) = x - \dfrac{x}{2} + \dfrac{x^3}{3} + \cdots$

(大阪大工学研究科 環境・エネルギー工学専攻)

標準問題 1 の解答

$\varphi(x) = \ln\left(\dfrac{1}{e}(1+x)^{\frac{1}{x}}\right)$ と置く.このとき

$$\varphi(x) = \frac{1}{x}\ln(1+x) - 1 = \frac{1}{x} \times \left\{x - \frac{x^2}{2} + \frac{x^3}{3} - \frac{x^4}{4} + \cdots\right\} - 1$$

$$= -\frac{x}{2} + \frac{x^2}{3} - \frac{x^3}{4} + o(x^3) \quad (x \to 0)$$

となる.また $\varphi(x)^2$, $\varphi(x)^3$ はそれぞれ

$$\varphi(x)^2 = \frac{x^2}{4} - \frac{x^3}{3} + o(x^3) \ (x \to 0), \quad \varphi(x)^3 = -\frac{x^3}{8} + o(x^3) \ (x \to 0)$$

であるから,$\dfrac{1}{e}(1+x)^{\frac{1}{x}} = e^{\varphi(x)}$ と e^x の Taylor 展開式より

$$\frac{1}{e}(1+x)^{\frac{1}{x}} = 1 + \frac{1}{1!}\varphi(x) + \frac{1}{2!}\varphi(x)^2 + \frac{1}{3!}\varphi(x)^3 + \cdots$$

$$= 1 + \frac{1}{1!}\left(-\frac{x}{2} + \frac{x^2}{3} - \frac{x^3}{4}\right) + \frac{1}{2!}\left(\frac{x^2}{4} - \frac{x^3}{3}\right) + \frac{1}{3!}\left(-\frac{x^3}{8}\right) + o(x^3) \ (x \to 0)$$

$$= 1 - \frac{x}{2} + \left(\frac{1}{3} + \frac{1}{8}\right)x^2 + \left(-\frac{1}{4} - \frac{1}{6} - \frac{1}{48}\right)x^3 + o(x^3) \ (x \to 0)$$

$$= 1 - \frac{x}{2} + \frac{11}{24}x^2 - \frac{7}{16}x^3 + o(x^3) \ (x \to 0)$$

したがって $\dfrac{1}{e}(1+x)^{\frac{1}{x}} \approx 1 - \dfrac{x}{2} + \dfrac{11}{24}x^2 - \dfrac{7}{16}x^3$ となる. ∎

解 説

1. 典型的なテンプレート利用の問題であり，しかも公式集付きという親切ぶりである．「肩に変数が乗っている」⇒「対数をとる」が常套手段．これにより公式が使えるようになり，後は級数のべき乗の計算というのが一連の流れである．基本問題ではテンプレートにより全ての項が一気に計算できるような例を与えたが，この問題のように複数の基本関数が合成されているような場合にはやはり低次の項しか計算できない．

2. この種の計算で有効なのが無限小記号である:

定義 2

a の除外近傍 U (a を含む近傍から a だけを除いた近傍) で関数 f, g が $g(x) \neq 0$ だとする．

a の近傍　a の除外近傍

$$\lim_{\substack{x \to a \\ x \neq a}} \frac{f(x)}{g(x)} = 0$$

となるとき，f は $x = a$ において g よりも高次の無限小だといい，これを $f = o(g) \ (x \to a)$ と記す．また $|f(x)|/|g(x)|$ が U 上で有界，すなわち $|f(x)| \leq M|g(x)| \ (x \in U)$ となる $M > 0$ が存在するとき，$x \to a$ のとき $f(x)$ は $g(x)$ で押さえられるといい，このとき $f = O(g) \ (x \to a)$ と記す．

たとえば $\varphi(x)^2$ について x^4 以降を誤差扱いしたい場合，

$$x \times o(x^3) = x^2 \times o(x^3) = x^3 \times o(x^3) = \cdots = o(x^3) \ (x \to 0)$$
$$cx^4 + o(x^3) = cx^5 + o(x^3) = cx^6 + o(x^3) = \cdots = o(x^3) \ (x \to 0)$$
(c は定数)

および $o(x^3) + o(x^3) = o(x^3) \times o(x^3) = o(x^3)$ と言うように1つの $o(x^3)$ に吸収させていけばよいので

$$\begin{aligned}
\varphi(x)^2 &= \left(-\frac{x}{2} + \frac{x^2}{3} - \frac{x^3}{4} + o(x^3)\right)^2 \\
&= -\frac{x}{2} \times \left(-\frac{x}{2} + \frac{x^2}{3} - \frac{x^3}{4} + o(x^3)\right) \quad \frac{x^2}{4} - \frac{x^3}{6} + \frac{x^4}{8} + o(x^3) \quad \frac{x^2}{4} - \frac{x^3}{6} + o(x^3)\\
&\quad + \frac{x^2}{3} \times \left(-\frac{x}{2} + \frac{x^2}{3} - \frac{x^3}{4} + o(x^3)\right) \quad -\frac{x^3}{6} + \frac{x^4}{9} - \frac{x^5}{12} + o(x^3) \quad -\frac{x^3}{6} + o(x^3)\\
&\quad - \frac{x^3}{4} \times \left(-\frac{x}{2} + \frac{x^2}{3} - \frac{x^3}{4} + o(x^3)\right) \quad +\frac{x^4}{8} - \frac{x^5}{12} + \frac{x^6}{16} + o(x^3) \quad +o(x^3)\\
&\quad + o(x^3) \times \left(-\frac{x}{2} + \frac{x^2}{3} - \frac{x^3}{4} + o(x^3)\right) \quad +o(x^3) \quad +o(x^3)
\end{aligned}$$

$$\therefore \ \varphi(x)^2 = \frac{x^2}{4} - \frac{x^3}{6} - \frac{x^3}{6} + o(x^3) = \frac{x^2}{4} - \frac{x^3}{3} + o(x^3) \ (x \to 0)$$

基本問題の所でも述べたが,$\log(1+x)$ の Taylor 展開には $|x| < 1$ という制限が付くので,無制限にこの式を使える訳ではない.ただし,この問題の場合は「x の絶対値が小さいとき」という文言により保証されるので収束半径などを気にしなくともよいのである.

〔練習問題 6〕 b が a に比べて非常に小さい時 $(a \gg b > 0)$, $\sqrt{\dfrac{a+b}{a-b}} \approx \dfrac{a+b}{a}$ で近似できることを示しなさい.
(大阪大工学研究科 環境・エネルギー工学専攻)

標準問題 2

次の問いに答えよ．

(1) 級数 $\sum_{n=1}^{\infty} x^{2n}$ が収束する実数 x の範囲を求めよ．さらに x がその範囲にあるとき，級数 $\sum_{n=1}^{\infty} x^{2n}$ の和を求めよ．

(2) 関数項級数 $\sum_{n=1}^{\infty} x^{2n}$ は区間 $\left[0, \dfrac{1}{2}\right]$ 上で一様収束することを示せ．

(3) 級数 $\sum_{n=1}^{\infty} \dfrac{1}{(2n+1)2^{2n+1}}$ の和を求めよ．

(広島大理学研究科 数学専攻)

標準問題 2 の解答

(1) 級数 $\sum_{n=1}^{\infty} x^n$ は $-1 < x < 1$ で $x/(1-x)$ に収束し，それ以外で発散する．この級数の x を x^2 に置き換えた級数が題意の級数だから，$\sum_{n=1}^{\infty} x^{2n}$ が収束する範囲は $\underline{-1 < x < 1}$ であり，その和は $\sum_{n=1}^{\infty} x^{2n} = \underline{\dfrac{x^2}{1-x^2}}$ である．

(2) $S_N = \sum_{n=1}^{N} x^{2n}$ と置く．$0 \leq x \leq 1/2$ となる x に対し $1 \leq M < N$ のとき

$$S_N - S_M = \sum_{n=M+1}^{N} x^{2n}$$
$$= x^{2(M+1)} \frac{1 - x^{2(N-M)}}{1 - x^2} \leq \frac{1}{4^{M+1}} \frac{1 - 1/4^{N-M}}{1 - 0} < \frac{1}{4^{M+1}}$$

より $M \to \infty$ とすれば $0 \leq x \leq 1/2$ となる x によらず $|S_N - S_M| \to 0$ となる．すなわち級数 $\sum_{n=1}^{\infty} x^{2n}$ は閉区間 $[0, 1/2]$ 上で一様 Cauchy 条件を満たす．したがって閉区間 $[0, 1/2]$ 上で一様収束する．

(3) $\sum_{n=1}^{\infty} x^{2n} = \dfrac{x^2}{1-x^2}$ は閉区間 $[0, 1/2]$ 上で一様収束する事から項別積分可能である．そこで両辺を積分すれば

$$(\text{左辺}) = \int_0^{1/2} \sum_{n=1}^{\infty} x^{2n} dx = \sum_{n=1}^{\infty} \int_0^{1/2} x^{2n} dx = \sum_{n=1}^{\infty} \frac{1}{(2n+1)2^{2n+1}}$$

$$(\text{右辺}) = \int_0^{1/2} \frac{x^2}{1-x^2} dx = \int_0^{1/2} \left(\frac{1}{1-x^2} - 1\right) dx = \left[\frac{1}{2}\ln\left|\frac{1+x}{1-x}\right| - x\right]_0^{1/2}$$
$$= \frac{1}{2}(\ln 3 - 1)$$

ゆえに $\quad \sum_{n=1}^{\infty} \dfrac{1}{(2n+1)2^{2n+1}} = \underline{\dfrac{1}{2}(\ln 3 - 1)}$ ∎

解 説

1. 前問までは関数をベキ関数 x^n の和に展開したが，ここでは逆にベキ函数の和 $f(x) = \sum_{n=0}^{\infty} a_n x^n$ により関数を作ること，すなわちベキ級数を考える．実数で例えれば，前者の（10進法）展開は与えられた数 N を

$$N = \sum_i \frac{n_i}{10^i} \quad (= \cdots n_1 n_0 . n_1 n_2 n_3 \cdots) \quad (n_i \text{ は } 0 \leq n_i < 10 \text{ となる整数})$$

と表すことだが，逆に適当に n_i を選び上のように並べて数 N を作ろう，というのが後者である．

2. ベキ級数の場合，【基本問題 2】の解説で述べたように代入できる x の範囲が制限される．この範囲を示したものがベキ級数の収束半径である．一般のベキ級数に対し収束半径は次のように求めることができる．

> **定理5**
>
> R をベキ級数 $f(x) = \sum_{n=0}^{\infty} a_n x^n$ の収束半径とする（以下 $1/\infty = 0$, $1/0 = \infty$ と解釈する）．
>
> (1) （Cauchy-Hadamard の収束判定法） $\dfrac{1}{R} = \varlimsup_{n \to \infty} \sqrt[n]{|a_n|}$
>
> (2) （d'Alembert の収束判定法） 極限 $\lim_{n \to \infty} \left|\dfrac{a_{n+1}}{a_n}\right|$ が存在するとき，ベキ級数の収束半径の逆数 $1/R$ はこの極限値と一致する．

((1) の $\varlimsup$ は上極限を表す．定義は例えば高木貞治『解析概論』（岩波書店, 1938）§6 附記参照）問題に応じて何れかの公式を用いて計算するのだが，解答のように既知のベキ級数の収束半径を利用するやり方もある（入試ではこちらのほうが一般的）．

3. ベキ級数 $f(x) = \sum_{k=0}^{\infty} a_k x^k$ の部分和 $f_n(x) = \sum_{k=0}^{n} a_k x^k$ は関数列になる．一般に関数列 $\{f_n\}_{n=1,2,\ldots}$ および関数 f に対し，各 x において数列 $\{f_n(x)\}_{n=1,2,\ldots}$ が数 $f(x)$ に収束するとき，関数列 f_n は関数 f に**各点収束**するという（図1）．

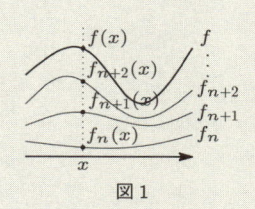

図1

各点収束は最も単純なアイデアに基づく関数列の収束概念である．しかし関数列 f_n が関数 f に近づいても各点 x ごとに数列 $f_n(x)$ が $f(x)$ へ収束する状況は異なると微分積分を利用する上で不都合が生じる（第3章【発展問題2】の解説参照）．微分積分が適切に利用できるかどうかを区別するために次の一様収束という概念を定義する．

定義3　一様収束

A 上の関数列 $\{f_n\}_{n=1,2,\ldots}$ と関数 f に対して各 x における差 $|f_n(x) - f(x)|$ の上限

$$\|f_n - f\|_A := \sup_{x \in A} |f_n(x) - f(x)|$$

が $n \to \infty$ のとき 0 に収束するとき, $\{f_n\}_{n=1,2,\ldots}$ は f に A 上一様収束するという. またこれは一様 Cauchy 条件:「$m, n \to \infty$ のとき $\|f_n - f_m\|_A \to 0$」と同値である.

後半の条件は m, n が大きくなる程, 関数列の差が小さくなっていくという条件であり, 厳密な証明や収束先は分からないがとにかく関数に収束していることを示す場合に有効な条件である.

4. 一様収束する関数列に対して次のことが成り立つ.

定理6　項別微積分

(1) 有界閉区間で連続な関数列 $\{f_n\}_{n=1,2,\ldots}$ が一様収束しているならば極限関数 $\lim_{n \to \infty} f_n$ も連続.

(2) 有界閉区間 $[a,b]$ で積分可能な関数列 $\{f_n\}_{n=1,2,\ldots}$ が一様収束するならば:

$$\lim_{n \to \infty} \int_b^a f_n(x)dx = \int_b^a \lim_{n \to \infty} f_n(x)dx$$

(3) 有界閉区間 I 上の関数列 f_n に対し (i) $\{f_n\}$ は I 上各点収束する, (ii) 各 f_n は C^1 級, (iii) 導関数列 $\{f_n'\}$ は I 上一様収束する, という3条件を満たすならば f も C^1 級, かつ

$$\lim_{n \to \infty} \frac{d}{dx} f_n = \frac{d}{dx} \left(\lim_{n \to \infty} f_n \right)$$

すなわち, 一様収束とは関数列 f_n に対する微分積分が極限関数に引き継げることを保証するための (十分) 条件なのである

特にベキ級数 $f(x) = \sum_{k=0}^{\infty} a_k x^k$ の場合,収束半径 R を少し縮めた範囲 $I = [R-\varepsilon, R+\varepsilon]$ を考えればベキ級数 $f(x)$ は I で(絶対)一様収束するので項別に微積分の計算が可能となる.これをベキ級数の場合に適用したのが上の問題である(【基本問題2】の解説も参照).

74　第2章　関数のベキ級数展開

発展問題 1

以下の問いに答えよ．ただし $3.14 < \pi < 3.15$ である．

(1) $\cos x$ を $x = 0$ のまわりで5次まで Taylor 展開したときの剰余項 R_6 を与えよ．

(2) 次のどちらの方が $\cos 1$ の良い近似であるか，理由と共に述べよ．

　(i)　$x = 0$ で5次まで Taylor 展開して
$$\cos 1 \fallingdotseq 1 - \frac{1}{2} + \frac{1}{24} = \frac{13}{24} = 0.54166\ldots$$
とする．

　(ii)　$x = \pi/3$ で2次まで Taylor 展開して
$$\cos 1 \fallingdotseq \frac{1}{2} - \frac{\sqrt{3}}{2}\left(1 - \frac{\pi}{3}\right) - \frac{1}{4}\left(1 - \frac{\pi}{3}\right)^2 = 0.54031\ldots$$
とする．

(大阪大基礎工学研究科 システム創成専攻)

発展問題 1 の解答

(1) $f(x)$ を C^∞ 級関数とする．このとき Taylor の定理より任意の a に対し
$$f(x) = f(a) + \frac{f^{(1)}(a)}{1!}(x-a) + \frac{f^{(2)}(a)}{2!}(x-a)^2 + \cdots$$
$$+ \frac{f^{(n)}(a)}{n!}(x-a)^n + R_{n+1,a}(x)$$
$$R_{n+1,a}(x) = \frac{f^{(n+1)}(c)}{(n+1)!}(x-a)^{n+1} \quad (a < c < x)$$
となる c が存在する．ここで $f(x) = \cos x,\ a = 0, n = 5$ とすれば
$$R_6 = R_{6,0}(x) = \underline{-\frac{\cos c}{6!}x^6} \quad (0 < c < x)$$

(2) $a = \pi/3$ を中心とした2次までの展開は
$$\cos x = \frac{1}{2} - \frac{\sqrt{3}}{2}\left(x - \frac{\pi}{3}\right) - \frac{1}{4}\left(x - \frac{\pi}{3}\right)^2 + R_{3,\pi/3}(x),$$

$$R_{3,\pi/3}(x) = \frac{\sin c}{3!}\left(x - \frac{\pi}{3}\right)^3$$

$(x < c < \pi/3)$ となる．このとき $\sin c < \sin(\pi/3)$ より

$$|R_{3,\pi/3}(1)| < \frac{1}{6}\left(\sin\frac{\pi}{3}\right)\left(\frac{\pi-3}{3}\right)^3 < \frac{1}{6}\frac{\sqrt{3}}{2}\left(\frac{0.15}{3}\right)^3 < \frac{1.8}{12}(0.05)^3$$
$$= 1.87\cdots \times 10^{-5} < 2 \times 10^{-5}$$

この剰余項の評価により真の値 $\cos 1$ は

$$0.54031 - 0.00002 < \cos 1 < 0.54031$$

という範囲にあることが分かる．したがって (i) の近似値と比較すると

$$0.54166 - 0.0014 < \cos 1 < 0.54166$$

となり，このことから (ii) の方が良い近似を与えていることが分かる．■

解 説

Taylor 展開の代表的な応用である近似値の問題である．$\cos 1$ の値について 2 種の近似値の比較をするのだが，$\cos 1$ の真値が不明なため，近似値自体を比較することはできない．そこで必要となるのが誤差の評価になる．(1) は誤差に注意せよ，と誘導しているわけである．そして (2) では誤差を評価することで近似における展開の中心の比較をしている．通常，展開の次数を上げれば精度は良くなるが，中心が遠いと次数を上げても精度は良くならない．求めたい値の近傍にあれば次数が低くとも精度は上がる．また計算可能な中心を選ぶということも必要な要素であろう．Taylor 展開における中心の役割を教えてくれる良問である．

発展問題 2

鉛直方向上向きに y 座標の正の向きをとり，時刻 t における質量 m の落下運動をする質点の位置を $y(t)$ とする．初期位置を $y(0) = 0$，初速度を $\dot{y}(0) = v_0$ とする．今，次の 2 種類の落下運動を考える．

(i) 自由落下の場合．質点 m の位置関数 $y(t)$ が満たす運動方程式，その関数は次で与えられる：

運動方程式：$m\ddot{y} = -mg$, 　　　　位置関数：$y = -\dfrac{g}{2}t^2 + v_0 t$

(ii) (1 次の) 空気抵抗がある場合．質点 m の位置関数 $y(t)$ が満たす運動方程式，その関数は次で与えられる：

運動方程式：$m\ddot{y} = -mg - r\dot{y}$,
位置関数：$y(t) = -\dfrac{mg}{r}t + \dfrac{m}{r}\left(v_0 + \dfrac{mg}{r}\right)\left(1 - e^{-\frac{r}{m}t}\right)$

g は重力定数，r は抵抗係数を表す．空気抵抗がある場合の位置関数は $r \to 0$ のとき，自由落下の位置関数になる事を示せ．

発展問題 2 の解答

空気抵抗がある場合の位置関数 y について，

$$y(t) = \frac{m^2 g}{r^2}\left(1 - \frac{r}{m}t - e^{-\frac{r}{m}t}\right) + \frac{mv_0}{r}(1 - e^{-\frac{r}{m}t})$$

と整理する．指数関数部分を t に関して Maclaurin 展開する．特に r を持つ項について注意して整理すると

$(y(t)$ の第 1 項$)$
$= \dfrac{m^2 g}{r^2}\left\{1 - \dfrac{r}{m}t - \left(1 - \dfrac{r}{m}t + \dfrac{1}{2!}\left(\dfrac{r}{m}t\right)^2 - \dfrac{1}{3!}\left(\dfrac{r}{m}t\right)^3 + \dfrac{1}{4!}\left(\dfrac{r}{m}t\right)^4 - \cdots\right)\right\}$
$= -\dfrac{m^2 g}{r^2} \times \left(\dfrac{r}{m}t\right)^2 \left\{\dfrac{1}{2!} - \dfrac{1}{3!}\left(\dfrac{r}{m}t\right) + \dfrac{1}{4!}\left(\dfrac{r}{m}t\right)^2 - \cdots\right\}$

$$= -\frac{g}{2}t^2 + r \cdot \frac{gt^2}{2} \times \left\{ \frac{t}{3!m} - \frac{rt^2}{4!m^2} + \cdots \right\}$$

($y(t)$ の第2項)
$$= \frac{mv_0}{r}\left\{1 - \left(1 - \frac{r}{m}t + \frac{1}{2!}\left(\frac{r}{m}t\right)^2 - \frac{1}{3!}\left(\frac{r}{m}t\right)^3 + \cdots\right)\right\}$$
$$= \frac{mv_0}{r} \times \left(\frac{r}{m}t\right)\left\{1 - \frac{1}{2!}\left(\frac{r}{m}t\right) + \frac{1}{3!}\left(\frac{r}{m}t\right)^2 - \cdots\right\}$$
$$= v_0 t - r \cdot \frac{v_0 t^2}{m}\left\{\frac{1}{2!} - \frac{rt}{3!m} - \cdots\right\}$$

ここで $r \to 0$ とすれば $y(t)$ が自由落下の場合の位置関数になることが分かる. ■

解 説

1. 物理の教科書などに書かれている内容. 入試問題ではないが, Taylor 展開の一つの目的を示すために例題として与えた. 運動方程式のレベルで空気抵抗がなくなると自由落下になること, すなわち

$$m\ddot{y} = -mg - r\dot{y} \quad \longrightarrow \quad m\ddot{y} = -mg \quad (r \to 0)$$

は見やすいが, 微分方程式の解として得られる位置関数のレベルでは, 自由落下になることを見るのは簡単ではない. 位置関数のレベルだとなぜ分かりにくいのか？ 自由落下の位置関数が t のベキ関数のみで表されているのに対し抵抗のある場合はベキ関数と指数関数という異種の関数が混在していることが原因である. これを解消するための手段が「ベキ級数展開なのである. 極限の問題と捉えてもよいが展開を施すことで $r \to 0$ のときの推移が一目瞭然となる.

2. ベキ級数の表記に関する注意だが, 規則性を観察したい場合や係数を操作する場合などは総和記号 $\sum$ で書くよりも, 項を一列に列挙したほうが視覚的に訴える. 一方, 【基本問題2】(iv) (v) のように一般項を操作する際は総和記号を用いたほうが便利である. 総和記号を用いたほう

が格好良いとか，好みであるなどと言って表現にこだわる方もいるが，好みのために「分かりやすさ」を犠牲にするというのは感心しない．視覚の効果は侮れないのである．

3. 最後に題材について．上にある 1 次の抵抗は "粘性抵抗"（または "摩擦抵抗"）と呼ばれている．これは速さがある程度小さい場合に有効である．一方，速さが大きい場合には $\dot{y}$ を $\dot{y}^2$ に置き換えた抵抗（"慣性抵抗"）を用いる．以前にソーラーカーを作っていた先生より伺った話だが，製作当初，粘性抵抗を考慮に入れて機体の設計をしたら実際の走行で速度に限界を生ずることが判明した．そこで粘性抵抗から慣性抵抗に変えて設計し直したところ，その限界速度以上の速度を出すことに成功したとのこと．次数の差は机上で考えるよりも大きいのである．

第3章　1変数の積分

工学系の大学院入試に限定すると，理論的側面よりも計算の比重が高い．この章では工学系大学の標準的な教科書の流れに沿って不定積分，定積分，広義積分の順で計算に焦点を充てて解説を行う．全体の流れを説明するために，例題数を少なめにしたのだが，積分の計算は多くの経験を必要とする．講義で使用している教科書の演習問題でしっかり補充して欲しい．なお，大学院入試では大学以降で学習する部分に限定した問題が多くなるのは当然なのだが，基本的な部分は高校で学習した内容によるところが大きい．この意味で大学受験用の参考書は計算例も含めて大変に有益である．

なお，積分と極限の交換に関する問題，図形への応用は大学院入試の特性を考慮して第 6, 7 章で扱う．

§3.1　基本問題編

3.1.1　不定積分の計算問題

この節では不定積分の計算問題を扱う．微分の計算と異なり基本的な公式だけでは不十分であり，それぞれの個性に応じた解法をある程度知らなければならない．いかに経験値を増やすかがマスターの鍵となる．まずは (a) 不定積分の基本的な計算方法について確認した後，(b) 不定積分の計算の枠組みを与える有理関数の不定積分を，次いで (c) 初等関数の不定積分を紹介していく．

(a) 不定積分の基本的な計算方法

基本問題 1

次の不定積分を求めよ．ただし a, b $(a^2 + b^2 \neq 0)$ は定数とする．

(i) $\int 5^{\sqrt{2x+1}} dx$ 　 (ii) $\int \dfrac{x \sin^{-1} x}{\sqrt{1-x^2}} dx$

(iii) $\int \tan^{-1} x \, dx$ 　 (iv) $\int e^{ax} \sin bx \, dx$

((i) 首都大システムデザイン研究科，(ii) 北海道大環境科学院環境起学専攻)

基本問題1の解答

(i) $t = \sqrt{2x+1}$ と置く．このとき $dt = dx/\sqrt{2x+1}$, $dx = tdt$ だから

$$(与式) = \int 5^t \cdot t dt = \frac{5^t}{\ln 5} \cdot t - \int \frac{5^t}{\ln 5} dt$$

$$= \frac{5^t}{\ln 5} \cdot t - \frac{5^t}{(\ln 5)^2} + C = \underline{\frac{5^{\sqrt{2x+1}}}{\ln 5}\left\{\sqrt{2x+1} - \frac{1}{\ln 5}\right\} + C}$$

(ii) $y = \sin^{-1} x$ と置く．このとき $\sin y = x$ および $dy = \dfrac{dx}{\sqrt{1-x^2}}$ より

$$(与式) = \int \sin y \cdot y \, dy = \int y(-\cos y)' dy$$

$$\underset{部分積分より}{=} y(-\cos y) - \int (y)'(-\cos y) dy$$

$$= -y\cos y + \int \cos y \, dy = -(\cos y) \cdot y + \sin y + C$$

$-\dfrac{\pi}{2} \leq y \leq \dfrac{\pi}{2}$ なので $\cos y = \sqrt{1-\sin^2 y} = \sqrt{1-x^2}$ より

$$(与式) = \underline{-\sqrt{1-x^2} \cdot \sin^{-1} x + x + C}$$

(iii) 部分積分より

$$\int \tan^{-1} x \, dx = \int (x)' \tan^{-1} x \, dx = x\tan^{-1} x - \int x \cdot \frac{1}{1+x^2} dx$$

$$= x\tan^{-1} x - \frac{1}{2}\int \frac{(1+x^2)'}{1+x^2} dx = \underline{x\tan^{-1} x - \frac{1}{2}\ln(1+x^2) + C}$$

(iv) $I = \displaystyle\int e^{ax} \sin bx \, dx$ と置く．$a \neq 0$ とする．このとき部分積分法により

$$I = \frac{1}{a} e^{ax} \sin bx - \frac{b}{a}\int e^{ax} \cos bx \, dx$$

$$= \frac{1}{a} e^{ax} \sin bx - \frac{b}{a}\left\{\frac{1}{a} e^{ax} \cos bx + \frac{b}{a}\int e^{ax} \sin bx \, dx\right\}$$

$$= \frac{e^{ax}}{a^2}(a\sin bx - b\cos bx) - \frac{b^2}{a^2}I$$

ゆえに $I + \frac{b^2}{a^2}I = \frac{e^{ax}}{a^2}(a\sin bx - b\cos bx)$.
したがって $I = \frac{e^{ax}}{a^2+b^2}(a\sin bx - b\cos bx)$. また $a = 0$ のとき，
仮定 $a^2 + b^2 \neq 0$ より $b \neq 0$ だから

$$I = \int \sin bx \, dx = -\frac{1}{b}\cos bx = \frac{e^{0x}}{0^2+b^2}(0 \cdot \sin bx - b\cos bx)$$

したがって a の値にかかわらず $I = \underline{\frac{e^{ax}}{a^2+b^2}(a\sin bx - b\cos bx)}$ となる． ∎

解 説

1. 不定積分の基本的なところは既に高校数学で相当扱われているので，ここでは部分積分の問題に特化し，他の基本的な問題は練習問題として扱った．
一般に関数の積と積分は相性が悪い．和は $\int(f(x)+g(x))dx = \int f(x)dx + \int g(x)dx$ となるが，関数の積の微分が積の微分公式に従うため

$$\int f(x)g(x)dx = \int f(x)dx \cdot \int g(x)dx$$

のように分離されず，これが積分を複雑化させる要因となる．積による障害を解消しようというのが部分積分法である．関数の積 $F(x)G(x)$ の微分 $(F(x)G(x))' = F'(x)G(x) + F(x)G'(x)$ について両辺を積分すると

$$F(x)G(x)\left(= \int (F(x)G(x))'dx\right) = \int F'(x)G(x)dx + \int F(x)G'(x)dx$$

となる．これが部分積分の公式の原型であり，たとえば $F'(x) = f(x)$, $G'(x) = g(x)$ として整理すれば部分積分の公式を得る．部分積分は適用すればすぐに障害が解消できるというものではなく，使い方次第ではより複雑化してしまう可能性もある．本問では典型的な3種の問題を取り上げた．

(i) (ii) は置換積分を施すことにより「(多項式)×(関数)」という形になる．

部分積分の右辺第2項の微分を利用して多項式部分を消滅させれば多項式との積が解消される．教科書で扱う部分積分の最初の練習問題がこの系統だろう．

一方，(iii) は (i) (ii) と逆の方向，すなわち消滅した多項式を $1=(x)'$ と考え x を復元し関数の積を作る．$\ln x$, $\sin^{-1} x$ など指数関数，三角関数の逆関数の計算に有効である．

(iv) は部分積分を複数回適用すると元の積分が現れるタイプ．解答例のように再び現れる元の不定積分とのギャップを拾うことで計算する．

なお，使用法という観点で3種類に分けたが，被積分関数の種類に注目すればさらに詳しく分類できるだろう．

2. (iv) の被積分関数 $e^{ax}\sin bx$, およびその積分

$$\int e^{ax}\sin bx\, dx = \frac{e^{ax}}{a^2+b^2}(a\sin bx - b\cos bx)$$

は単なる部分積分の計算問題用ではなく，機械の振動や交流回路などを学べば必ず出会う．$y=e^{ax}\sin bx$ は $a>0, a<0$ に応じて発散振動，減衰振動などと呼ぶ（下図参照）．

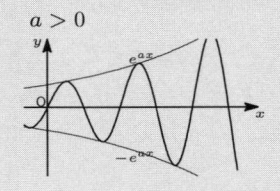

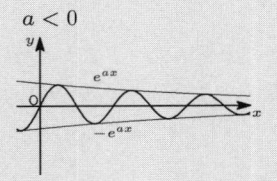

この問題で注意して欲しいのが定数の扱い方．導出において定数が分母に来る場合には，計算途中で利用する公式が異なってくるのだが，解法が異なることに気付かない無頓着な受験生はかなり多い．この辺りで点差が生じるので要注意である．

〔練習問題1〕 以下の不定積分を計算せよ．$a>0$, $A\neq 0$ はそれぞれ定数とする．

(i) $\displaystyle\int\frac{dx}{x^2+a^2}$ (ii) $\displaystyle\int\frac{dx}{x^2-a^2}$ (iii) $\displaystyle\int\frac{dx}{\sqrt{a^2-x^2}}$

(iv) $\displaystyle\int \frac{dx}{\sqrt{x^2+A}}$ (v) $\displaystyle\int \sqrt{a^2-x^2}dx$ (vi) $\displaystyle\int \sqrt{x^2+A}dx$

〔**練習問題 2**〕 以下の不定積分を計算せよ．ただし a,b は $a^2-4b<0$ となる定数とする．

(i) $\displaystyle\int \frac{dx}{x^2+ax+b}$ (ii) $\displaystyle\int (\tan^6 x + \tan^4 x)dx$ (iii) $\displaystyle\int \tanh 2x\,dx$

基本問題 2

正の整数 n に対して
$$I_n = \int \left(\frac{\cos x}{\sin x}\right)^n dx$$
と置く．次の問いに答えよ．

(1)　I_1, I_2 を求めよ．
(2)　I_{n+2} と I_n の関係を求めよ．
(3)　$\displaystyle\int_{\frac{\pi}{4}}^{\frac{\pi}{2}} \left(\frac{\cos x}{\sin x}\right)^4 dx$ を求めよ．

(横浜国立大工学府)

基本問題 2 の解答

(1)　C を任意定数とする．一般に $\int \frac{f'(x)}{f(x)}dx = \log|f(x)| + C$ より

$$I_1 = \int \frac{(\sin x)'}{\sin x} dx = \underline{\log|\sin x| + C}$$

また $\int \frac{dx}{\sin^2 x} = -\frac{\cos x}{\sin x} + C$ （または $(\cot x)' = \frac{-1}{\sin^2 x}$）より

$$I_2 = \int \frac{1 - \sin^2 x}{\sin^2 x} dx = \int \frac{1}{\sin^2 x} dx - \int dx = \underline{-\frac{\cos x}{\sin x} - x + C}$$

(2)　部分積分を用いて

$$
\begin{aligned}
I_{n+2} &= \int \left(\frac{\cos x}{\sin x}\right)^n \left(\frac{1}{\sin^2 x} - 1\right) dx = \int \left(\frac{\cos x}{\sin x}\right)^n \left(\frac{1}{\sin^2 x}\right) dx - I_n \\
&= \int \left(\frac{\cos x}{\sin x}\right)^n \left(-\frac{\cos x}{\sin x}\right)' dx - I_n \\
&= \left(-\frac{\cos x}{\sin x}\right)\left(\frac{\cos x}{\sin x}\right)^n - \int \left(-\frac{\cos x}{\sin x}\right) \cdot \left\{\left(\frac{\cos x}{\sin x}\right)^n\right\}' dx - I_n \\
&= \left(-\frac{\cos x}{\sin x}\right)\left(\frac{\cos x}{\sin x}\right)^n - \int \left(-\frac{\cos x}{\sin x}\right) \cdot \left\{n\left(\frac{\cos x}{\sin x}\right)^{n-1}\left(\frac{-1}{\sin^2 x}\right)\right\} dx - I_n \\
&= -\left(\frac{\cos x}{\sin x}\right)^{n+1} - n\int \left(\frac{\cos x}{\sin x}\right)^n \frac{\cos^2 x + \sin^2 x}{\sin^2 x} dx - I_n \\
&= -\left(\frac{\cos x}{\sin x}\right)^{n+1} - n(I_{n+2} + I_n) - I_n
\end{aligned}
$$

$$\therefore\ I_{n+2} = \underline{-\frac{1}{n+1}\left(\frac{\cos x}{\sin x}\right)^{n+1} - I_n}$$

(3) (1) (2) の結果より

$$I_4 = -\frac{1}{3}\left(\frac{\cos x}{\sin x}\right)^3 - I_2 = -\frac{1}{3}\left(\frac{\cos x}{\sin x}\right)^3 + \frac{\cos x}{\sin x} + x + C$$

となる. $\cos(\pi/2) = 0$ および $\cos(\pi/4) = \sin(\pi/4) = 1/\sqrt{2}$ より

$$\int_{\frac{\pi}{4}}^{\frac{\pi}{2}} \left(\frac{\cos x}{\sin x}\right)^4 dx = \left[-\frac{1}{3}\left(\frac{\cos x}{\sin x}\right)^3 + \frac{\cos x}{\sin x} + x\right]_{\pi/4}^{\pi/2}$$
$$= \frac{\pi}{2} - \left(-\frac{1}{3} + 1 + \frac{\pi}{4}\right) = \underline{\frac{\pi}{4} - \frac{2}{3}}$$

■

解 説

1. 部分積分のもう一つの典型的な利用法である漸化式を作る問題を挙げた. 漸化式に関する問題も1変数の積分の定番である. 漸化式を導出する方法はほとんど唯一であり, 部分積分法を数回適用して式を整理すれば I_n 間の関係が現れる. 問題を解くことで練習を積めば道筋は覚えられる. 積分の問題としてはやさしい問題であろう. 以下に練習問題を挙げておく.

2. 問題にある $\frac{\cos\theta}{\sin\theta}$ は通常 $\cot\theta$ （余接関数, コタンジェント）と呼ばれている. 高校で扱われる三角比は $\sin\theta$, $\cos\theta$, $\tan\theta$ の3種類のみだが, 他に $\sec\theta$, $\mathrm{cosec}\,\theta$, $\cot\theta$ という3種類, 合わせて計6種類の三角比がある.

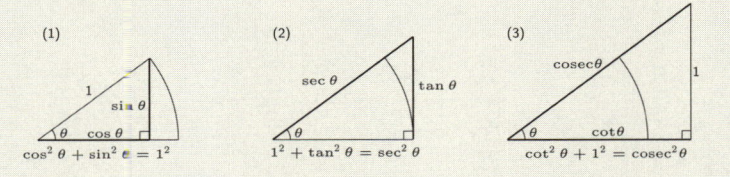

(1) 斜辺 1, 底辺 $\cos\theta$, 高さ $\sin\theta$
$\cos^2\theta + \sin^2\theta = 1^2$

(2) 斜辺 $\sec\theta$, 底辺 1, 高さ $\tan\theta$
$1^2 + \tan^2\theta = \sec^2\theta$

(3) 斜辺 $\mathrm{cosec}\,\theta$, 底辺 $\cot\theta$, 高さ 1
$\cot^2\theta + 1^2 = \mathrm{cosec}^2\theta$

これらは1つの角を θ とし, 斜辺, 底辺, 高さの何れかが 1 となる直角

三角形に対する辺の長さの比率を表し，三平方の定理によりそれぞれの組は基本関係により結ばれている（下の表参照）．

直角三角形	底辺	高さ	斜辺	基本関係式
(1) 斜辺が1	$\cos\theta$	$\sin\theta$	1	$\cos^2\theta + \sin^2\theta = 1^2$
(2) 底辺が1	1	$\tan\theta$	$\sec\theta$	$1^2 + \tan\theta = \sec^2\theta$
(3) 高さが1	$\cot\theta$	1	$\mathrm{cosec}\theta$	$\cot^2\theta + 1^2 = \mathrm{cosec}^2$

さらに三角形 (2), (3) が三角形 (1) をそれぞれ $1/\cos\theta$, $1/\sin\theta$ 倍に拡大したものであることより

$$\tan\theta = \frac{\sin\theta}{\cos\theta}, \qquad \sec\theta = \frac{1}{\cos\theta}, \qquad \cot\theta = \frac{\cos\theta}{\sin\theta}, \qquad \mathrm{cosec}\theta = \frac{1}{\sin\theta}$$

という相互関係がある．式の形だけでなく幾何学的な意味も常識として知っていてもよいだろう．なお公式 $\int \dfrac{d\theta}{\cos^2\theta} = \int \sec^2\theta d\theta = \tan\theta + C$, $\int \dfrac{d\theta}{\sin^2\theta} = \int \mathrm{cosec}^2\theta d\theta = -\cot\theta + C$ は有用である．

〔**練習問題 3**〕 n を整数とするとき，次の漸化式を証明せよ．

(i) $I_n = \displaystyle\int \sin^n x\, dx$ のとき $I_n = -\dfrac{1}{n}\sin^{n-1} x \cos x + \dfrac{n-1}{n}I_{n-2}$ $(n \neq 0)$

(ii) $I_n = \displaystyle\int \cos^n x\, dx$ のとき $I_n = \dfrac{1}{n}\cos^{n-1} x \sin x + \dfrac{n-1}{n}I_{n-2}$ $(n \neq 0)$

(iii) $I_n = \displaystyle\int \tan^n x\, dx$ のとき $I_n = \dfrac{1}{n-1}\tan^{n-1} - I_{n-2}$ $(n \neq 1)$

(iv) $I_n = \displaystyle\int x^n e^{ax}\, dx$ のとき $I_n = \dfrac{x^n e^{ax}}{a} - \dfrac{n}{a}I_{n-1}$ $(a \neq 0)$

(v) $I_n = \displaystyle\int x^\alpha (\log x)^n\, dx$ のとき $I_n = \dfrac{x^{\alpha+1}(\log x)^n}{\alpha + 1} - \dfrac{n}{\alpha + 1}I_{n-1}$ $(\alpha \neq -1)$

(vi) $I_n = \displaystyle\int (\sin^{-1} x)^n\, dx$ のとき

$I_n = x(\sin^{-1} x)^n + n\sqrt{1-x^2}(\sin^{-1} x)^{n-1} - n(n-1)I_{n-2}$ $(n = 1, 2, \ldots)$

(b) 有理関数の不定積分

基本問題 3

n を自然数とする不定積分 I_n を次のように定義する.

$$I_n = \int \frac{1}{(x^2+a^2)^n} dx$$

ここで a は 0 でない実定数とする. 以下の問いに答えよ.

1. I_{n+1} を I_n を用いた漸化式で表せ.
2. I_1, I_2 をそれぞれ求めよ. 積分定数は省略せよ.
3. 次の不定積分を求めよ. 積分定数は省略せよ.

$$\int \frac{4x^4 + 2x^3 + 10x^2 + 3x + 9}{(x+1)(x^2+2)^2} dx$$

(東京大工学系研究科)

基本問題 3 の解答

1. 部分積分を使って

$$I_n = \int (x)' \frac{1}{(x^2+a^2)^n} dx = \frac{x}{(x^2+a^2)^n} - \int x \frac{-2nx}{(x^2+a^2)^{n+1}} dx$$

$$= \frac{x}{(x^2+a^2)^n} + 2n \int \frac{x^2+a^2-a^2}{(x^2+a^2)^{n+1}} dx = \frac{x}{(x^2+a^2)^n} + 2n \left\{ I_n - a^2 I_{n+1} \right\}$$

$$\therefore \quad \underline{I_{n+1} = \frac{1}{2na^2} \left\{ \frac{x}{(x^2+a^2)^n} + (2n-1) I_n \right\}}$$

2. $I_1 = \dfrac{1}{a} \tan^{-1} \dfrac{x}{a}$. さらに 1. の漸化式より

$$I_2 = \frac{1}{2a^2} \left\{ \frac{x}{x^2+a^2} + I_1 \right\} = \underline{\frac{1}{2a^2} \left\{ \frac{x}{x^2+a^2} + \frac{1}{a} \tan^{-1} \frac{x}{a} \right\}}$$

3. 被積分関数の分母に注意すれば (被積分関数) $= \dfrac{A}{x+1} + \dfrac{A_1 x + B_1}{x^2+2} + \dfrac{A_2 x + B_2}{(x^2+2)^2}$ と分解されると予想できる. この右辺を通分するとその分子は

$$A(x^2+a^2)^2 + (A_1 x + B_1)(x^2+a^2)(x+1) + (A_2 x + B_2)(x+1)$$

$$=(A+A_1)x^4+(A_1+B_1)x^3+(4A+B_1+2A_1+A_2)x^2$$
$$+(2A_1+2B_1+A_2+B_2)x+4A+2B_1+B_2$$

と整頓できる．この分子と左辺の分子を比較して

$$\begin{cases} A+A_1=4 \\ A_1+B_1=2 \\ 4A+B_1+2A_1+A_2=10 \\ 2A_1+2B_1+A_2+B_2=3 \\ 4A+2B_1+B_2=9 \end{cases} \quad \therefore \quad \begin{cases} A=2,\ A_1=2,\ A_2=-2 \\ B_1=0,\ B_2=1 \end{cases}$$

ゆえに前問 2 の結果より

$$\begin{aligned}(与式) \\ &=2\int\frac{dx}{x+1}+\int\frac{2x}{x^2+2}dx-\int\frac{2x}{(x^2+2)^2}dx+\int\frac{dx}{(x^2+2)^2} \\ &=2\log|x+1|+\log(x^2+2)+\frac{1}{x^2+2}+\frac{1}{4}\left\{\frac{x}{x^2+2}+\frac{1}{\sqrt{2}}\tan^{-1}\frac{x}{\sqrt{2}}\right\} \\ &=\underline{\log(x+1)^2(x^2+2)+\frac{x+4}{4(x^2+2)}+\frac{1}{4\sqrt{2}}\tan^{-1}\frac{x}{\sqrt{2}}}\end{aligned}$$

∎

解　説

1. 不定積分の計算の多くは，置換積分によって有理関数の不定積分の計算に帰着される．有理関数の不定積分は初等関数の不定積分全体の中で計算の枠組みを与える重要な積分であり，また頻出問題の一つである：

[有理関数の不定積分] 有理関数 $f(x)/g(x)$ の不定積分は次の手順に従って計算する：

(I) $\dfrac{f(x)}{g(x)}=Q(x)+\dfrac{R(x)}{g(x)}$ $\left(\begin{array}{l}Q(x) \text{ は多項式}, R(x) \text{ は } g(x) \text{ の次数より}\\ \text{低い次数の多項式}\end{array}\right)$

(II) $\dfrac{R(x)}{g(x)}$ を部分分数展開する．

(III) 不定積分 $\displaystyle\int \frac{f(x)}{g(x)}dx = \int Q(x)dx + \int \frac{R(x)}{g(x)}dx$ を計算する．

このとき必要となる積分の公式は以下の6種である．

(1) $\displaystyle\int \frac{dx}{x-a} = \ln|x-a| + C$

(2) $\displaystyle\int \frac{dx}{(x-a)^n} = -\frac{1}{(n-1)(x-a)^{n-1}} + C \quad (n \neq 1)$

(3) $\displaystyle\int \frac{dx}{(x-p)^2 + q^2} = \frac{1}{q}\tan^{-1}\frac{x-p}{q} + C$

(4) $\displaystyle\int \frac{xdx}{(x-p)^2 + q^2} = \frac{1}{2}\ln\{(x-p)^2 + q^2\} + \frac{p}{q}\tan^{-1}\frac{x-p}{q} + C$

(5) $\displaystyle I_n = \int \frac{dx}{\{(x-p)^2 + q^2\}^n} \quad (n \geq 2)$ とするとき

$$I_n = \frac{1}{2(n-1)q^2}\left[\frac{x-p}{\{(x-p)^2+q^2\}^{n-1}} + (2n-3)I_{n-1}\right]$$

(6) $\displaystyle J_n = \int \frac{xdx}{\{(x-p)^2 + q^2\}^n} \quad (n \geq 2)$ とするとき

$$J_n = -\frac{1}{2(n-1)q^2\{(x-p)^2+q^2\}^{n-1}} + pI_{n-1}$$

特に (II) の部分分数展開は他の専門分野でも頻繁に用いられる：

[部分分数展開]　有理関数 $f(x)/g(x)$ を分母の因数分解 $g(x)$ に応じて部分分数の和の形

$$\frac{f(x)}{g(x)} = \frac{q_1(x)}{p_1(x)} + \frac{q_2(x)}{p_2(x)} + \cdots + \frac{q_m(x)}{p_m(x)} \qquad q_1(x),\ldots,q_m(x) \text{ は多項式}$$

に表すことを $f(x)/g(x)$ の部分分数展開 という．分数の形に応じて部分分数の形は次のようになる：

分母の因数		部分分数
$(x-a)^n$	:	A_k は定数. $\displaystyle\frac{A_1}{x-a} + \frac{A_2}{(x-a)^2} + \cdots + \frac{A_n}{(x-a)^n}$
$\begin{array}{c}(x^2+ax+b)^n\\(a^2-4b<0)\end{array}$	:	$\displaystyle\frac{A_1 x + B_1}{x^2+ax+b} + \frac{A_2 x + B_2}{(x^2+ax+b)^2} + \cdots + \frac{A_n x + B_n}{(x^2+ax+b)^n}$

2. 有理関数の不定積分は解法が確立されている，すなわち理論上は常に計算可能である．しかしこれはあくまで理論上の話であって実際の計算は別の問題である．たとえば部分分数展開する際に分母を因数分解するが，因数分解は大変難しい問題であり，5次以上の場合は一般的に使える公式は存在しない．入試で出題される問題は，特に時間の関係上，以下のような型に限られる：

● 分母の次数が2次以下の場合：分母が2次式で因数分解できる場合は高校の範囲．大学院入試では分母が因数分解できないような2次式（判別式が負）の場合が多くなる．
● 分母の次数が3次以上の場合：分母がすぐに因数分解できる場合以外はあらかじめ分母が因数分解されている．
● x^8-1, x^3+1, ... などの特殊な形：特殊性を利用した固有の解法が開発されている場合が多い．

参考のために有理関数の積分の問題を作成してみよう．実際に問題を作るときは使わせたい公式の選択から入る．たとえば手順 (III) にある公式

$$(1) \quad \int \frac{dx}{x-a} = \log|x-a| + C,$$

$$(2) \quad \int \frac{dx}{(x-a)^n} = -\frac{1}{(n-1)(x-a)^{n-1}} + C \quad (n \neq 1)$$

を使わせることにし，その被積分関数 $\frac{1}{x-a}$, $\frac{1}{(x-a)^n}$ を組合わせる．ここでは $\frac{1}{x} + \frac{1}{x^2} + \frac{1}{x+1}$ という組合せを考え，これらを通分すれば

$$\int \left(\frac{1}{x} + \frac{1}{x^2} + \frac{1}{x+1}\right) dx = \int \frac{(x+1)^2 + x^2}{x^2(x+1)} dx = \int \frac{2x^2+2x+1}{x^2(x+1)} dx$$

という分母が3次式となる有理関数の不定積分ができる．さらに分母の零点に合わせて積分範囲を 1～2 と設定すれば次のようになる：

$$\int_1^2 \frac{2x^2+2x+1}{x^2(x+1)} dx \qquad \text{(東京工業大社会理工学研究科 経営工学専攻)}$$

この【基本問題3】がどのように作成されたか参考になったでしょうか？

なお，部分分数展開の係数を両辺の各係数を比べる「係数比較法」で求めたが，両辺に任意の数値を代入した連立方程式を解く「数値代入法」も有効である．

(c) 初等関数の不定積分

> **基本問題 4**
>
> (1) $u = \tan \dfrac{x}{2}$ とおくとき，$\sin x$, $\cos x$ を u を用いて表せ．
>
> (2) $I_1 = \displaystyle\int_0^{\pi/2} \dfrac{\sin x}{1+\sin x}dx$, $I_2 = \displaystyle\int_0^{\pi/2} \dfrac{\cos x}{1+\cos x}dx$ を求めよ．
>
> (首都大システムデザイン研究科 システムデザイン専攻)

基本問題 4 の解答

(1) $\cos x = \cos(2(x/2))$ と考えて倍角の公式を適用すると

$$\cos x = \cos^2(x/2) - \sin^2(x/2) = \cos^2(x/2)\left\{1 - \frac{\sin^2(x/2)}{\cos^2(x/2)}\right\}$$

$$= \frac{1}{1+\tan^2(x/2)}(1-\tan^2(x/2)) = \frac{1-u^2}{1+u^2}$$

一方 $\sin x$ についても $\sin x = \sin(2(x/2))$ と考えて倍角の公式を適用すると

$$\sin x = 2\cos(x/2)\sin(x/2) = 2\cos^2(x/2)\frac{\sin(x/2)}{\cos(x/2)}$$

$$= \frac{2}{1+\tan^2(x/2)}\tan(x/2) = \frac{2u}{1+u^2}$$

【別解】 Euler の公式より $u = -i(e^{i(x/2)} - e^{-i(x/2)})/(e^{i(x/2)} + e^{-i(x/2)})$ だから

$$u = -i\frac{e^{ix}-1}{e^{ix}+1}, \quad e^{ix} = \frac{i-u}{i+u}, \qquad u = -i\frac{1-e^{-ix}}{1+e^{-ix}}, \quad e^{-ix} = \frac{i+u}{i-u}$$

$$\therefore \cos x = \frac{e^{ix}+e^{-ix}}{2} = \frac{1}{2}\left\{\frac{i-u}{i+u} + \frac{i+u}{i-u}\right\} = \frac{1}{2}\left\{\frac{(i-u)^2+(i+u)^2}{(i+u)(i-u)}\right\} = \frac{1-u^2}{1+u^2}$$

$\sin x$ についても同様．

(2) $u = \tan(x/2)$ と置けば $du = \dfrac{dx}{2\cos^2(x/2)} = \dfrac{1}{2}(1+\tan^2(x/2))dx$, $dx = \dfrac{2}{1+u^2}du$,

x	$0 \to \pi/2$
u	$0 \to 1$

そして (1) の結果より

$$I_1 = \int_0^1 \frac{\frac{2u}{1+u^2}}{1+\frac{2u}{1+u^2}} \cdot \frac{2}{1+u^2} du = \int_0^1 \frac{4u}{(1+u)^2(1+u^2)} du$$

$$= 2\int_0^1 \left\{ \frac{1}{1+u^2} - \frac{1}{(1+u)^2} \right\} du$$
$$= 2\left[\tan^{-1} u + \frac{1}{1+u}\right]_0^1 = 2\left(\frac{\pi}{4} + \frac{1}{2} - 1\right) = \frac{\pi}{4} - \frac{1}{2} = \underline{\frac{\pi}{2} - 1}$$
$$I_2 = \int_0^1 \frac{\frac{1-u^2}{1+u^2}}{1+\frac{1-u^2}{1+u^2}} \cdot \frac{2}{1+u^2} du = \int_0^1 \frac{1-u^2}{1+u^2} du = \int_0^1 \left\{ \frac{2}{1+u^2} - 1 \right\} du$$
$$= \left[2\tan^{-1} u - u\right]_0^1 = \underline{\frac{\pi}{2} - 1}$$

■

解説
(b) で述べたように初等関数の不定積分は置換法により有理関数の不定積分の問題に帰着される．各問題に対する蓄積されてきた置換法の一部が巻末の公式集にある．
本問はこの系統の問題群の中で最も多く出題されている $u = \tan(x/2)$ という置換についてである．仮に $u = \tan x$ と置くと $\cos x = 1/\sqrt{1+u^2}$ のように平方根が混入してしまう．この置換では最後に平方根をとる操作を要するが，平方根が混入しないように細工した置換が $u = \tan(x/2)$ である．この置換がいかにして発見されたのかは分からないが，平方根と角度の関係，その背後に潜む複素数との関連性など，興味の尽きない題材である．
一般の初等関数に関する置換についても発見の経緯やいろいろな解釈がある．単純に暗記すればよいと言うものではなく，導出方法や背景などを知ることでその置換の真価が発揮される．本問のように導出過程も含めて経験値を積んで欲しい．

〔練習問題 4〕 次の不定積分を求めることを考える．
$$\int \sqrt{\frac{x-1}{x+1}} dx$$
以下の問いに答えよ．

(1) $t = \sqrt{\dfrac{x-1}{x+1}}$ とし, $\displaystyle\int \sqrt{\dfrac{x-1}{x+1}}\,dx$ を t に関する積分として表せ.

(2) (1) で求めた t に関する被積分関数を部分分数に展開せよ.

(3) 不定積分 $\displaystyle\int \sqrt{\dfrac{x-1}{x+1}}\,dx$ を求めよ.

(名古屋大情報科学研究科 メディア科学専攻)

3.1.2 定積分の計算問題

この節では定積分の計算問題を扱う．大学院入試で扱われる定積分の問題は 2 重積分や複素積分を利用するものが大勢を占め，1 変数の範囲内で処理できるものはわずかである．他の内容に関連するものは追々扱うこととし，ここでは不定積分の計算に帰着されるもの，特に定積分特有の問題について考える．

基本問題 5

次の定積分の値を求めよ．ただし e は自然対数の底とする．

(1) $\displaystyle\int_0^{1/2} \frac{dx}{4x^2+4x+2}$ (2) $\displaystyle\int_0^{\frac{\pi}{2}} \frac{1}{4+5\sin x} dx$

(3) $\displaystyle\int_{-1}^1 \ln(x+\sqrt{x^2+e}) \cos\left(\frac{\pi}{2}x\right) dx$

((2) 国家公務員第一種理工 2, (2) 三重大医学部 改題)

基本問題 5 の解答

(1) $4x^2+4x+2 = (2x+1)^2+1$ より

$$\int \frac{dx}{4x^2+4x+2} = \int \frac{dx}{(2x+1)^2+1} = \frac{1}{2}\tan^{-1}(2x+1) + C$$

したがって (与式) $= \dfrac{1}{2}\tan^{-1}(2) - \dfrac{1}{2}\tan^{-1}(1) = \underline{\dfrac{1}{2}\tan^{-1}(2) - \dfrac{\pi}{8}}$

(2) $u = \tan\dfrac{x}{2}$ と置く．$\sin x = 2u/(1+u^2)$, $dx = \{2/(1+u^2)\}du$, および

$\begin{array}{c|c} x & 0 \to \pi/2 \\ \hline u & 0 \to 1 \end{array}$ より

$$(与式) = \int_0^1 \frac{1}{(4+5\frac{2u}{1+u^2})} \frac{2}{(1+u^2)} du = \int_0^1 \frac{du}{2u^2+5u+2}$$

$$= \frac{1}{3}\int_0^1 \left\{\frac{2}{2u+1} - \frac{1}{u+2}\right\} du = \frac{1}{3}\Big[\log|2u+1| - \log|u+2|\Big]_0^1$$

$$= \frac{1}{3}(\log 3 - \log 3 - \log 1 + \log 2) = \underline{\frac{1}{3}\log 2}$$

(3) 部分積分より

$$(与式) = \left[\ln(x+\sqrt{x^2+e})\frac{2}{\pi}\sin\left(\frac{\pi}{2}x\right)\right]_{-1}^{1} - \frac{2}{\pi}\int_{-1}^{1}\frac{1}{\sqrt{x^2+e}}\sin\left(\frac{\pi}{2}x\right)dx$$

右辺第 2 項の被積分関数は奇関数だから $\dfrac{2}{\pi}\displaystyle\int_{-1}^{1}\dfrac{1}{\sqrt{x^2+e}}\sin\left(\dfrac{\pi}{2}x\right)dx = 0$. したがって

$$\begin{aligned}(与式) &= \frac{2}{\pi}\left[\ln(x+\sqrt{x^2+e})\sin\left(\frac{\pi}{2}x\right)\right]_{-1}^{1}\\ &= \frac{2}{\pi}\ln(1+\sqrt{1+e})\sin\left(\frac{\pi}{2}\right) - \frac{2}{\pi}\ln(-1+\sqrt{1+e})\sin\left(-\frac{\pi}{2}\right)\\ &= \frac{2}{\pi}\left\{\ln(1+\sqrt{1+e}) + \ln(-1+\sqrt{1+e})\right\}\\ &= \frac{2}{\pi}\ln\{(\sqrt{1+e})^2 - 1^2\} = \frac{2}{\pi}\ln e = \underline{\frac{2}{\pi}}\end{aligned}$$

■

解 説

基本的な公式についてはここに記すまでもないので省略し注意点のみ記す．不定積分に積分区間の端末を代入するのが定積分の計算だが，不定積分が分かるからといって値が常に計算できるわけではない．たとえば (1) の積分のように $x=2$ のような簡単な数値でも $\tan^{-1}(2)$ は計算できない．また (2) についても積分区間を $[0,\pi/2]$ から $[0,\pi/3]$ に換えると，その値は $\frac{1}{3}\log((4+3\sqrt{3})/22)$ となりあまり綺麗な結果にならない．また $[0,\pi/4]$ とすると途中に $\tan(\pi/8)$ という値が現れ，したがって計算が進まず問題としてあまり適切ではない．結果の見た目は積分の問題にとって本質的ではないが，入試では見た目の汚さは受験者に不要な不安を与えることになる．このことは出題者サイドへの一定の制限となっている．

(3) は定積分の部分積分に関する問題．区間に関する情報は不定積分では無関係だったが定積分では計算の鍵となる場合がある．(3) は区間に対する次の特殊事情を上手く利用した問題である：

§3.1 基本問題編

〔偶関数・奇関数の定積分〕 積分区間が $[-a, a]$ と原点対称であるとき,

(i) $f(x)$ が奇関数ならば
$\int_{-a}^{a} f(x)dx = 0$
(ii) $f(x)$ が偶関数ならば
$\int_{-a}^{a} f(x)dx = 2\int_{0}^{a} f(x)dx$

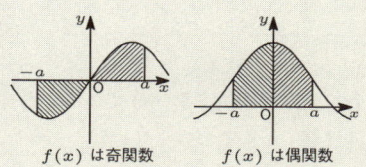

積分区間の対称性は何かしらの暗示になっている場合が多い．積分区間も注意深く見るようにしたい．

Column

定積分の定義について 最近の高校数学の教科書では 1. 不定積分の計算について学習, 2. 不定積分が計算できるものについてのみ定積分を定義, 3. 面積の計算に定積分を応用, という順で指導している．一方, 大学以降の定義では面積などの幾何学的な考察から定積分の定義を導出している:

定義1 定積分の定義

閉区間 $[a, b]$ 上の関数 $f(x)$ について

$$s(f; \Delta; \xi) = \sum_{k=1}^{n} f(\xi_k)\Delta x_k$$

$\Delta : a = x_0 < x_1 < \cdots < x_n = b$,
$x_{k-1} \leq \xi_k \leq x_k$, $\Delta x_k = x_k - x_{k-1}$, 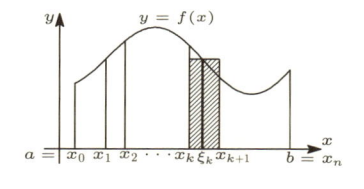
という和を考える.
Δ を $[a, b]$ の**分割**, $\xi = \{\xi_k\}$ を**代表**と呼び, f, Δ, ξ に対する上の和 $s(f; \Delta; \xi)$ を **Riemann 和**という.
分割 Δ を $\Delta x_k \to 0$ となるように細分していくとき, 代表 ξ の取り方によらず和 $s(f; \Delta; \xi)$ が一定値に収束するとき, $f(x)$ は**積分可能**といい, この極限値 S を $f(x)$ の閉区間 $[a, b]$ における**定積分**といい, これを次のように記す:

$$\int_a^b f(x)dx = S = \lim_{\Delta x_k \to 0} s(f; \Delta; \xi)$$

上の定義だけでは関数が積分可能かどうかを判定するのは難しい．そこで必要となるが次の積分可能であるための十分条件である：

定理1　積分可能条件

$f(x)$ は $[a,b]$ で連続ならば積分可能である．

大学院入試で出題される具体的な関数はたいていの場合連続なので，この定理により積分可能性はあまり気にしなくとも良くなる．さらに計算には次の定理を用いる．

定理2　微分積分学の基本定理

$f(x)$ は $[a,b]$ で積分可能とする．

(i)　$F(x) = \displaystyle\int_a^x f(t)dt \ (a \le x \le b)$ と置けば $F(x)$ は連続関数であり，さらに $f(x)$ が x で連続ならば $F(x)$ は微分可能，かつ $F'(x) = f(x)$ となる．

(ii)　$G(x)$ が $f(x)$ の原始関数 ($\Leftrightarrow G'(x) = f(x) \ (a \le x \le b)$) ならば次式が成り立つ：
$$\int_a^b f(x)dx = \Big[G(x)\Big]_a^b := G(b) - G(a)$$

この定理のお陰で定積分の計算は不定積分の計算に帰着されることになる．現在の高校数学の導入法は微分積分学の基本定理を先取りした形になっており，順序が上の定義と真逆になっている．高校流の導入方では煩わしい理論的な説明を避け，定義した直後から定積分の計算ができるというメリットがある．一方，各専門分野で用いられる積分や計算機を用いた数値計算では積分の考え方自体が重要であり，結局，理論的な説明自体は避けては通れない関門となる．

基本問題 6

以下の問いに答えよ．ただし $\sum_{n=1}^{\infty} \frac{1}{n^2} = \frac{\pi^2}{6}$ であることは証明なしに用いてよい．

1. $I_n = \int_0^{\pi/2} \sin^n x\, dx \ (n=0,1,2,3,\ldots)$ とおく．このとき任意の $n \geq 2$ に対し

$$I_n = \begin{cases} \dfrac{n-1}{n}\dfrac{n-3}{n-2}\cdots\dfrac{3}{4}\dfrac{1}{2}\dfrac{\pi}{2} & (n \text{ が偶数のとき}) \\[2mm] \dfrac{n-1}{n}\dfrac{n-3}{n-2}\cdots\dfrac{4}{5}\dfrac{2}{3} & (n \text{ が奇数のとき}) \end{cases}$$

が成り立つことを証明せよ．

2. 任意の自然数 n に対し次の不等式が成り立つことを証明せよ．

$$\left\{\frac{2\cdot 4\cdots 2n}{1\cdot 3\cdot 5\cdots(2n-1)}\right\}^2 \frac{1}{2n+1} < \frac{\pi}{2} < \left\{\frac{2\cdot 4\cdots 2n}{1\cdot 3\cdot 5\cdots(2n-1)}\right\}^2 \frac{1}{2n}$$

3. $\pi = \lim_{n\to\infty} \dfrac{16^n (n!)^4}{n\{(2n)!\}^2}$ を示せ．

(首都大理工学研究科 数理情報科学専攻)

基本問題 6 の解答

1. 部分積分より $n \geq 2$ のとき，

$$I_n = \int_0^{\pi/2} \sin^{n-2} x(1-\cos^2 x)\, dx = I_{n-2} - \int_0^{\pi/2} \left(\frac{1}{n-1}\sin^{n-1} x\right)' \cos x\, dx$$

$$= I_{n-2} - \left[\frac{1}{n-1}\sin^{n-1} x \cos x\right]_0^{\pi/2} + \int_0^{\pi/2} \frac{1}{n-1}\sin^{n-1} x(-\sin x)\, dx$$

$$= I_{n-2} - \frac{1}{n-1} I_n$$

したがって $\frac{n}{n-1} I_n = I_{n-2},\ I_n = \frac{n-1}{n} I_{n-2}$ となる．これと $I_1 = 1, I_0 = \pi/2$ より

$n = 2m$ のとき $I_{2m} = \dfrac{2m-1}{2m}\dfrac{2m-3}{2m-2}\cdots\dfrac{1}{2}I_0 = \dfrac{2m-1}{2m}\dfrac{2m-3}{2m-2}\cdots\dfrac{1}{2}\dfrac{\pi}{2}$

$n = 2m+1$ のとき $I_{2m+1} = \dfrac{2m}{2m+1}\dfrac{2m-2}{2m-1}\cdots\dfrac{2}{3}I_1 = \dfrac{2m}{2m+1}\dfrac{2m-2}{2m-1}\cdots\dfrac{2}{3}$

2. $0 < x < \pi/2$ のとき $0 < \sin x < 1$ より $\sin^{2n+1} x < \sin^{2n} x < \sin^{2n-1} x$ $(n \geq 0)$, したがって $\displaystyle\int_0^{\pi/2} \sin^{2n+1} x\,dx \leq \int_0^{\pi/2} \sin^{2n} x\,dx \leq \int_0^{\pi/2} \sin^{2n-1} x\,dx$ が成り立つ．これと 1. より

$$\dfrac{2n}{2n+1}\dfrac{2n-2}{2n-1}\cdots\dfrac{2}{3} < \dfrac{2n-1}{2n}\dfrac{2n-3}{2n-2}\cdots\dfrac{1}{2}\dfrac{\pi}{2} < \dfrac{2n-2}{2n-1}\dfrac{2n-4}{2n-3}\cdots\dfrac{2}{3} \cdots (1)$$

両辺を $\dfrac{2n-1}{2n}\dfrac{2n-3}{2n-2}\cdots\dfrac{1}{2}$ で割れば

$$\left\{\dfrac{2\cdot 4\cdots 2n}{1\cdot 3\cdot 5\cdots (2n-1)}\right\}^2 \dfrac{1}{2n+1} < \dfrac{\pi}{2} < \left\{\dfrac{2\cdot 4\cdots 2n}{1\cdot 3\cdot 5\cdots (2n-1)}\right\}^2 \dfrac{1}{2n}$$

3. 2. の両端の中括弧内は

$$\dfrac{2\cdot 4\cdots 2n}{1\cdot 3\cdot 5\cdots (2n-1)} = \dfrac{(2\cdot 4\cdots 2n)^2}{1\cdot 2\cdot 3\cdot 4\cdot 5\cdots (2n-1)\cdot (2n)} = \dfrac{2^{2n}(n!)^2}{(2n)!}.$$

ゆえに

$$\dfrac{2^{4n}(n!)^4}{\{(2n)!\}^2}\dfrac{2}{2n+1} < \pi < \dfrac{2^{4n}(n!)^4}{\{(2n)!\}^2}\dfrac{1}{n}, \qquad \dfrac{2n}{2n+1} < \dfrac{n\{(2n)!\}^2}{2^{4n}(n!)^4}\pi < 1$$

ここで $n \to \infty$ とすれば $2n/(2n+1) \to 1$ とはさみ打ちの原理より

$$\lim_{n\to\infty} \dfrac{n\{(2n)!\}^2}{2^{4n}(n!)^4}\pi = 1 \qquad \therefore \lim_{n\to\infty} \dfrac{16^n(n!)^4}{n\{(2n)!\}^2} = \pi \dfrac{1}{\displaystyle\lim_{n\to\infty}\dfrac{n\{(2n)!\}^2}{2^{4n}(n!)^4}\pi} = \pi$$

■

解　説

1. 1 および 3 の等式を Wallis の公式という．特に 1 は教科書の定積分の項目で必ず扱う定積分特有の計算法の 1 つである．たとえば $n = 5, 6$ ならば

$$\int_0^{\frac{\pi}{2}} \sin^5 \theta d\theta = \frac{4 \cdot 2}{5 \cdot 3 \cdot 1} \qquad \int_0^{\frac{\pi}{2}} \sin^6 \theta d\theta = \frac{5 \cdot 3 \cdot 1}{6 \cdot 4 \cdot 2} \cdot \frac{\pi}{2}$$

という感じで計算できる．これは $\sin x$ だけでなく $\cos x$ についても全く同じ結果となる．図形の面積や体積（特に回転体の体積）を求める際に威力を発揮する．

以前，試験中に 5 倍角の公式を導出し $\int_0^{\pi/2} \cos^5 x dx$ の計算を実行していた猛者がいた．その一問に試験時間の 8 割を費やし，その上計算ミスのオマケつきという惨憺たる結果だった．知識と言うのは強力な武器になることの一例である．ちなみに問題が全く分からないと言って白紙にするよりも，上の猛者のように力技でも何でもその場を何とか切り抜けようとする根気は知識以上に必要なことだと思う．白紙の答案からは絶対に点数は生まれないのだ！

2. 微分と積分の大きな違いの一つに大小関係の保存がある．たとえば $f(x) = \sin x$ は $\pi/2 < x < \pi$ で $0 < f(x)$ となるが，その微分は $f'(x) = \cos x < 0$ となり微分前と微分後の大小関係は保存されない．一方，積分の場合は次のことが成り立つ：〔定積分の単調性〕 $f(x), g(x)$ は積分可能な関数とする．

(i) $f(x) \leq g(x) \ (a \leq x \leq b)$ のとき $\int_a^b f(x)dx \leq \int_a^b g(x)dx$ となる．

(ii) $|f(x)|$ は積分可能であり，次の三角不等式 が成立する：

$$\left| \int_a^b f(x)dx \right| \leq \int_a^b |f(x)|dx$$

(iii) 特に $f(x), g(x)$ が連続であり，かつ $f(x_0) < g(x_0)$ となる $a \leq x_0 \leq b$ が存在すれば $\int_a^b f(x)dx < \int_a^b g(x)dx$ となる．

関数に対する不等式の証明では微分を利用するが，これは限定的な利用であろう．一方，積分の単調性は 2. のようにグラフの面積などに関連した不等式だけでなく，数学のいたる所で有効となる．

3.1.3 広義積分

高校までは有限な区間上の有界な関数に対して定積分を考えてきたが，応用上，区間が有限でない場合や有界ではない関数に対する積分が必要となることがある．通常の積分の定義はそのまま適用できない．ここに用いられるのが広義積分である．

例 積分 $\int_{-2}^{2} \frac{dx}{\sqrt{|x|}}$ を考える．被積分関数は $x=0$ で定義されていない．定積分を定義するための Riemann 和

$$\sum_{k=1}^{n} f(\xi_k)(x_k - x_{k-1})$$
$$(-2 \leq x_{k-1} < \xi_k < x_k \leq 2)$$

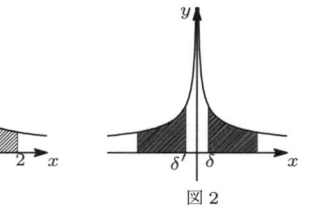

は代表点 $\{\xi_k\}$ が 0 を含むとき，Riemann 和自体が定義されない．

そこで $x=0$ の近傍 $(-\delta', \delta)$ を除いた部分の積分を求め（図 2），後に近傍の幅を狭めていき積分の値の極限を求める：

$$\int_{-2}^{2} \frac{dx}{\sqrt{|x|}} = \lim_{\delta' \to +0} \int_{-2}^{-\delta'} \frac{dx}{\sqrt{-x}} + \lim_{\delta \to 0+} \int_{\delta}^{2} \frac{dx}{\sqrt{x}} = 4\sqrt{2}$$

これにより $x=0$ での障害が回避され，グラフで囲まれた部分の面積（図 1）が確定する．

広義積分の主要な問題の多くの場合は重積分の応用問題，Laplace 変換を含む Fourier 解析，および複素関数，特に留数解析の応用として現れるが，ここでは 1 変数の微積分の範疇で扱われる基本的な部分に限定した問題を扱う．広義積分の基本問題は (a) 計算可能な広義積分の計算，および (b) 収束性の問題 の 2 種に分かれる．特に (b) については頻出のガンマ関数に関する問題を扱う．

(a) 計算可能な広義積分の計算

基本問題 7

以下の積分を計算せよ (n は 2 以上の自然数とする).

(1) $\displaystyle\int_0^1 \frac{dx}{\sqrt{1-x}\sqrt{x}}$　　(2) $\displaystyle\int_0^\infty \frac{dx}{e^x + e^{-x}}$　　(3) $\displaystyle\int_0^\infty \frac{\log x}{(1+x)^n} dx$

(1)(2) 埼玉大理工学研究科, (3) 千葉大理学研究科

基本問題 7 の解答

(1) 被積分関数は $x = 0, 1$ で不連続だから，広義積分として意味を持つ. $0 < s < t < 1$ とするとき

$$\int_s^t \frac{dx}{\sqrt{1-x}\sqrt{x}}$$
$$= \int_s^t \frac{dx}{\sqrt{x-x^2}} = \int_s^t \frac{dx}{\sqrt{\frac{1}{4} - \left(\frac{1}{4} - x + x^2\right)}} = \int_s^t \frac{dx}{\sqrt{\left(\frac{1}{2}\right)^2 - \left(x - \frac{1}{2}\right)^2}}$$
$$= \left[\sin^{-1} \frac{x - \frac{1}{2}}{\frac{1}{2}}\right]_s^t = \sin^{-1}(2t-1) - \sin^{-1}(2s-1)$$

$$\therefore \int_0^1 \frac{dx}{\sqrt{1-x}\sqrt{x}}$$
$$= \lim_{\substack{s \to 0+0 \\ t \to 1-0}} \int_s^t \frac{dx}{\sqrt{1-x}\sqrt{x}} = \lim_{\substack{s \to 0+0 \\ t \to 1-0}} \{\sin^{-1}(2t-1) - \sin^{-1}(2s-1)\}$$
$$= \sin^{-1} 1 - \sin^{-1}(-1) = \frac{\pi}{2} - \left(-\frac{\pi}{2}\right) = \underline{\pi}$$

(2) $t = e^{-x}$ と置くと $dt = -e^{-x} dx$, $0 \to x \to \infty \Leftrightarrow 1 \to t \to 0$ だから

$$I = \int_0^\infty \frac{e^{-x} dx}{1 + e^{-2x}} = \int_1^0 \frac{-dt}{1+t^2} = \int_0^1 \frac{dt}{1+t^2} = \left[\tan^{-1} t\right]_0^1 = \underline{\frac{\pi}{4}}$$

(3) $x \geq 1$ のとき $1 < \alpha < 2$ に対し仮定より $n - \alpha > 0$ だから $\frac{x^\alpha \log x}{(1+x)^n} \leq \frac{x^\alpha \log x}{x^n} = \frac{\log x}{x^{n-\alpha}} \to 0$ $(x \to \infty)$. 一方, $0 < x < 1$ のとき $0 < \beta < 1$ に対し $\frac{x^\alpha \log x}{(1+x)^n} \leq x^\beta \log x \to 0$ $(x \to 0+)$ となる.

以上より広義積分 $I = \int_0^\infty \frac{\log x}{(1+x)^n} dx$ は収束する.次に $F(x) = \int \frac{\log x}{(1+x)^n} dx$ と置く.部分積分,および $t = x+1$ という置換により

$$\begin{aligned} F(x) &= -\frac{\log x}{(n-1)(1+x)^{n-1}} + \frac{1}{n-1} \int \frac{dx}{x(1+x)^{n-1}} \\ &= -\frac{\log x}{(n-1)(1+x)^{n-1}} + \frac{1}{n-1} \int \frac{dt}{(t-1)t^{n-1}} \end{aligned}$$

$n = 2$ のときは

$$\begin{aligned} F(x) &= -\frac{\log x}{1+x} + \int \frac{dt}{(t-1)t} \\ &= -\frac{\log x}{1+x} + \log|x| - \log|x+1| = -\frac{\log x}{1+x} + \log|x/(x+1)| \end{aligned}$$

であり,$n \geq 3$ のとき,$t^{n-1} - 1 = (t-1)(t^{n-2} + t^{n-3} + \cdots + t + 1)$,したがって

$$\frac{1}{(t-1)t^{n-1}} = \frac{1}{t-1} - \frac{t^{n-2} + t^{n-3} + \cdots + t + 1}{t^{n-1}}$$

より

$$\begin{aligned} F(x) &= -\frac{\log x}{(n-1)(1+x)^{n-1}} + \frac{1}{n-1} \int \left\{ \frac{1}{t-1} - \frac{1}{t} - \frac{1}{t^2} - \frac{1}{t^3} - \cdots - \frac{1}{t^{n-1}} \right\} dt \\ &= -\frac{\log x}{(n-1)(1+x)^{n-1}} + \frac{1}{n-1} \left\{ \log \frac{t-1}{t} + \frac{1}{t} + \frac{1}{2t^2} + \cdots + \frac{1}{(n-2)t^{n-2}} \right\} \end{aligned}$$

$$\therefore \quad F(x) = \frac{1}{n-1} \left\{ \frac{-\log x}{(1+x)^{n-1}} + \log \frac{x}{x+1} + \sum_{k=1}^{n-2} \frac{1}{k(x+1)^k} \right\}$$

(i) $n = 2$ のとき:部分積分より

$R \to \infty$ のとき $F(R) = -\frac{\log R}{1+R} + \log \frac{1}{1/R + 1} \to 0$

$\varepsilon \to 0+$ のとき $F(\varepsilon) = -\frac{\log \varepsilon}{1+\varepsilon} + \log \varepsilon - \log(1+\varepsilon) = \frac{\varepsilon \log \varepsilon}{1+\varepsilon} - \log(1+\varepsilon) \to 0$

$$\therefore \quad I = \lim_{\substack{R \to \infty \\ \varepsilon \to 0+}} \int_\varepsilon^R \frac{\log x}{(1+x)^2} dx = \lim_{\substack{R \to \infty \\ \varepsilon \to 0+}} (F(R) - F(\varepsilon)) = \underline{0}$$

(ii) $n \geq 3$ のとき：$R \to \infty$ のとき

$$F(R) = \frac{1}{n-1}\left\{\frac{-\log R}{(1+R)^{n-1}} + \log\frac{1}{1+1/R} + \sum_{k=1}^{n-2}\frac{1}{k(R+1)^k}\right\} \to 0$$

一方，$\varepsilon \to 0+$ のとき

$$F(\varepsilon) = \frac{1}{n-1}\left\{\frac{\log\varepsilon}{(1+\varepsilon)^{n-1}}\{(1+\varepsilon)^{n-1} - 1\} - \log(1+\varepsilon) + \sum_{k=1}^{n-2}\frac{1}{k(\varepsilon+1)^k}\right\}$$
$$\longrightarrow \frac{1}{n-1}\left\{1 + \frac{1}{2} + \cdots + \frac{1}{n-2}\right\}$$

$$\therefore\quad I = \lim_{\substack{R \to \infty \\ \varepsilon \to 0+}}(F(R) - F(\varepsilon)) = \underline{\frac{1}{n-1}\left(1 + \frac{1}{2} + \cdots + \frac{1}{n-2}\right)}$$

■

解　説

1. まずは広義積分の正確な定義を確認しておこう．

> **定義 2　広義積分の定義**
>
> 半開区間 $[a,b)$ で定義された関数 $f(x)$ は任意の $a \leq u < b$ に対して有界閉区間 $[a,u]$ 上積分可能であるとする．極限値
>
> $$\lim_{u \to b-0}\int_a^u f(x)dx = J \in \mathbb{R}$$
>
> が存在するとき，$f(x)$ は $[a,b)$ 上で広義積分は収束するといい，極限値 J を $f(x)$ の広義積分 (improper integral) と呼ぶ．またこの極限値を $J = \int_a^b f(x)dx$ と記す．

区間の左端や中央に定義されない点がある場合も同様に定義する．特に問題になるのは定義されない点のところで有界でない場合，それと積分区間が無限に延びている場合である．

2. 本問は計算可能な広義積分の計算問題である．広義積分は，問題 (iii) の解答例のように絶対収束することを先に示し，その後に計算を実行するのが正式な手順である．しかし値を求めることが主目的な場合は (i) (ii) のように最初から計算に入ってもよいだろう．状況に応じて判断してもらいたい．収束に関する一般的な解説は次の問題に譲ることとし，ここでは評価の再に用いられる次の極限について説明する：

$$\lim_{x \to \infty} \frac{\log x}{x^\alpha} = 0, \qquad \lim_{x \to 0+} x^\alpha \log x = 0 \qquad (\alpha > 0)$$

$x \to \infty$ のとき $\log x$, x^α は共に無限大になる．しかし同じ無限大でも x^α と比べると $\log x$ は非常に小さい，というのが前者の極限の意味である．たとえば $\sqrt{x}$ も緩やかに増加するように見えるが，$\log x$ はそれ以上に緩やかなのである．$\log x$ は非常にゆっくりとした増加をする関数の代表格である．

(b) 収束性の問題

基本問題 8

(1) $0 < t < 1$ を固定して関数 $y = x^{t-1}e^{-x}$ $(x > 0)$ のグラフの概形を描け.

(2) $0 < t < 1$ のとき,広義積分 $\displaystyle\int_0^1 x^{t-1}e^{-x}dx$ は収束することを示せ.

(3) $t > 0$ のとき,広義積分 $\displaystyle\int_1^\infty x^{t-1}e^{-x}dx$ は収束することを示せ.

(4) (2), (3) より各 $t > 0$ に対して

$$f(t) = \int_0^\infty x^{t-1}e^{-x}dx$$

が定義できる.このとき $t > 0$ に対して $f(t+1) = tf(t)$ が成り立つことを示し,$f(5)$ を求めよ.

(東北大情報科学研究科)

基本問題 8 の解答

(1) 関数 y はその微分が

$$y' = \{(t-1)x^{t-2} - x^{t-1}\}e^{-x} = (t-1-x)x^{t-2}e^{-x} < 0$$

だから狭義単調減少.また $\displaystyle\lim_{x \to 0+} y = \infty$, $\displaystyle\lim_{x \to \infty} y = 0$ だから,そのグラフは図のようになる.

(2) 被積分関数は $x = 0$ で不連続だから $x = 0$ における収束性を調べればよい.$0 < t_0 < t < 1$ となる t_0 を固定すれば $-(t_0 - 1) < 1$ であり $x^{-(t_0-1)} \cdot x^{t-1}e^{-x} \leq x^{t-t_0} < 1$ $(0 < x \leq 1)$ だから広義積分は収束する.

(3) $t > 0$ に対し $t + 1 < m$ となる整数 m をとれば,$x \geq 1$ に対し

$$x^2 \cdot x^{t-1}e^{-x} = x^{t+1}e^{-x} \leq \frac{x^m}{e^x} = \frac{x^m}{1 + x + \frac{x^2}{2!} + \cdots} \leq \frac{x^m}{\frac{x^{m+1}}{(m+1)!}} = \frac{(m+1)!}{x}$$

より $x \to \infty$ のとき $x^2 \cdot x^{t-1} e^{-x} \to 0$ となるから，この広義積分は収束する．
(4) (2) について，$t \leq 1$ ならば $t-1 > 0$ より定積分 $\int_0^1 x^t e^{-x} dx$ は確定するので，(2) (3) の結果と併せて全ての $t > 0$ に対し広義積分 $f(t)$ は収束している．$t > 0$ のとき $x^t e^{-x} \to 0 \ (x \to \infty)$，$x^t e^{-x}\big|_{x=0} = 0$ だから，部分積分を用いれば
$$f(t+1) = \left[-x^t e^{-x}\right]_0^\infty + \int_0^\infty t x^{t-1} e^{-x} dx = 0 + t \int_0^\infty x^{t-1} e^{-x} dx = t f(t)$$
となる．さらにこの関係式より
$$f(5) = f(4+1) = 4f(4) = 4 \cdot 3 f(3) = 4 \cdot 3 \cdot 2 \cdot 1 \cdot f(1) = 4! \cdot f(1)$$
また $f(1) = \int_0^\infty x^0 e^{-x} dx = \left[-e^{-x}\right]_0^\infty = 1$ より $f(5) = \underline{4!}$ ∎

解 説

1. 広義積分ではその値よりも収束自体が問題になる．式を与えることは容易にできるがその式が意味を持つかどうかは別問題であり，値を計算できずとも収束することだけで十二分に意味を持つことがある．本問は広義積分の代表的な一例であるガンマ関数 $\Gamma(t) = \int_0^\infty x^{t-1} e^{-x} dx$ の収束性に関する問題，特に $x = 0$ と $x = \infty$ の部分での挙動が問題となる．収束性について最も基本となるツールは次の Cauchy の判定法と優関数による判定法である：

〔**Cauchy の判定法**〕 半開区間 $I = [a, b)$ 上の $f(x)$ が I の任意の部分閉区間で積分可能だとする．このとき広義積分 $\int_a^b f(x) dx$ は収束することと次の条件は同値である：

任意の $\varepsilon > 0$ に対して "$c < u < v < b \Rightarrow \left|\int_u^v f(x) dx\right| < \varepsilon$" となる $c \in I$ が存在する．

〔**優関数判定法**〕 半開区間 $I = [a, b)$ 上の $f(x)$ が I の任意の部分閉区間で積分可能だとする．このとき I 上の関数 $g(x)$ で

i) $|f(x)| \leq g(x)$ $(\forall x \in I)$ ii) $\int_a^b g(x)dx$ は収束する.

という2条件を満たすものが存在するとき,広義積分 $\int_a^b f(x)dx$ は絶対収束し,かつ $\int_a^b |f(x)|dx \leq \int_a^b g(x)dx$ が成り立つ.

後者ではただの収束ではなく「絶対収束」という用語が現れる.これについては後で扱うこととし,さしあたって「より良い収束」という意味で了承してもらいたい.

積分の障害となるのは主に有界ではない部分(右図1の $x=b$ の部分)である.優関数判定法を積分区間全体ではなく,有界性を失う部分だけに集中して適用したのが次に述べる次数判定法である.

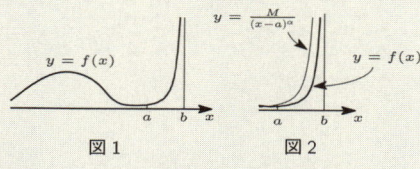

基本となるのは次の積分である:

$$\int_a^{b-\varepsilon} \frac{dx}{(b-x)^\alpha} = \begin{cases} \frac{\varepsilon^{1-\alpha}}{\alpha-1} + \frac{1}{(1-\alpha)(b-a)^{\alpha-1}} & (\alpha \neq 1) \\ \log(b-a) - \log\varepsilon & (\alpha = 1) \end{cases}$$

$\varepsilon \to 0+0$ のときの $\varepsilon^{1-\alpha}$, $\log\varepsilon$ の挙動に注意すれば

$$\xrightarrow[\varepsilon \to 0+0]{} \int_a^b \frac{dx}{(b-x)^\alpha} = \begin{cases} \frac{1}{(1-\alpha)(b-a)^{\alpha-1}} < \infty & (1-\alpha > 0) \\ +\infty & (1-\alpha \leq 0) \end{cases}$$

であることが分かる.これより $x=b$ の近くで $|f(x)| \leq \frac{M}{(b-x)^\alpha}$ $(M>0, \alpha<1$,図2参照$)$ ならば

$$\int_a^b |f(x)|dx \leq M\int_a^b \frac{dx}{(b-x)^\alpha} < +\infty$$

となり,逆に $|f(x)| \geq \frac{M}{(b-x)^\alpha}(M>0, \alpha\geq 1)$ ならば

$$+\infty = M\int_a^b \frac{dx}{(b-x)^\alpha} \leq \int_a^b |f(x)|dx$$

となる.有界ではない部分に限定すれば上のように $(b-x)^\alpha$ という特別な関数と比較することで積分の収束・発散を確かめることができる. x 軸

方向で有界にならない $x \to \infty$ の場合も込めてまとめれば

〔次数判定法〕 半開区間 $I = [a, b)$ 上の $f(x)$ が I の任意の部分閉区間で積分可能だとする．このとき次の何れかの条件を満たせば広義積分 $\int_a^b f(x)dx$ は絶対収束する：

i) b が有限のとき $\lim_{x \to b-0}(b-x)^\alpha f(x) < \infty$ かつ $\alpha < 1$ となる α が存在する．

ii) $b = +\infty$ のとき $\lim_{x \to +\infty} x^\beta f(x) < \infty$ かつ $\beta > 1$ となる β が存在する．

多少修正は必要だが，重積分の場合にも次数判定法は有効になる（第5章【基本問題5】参照）．

2. 【基本問題7】の解説に与えた極限と本問で用いた極限
$$\lim_{x \to \infty} x^n e^{-x} = \lim_{x \to \infty} \frac{x^n}{e^x} = 0 \qquad (n \text{ は 0 以上の整数})$$
は絶対に覚えておかなければいけない極限の一つである．【基本問題7】の解説のほうは多項式に比べて対数関数は非常に緩やかな増加であることを意味していたが，こちらのほうは多項式に比べて指数関数の増加が非常に急激であることを意味する．指数関数は急速に増加する関数の代表格である．$n = 1$ のとき $x = \log t$ とすれば $x/e^x = \log t/t$ となり一方から他方を導くことができる．

3. ガンマ関数は変数 x で積分することにより残った変数 t の関数となる．ここで被積分関数 e^{-x} を一般の関数に置き換えれば：
$$f(x) \quad \mapsto \quad F(t) = \int_0^\infty x^{t-1} f(x)dx$$
のように変数 t の関数が生まれる（この操作を Mellin 変換という）．このように積分を用いて関数から新しい関数を作る操作を総じて積分変換という．Fourier 変換や Laplace 変換も積分変換の一種であり，理工学の各専門分野で用いられる内容の一つである．

§3.2 標準・発展問題編

標準問題 1

$n = 0, 1, 2, \ldots$ に対して $H_n : \mathbb{R} \to \mathbb{R}$ を

$$H_0(x) := 1 \qquad (\text{恒等的に 1 である関数})$$

$$H_n(x) = e^{\frac{x^2}{2}} \frac{d^n}{dx^n} e^{-\frac{x^2}{2}} \qquad (x \in \mathbb{R})$$

によって定義する.このとき,以下の問に答えよ.

(1) $H_1(x), H_2(x), H_3(x)$ を x の式として求めよ.
(2) $H_n(x)$ が n 次の多項式であることを示せ.
(3) $n \geq 1$ に対し $\displaystyle\int_{-\infty}^{\infty} H_n(x) e^{-\frac{x^2}{2}} dx = 0$ であることを示せ.
(4) $n \neq m$ であるとき $\displaystyle\int_{-\infty}^{\infty} H_m(x) H_n(x) e^{-\frac{x^2}{2}} dx = 0$ であることを示せ.

(立命館大基礎理工学研究科 数理科学専攻)

標準問題 1 の解答

(1) $e^{-\frac{x^2}{2}}$ の 3 階までの導関数は

$$(e^{-\frac{x^2}{2}})' = -x e^{-\frac{x^2}{2}}, \quad (e^{-\frac{x^2}{2}})'' = (x^2 - 1) e^{-\frac{x^2}{2}}, \quad (e^{-\frac{x^2}{2}})''' = (-x^3 + 3x) e^{-\frac{x^2}{2}}$$

だから $H_1(x) = \underline{-x}, \quad H_2(x) = \underline{x^2 - 1}, \quad H_3(x) = \underline{-x^3 + 3x}$

(2) n に関する帰納法により証明する.$n = 1, 2, 3$ のときは (1) の結果より明らか.$n \geq 4$ のとき

$$H_n(x) = e^{\frac{x^2}{2}} \frac{d}{dx} \left(\frac{d^{n-1}}{dx^{n-1}} e^{-\frac{x^2}{2}} \right) = e^{\frac{x^2}{2}} \frac{d}{dx} \left(e^{-\frac{x^2}{2}} H_{n-1}(x) \right)$$

$$= e^{\frac{x^2}{2}} \left\{ (-x) e^{-\frac{x^2}{2}} H_{n-1}(x) + e^{-\frac{x^2}{2}} H'_{n-1}(x) \right\}$$

したがって $H_n(x) = -x H_{n-1}(x) + H'_{n-1}(x)$ となる.帰納法の仮定より

$-xH_{n-1}(x)$ は n 次多項式, $H'_{n-1}(x)$ は $n-2$ 次多項式となるから, 併せて $H_n(x)$ は n 次多項式となる. したがって任意の n に対して $H_n(x)$ は n 次多項式となることが分かる.

(3) 任意の多項式 $p(x)$ について $\lim_{x\to\pm\infty} p(x)e^{-\frac{x^2}{2}} = 0$ となることに注意し (2) を用いると

$$
\begin{aligned}
\int_{-\infty}^{\infty} H_n(x)e^{-\frac{x^2}{2}}dx &= \lim_{\substack{R\to\infty\\R'\to-\infty}} \int_{R'}^{R} \frac{d^n}{dx^n}\left(e^{-\frac{x^2}{2}}\right)dx \\
&= \lim_{\substack{R\to\infty\\R'\to-\infty}} \left[\frac{d^{n-1}}{dx^{n-1}}\left(e^{-\frac{x^2}{2}}\right)\right]_{R'}^{R} = \lim_{\substack{R\to\infty\\R'\to-\infty}} \left[H_{n-1}(x)e^{-\frac{x^2}{2}}\right]_{R'}^{R} \\
&= \lim_{\substack{R\to\infty\\R'\to-\infty}} \left(H_{n-1}(R)e^{-\frac{R^2}{2}} - H_{n-1}(R')e^{-\frac{R'^2}{2}}\right) = 0
\end{aligned}
$$

(4) $m < n$ としても一般性は失われない. $m \geq 0$ となる任意の整数 m に対し部分積分より

$$
\begin{aligned}
\int x^m H_n(x)e^{-\frac{x^2}{2}}dx &= \int x^m \frac{d^n}{dx^n}\left(e^{-\frac{x^2}{2}}\right)dx \\
&= x^m \frac{d^{n-1}}{dx^{n-1}}\left(e^{-\frac{x^2}{2}}\right) - m\int x^{m-1} \frac{d^{n-1}}{dx^{n-1}}\left(e^{-\frac{x^2}{2}}\right)dx \\
&= x^m H_{n-1}(x)e^{-\frac{x^2}{2}} - m\int x^{m-1} H_{n-1}(x)e^{-\frac{x^2}{2}}dx
\end{aligned}
$$

$$
\begin{aligned}
\therefore \int_{-\infty}^{\infty} x^m H_n(x)e^{-\frac{x^2}{2}}dx &= \lim_{\substack{R\to\infty\\R'\to-\infty}} \int_{R'}^{R} x^m H_n(x)e^{-\frac{x^2}{2}}dx \\
&= \lim_{\substack{R\to\infty\\R'\to-\infty}} \left\{R^m H_{n-1}(R)e^{-\frac{R^2}{2}} - R'^m H_{n-1}(R')e^{-\frac{R'^2}{2}}\right\} \\
&\qquad - m\int_{-\infty}^{\infty} x^{m-1} H_{n-1}(x)e^{-\frac{x^2}{2}}dx \\
&= -m\int_{-\infty}^{\infty} x^{m-1} H_{n-1}(x)e^{-\frac{x^2}{2}}dx
\end{aligned}
$$

したがって $0 \leq m < n$ となる整数 m に対して (3) の結果より

$$\int_{-\infty}^{\infty} x^m H_n(x) e^{-\frac{x^2}{2}} dx = -m \int_{-\infty}^{\infty} x^{m-1} H_{n-1}(x) e^{-\frac{x^2}{2}} dx$$

$$= \cdots = (-m)(-(m-1))\cdots(-1) \int_{-\infty}^{\infty} H_{n-m}(x) e^{-\frac{x^2}{2}} dx = 0$$

(2) の結果より $0 \leq m < n$ となる整数 m に対して $\int_{-\infty}^{\infty} H_m(x) H_n(x) e^{-\frac{x^2}{2}} dx = 0$ となる. ∎

解 説

$H_n(x)$ は量子力学における調和振動子（古典力学のバネに対応する運動）の Schrodinger 方程式の解である波動関数として現れる Hermite 多項式と呼ばれる多項式を $(-1)^n$ 倍したものである．物理的な背景は専門書に譲ることとし数学的な部分に限定すると，これらは直交多項式系と呼ばれる特殊関数の一つである．

至る所，正となる然るべき関数 $w(x)$ を固定するとき（複素数値）関数 $f(x), g(x)$ に対して

$$(f,g) = \int_a^b f(x) \bar{g(x)} w(x) dx \quad (\bar{} \text{ は複素共役})$$

という積分を f, g の内積と呼ぶ．関数を一つのベクトルと見ると平面や空間上の内積と同じ働きをする．上の問題 (4) は $H_m(x)$ と $H_n(x)$ が内積 $(f,g) = \int_{-\infty}^{\infty} f(x) g(x) e^{-\frac{x^2}{2}} dx$ という内積に関し直交していることを表している．このように，ある内積に関し互いに直交しているような関数の集合を直交関数系と呼ぶ．たとえば大学の入試問題などでも

$$\int_0^{2\pi} \sin mx \cos nx \, dx = \int_0^{2\pi} \sin mx \sin nx \, dx$$
$$= \int_0^{2\pi} \cos mx \cos nx \, dx = 0 \quad (n \neq m)$$

という式が現れるが，これは三角関数 $\sin nx, \cos mx$ が内積 $(f,g) =$

$\int_0^{2\pi} f(x)g(x)dx$ に関し直交していることを意味する．物理的に考えると変数 x の前の整数 n は周波数の違いを表し，異なる周波数を持つ信号は互いに直交することを意味する．現代科学，工学の各種専門分野で直交することの重要性を知ることになるだろう．

〔練習問題5〕 次の問いに答えよ．

(1) 区間 $-1 \leq x \leq 1$ で定義された関数列 $P_0(x) = 1$, $P_1(x) = x$ および $P_2(x) = \frac{1}{2}(3x^2 - 1)$ が直交関係式

$$\int_{-1}^{1} P_m(x)P_n(x)dx = \frac{2}{2m+1}\delta_{mn}$$

を満たすことを示せ．ただし

$$\delta_{mn} = \begin{cases} 1 & (m = n) \\ 0 & (m \neq n) \end{cases}$$

とする．

(2) $P_3(x) = ax^3 + bx^2 + cx + d$ $(a > 0)$ が $m, n \leq 3$ に対し前問の直交関係式を満たすように係数 a, b, c, d を求めよ．

(3) 関数列 $P_0(x), P_1(x), P_2(x), P_3(x)$ を用いて $y = e^x$ の近似を考える．誤差 $\varepsilon(x)$ を

$$\varepsilon(x) = e^x - \sum_{n=0}^{3} A_n P_n(x)$$

で定義する．$\int_{-1}^{1} P_n(x)\varepsilon(x)dx = 0$ を満たすように係数 A_n を定めるとき，A_2 を求めよ．

(東北大工学研究科機械・知能系)

標準問題 2

(1) $a < b$ とし,
$$f(x) = \begin{cases} (x-a)^2(x-b)^2 & (a \le x \le b \text{ のとき}), \\ 0 & (\text{その他のとき}) \end{cases}$$
とする.このとき $f(x)$ は C^1 級関数であることを証明しなさい.

(2) 閉区間 $[c,d]$ 上の連続関数 $F(x)$ は次の性質を持つとする:$g(c) = g(d) = 0$ を満たす任意の C^1 級関数 $g(x)$ に対して
$$\int_c^d g(x)F(x)dx = 0.$$
このとき $F(x)$ は (c,d) 上で恒等的に 0 であることを証明しなさい.
を計算せよ.

(九州大数理学府)

標準問題 2 の解答

(1) $x = a$ における左微分,右微分を計算すると
$$\lim_{h \to 0-} \frac{f(a+h) - f(a)}{h} = \lim_{h \to 0-} \frac{0 - 0}{h} = 0$$
$$\lim_{h \to 0+} \frac{f(a+h) - f(a)}{h} = \lim_{h \to 0+} \frac{(a+h-a)^2(a+h-b)^2 - 0}{h}$$
$$= \lim_{h \to 0+} h(a+h-b)^2 = 0$$

と一致し,ゆえに $f(x)$ は $x = a$ で微分可能,かつ $f'(a) = 0$ となる.同様に $x = b$ での左微分,右微分は一致し,かつ $f'(b) = 0$ となる.また $x \ne a, b$ での $f(x)$ の微分可能性は明らかで,その導関数は
$$f'(x) = \begin{cases} 2(x-a)(x-b)(2x-a-b) & (a < x < b) \\ 0 & (x < a, \ x > b) \end{cases}$$

により与えられる．$f'(x)$ は $x \neq a, b$ ならば明らかに連続であり，

$$\lim_{x \to a-0} f'(x) = 0, \quad \lim_{x \to a+0} f'(x) = \lim_{x \to a+0} 2(x-a)(x-b)(2x-a-b) = 0 = f'(a),$$
$$\lim_{x \to b+0} f'(x) = 0, \quad \lim_{x \to b-0} f'(x) = \lim_{x \to b-0} 2(x-a)(x-b)(2x-a-b) = 0 = f'(b)$$

だから，$x = a, b$ でも連続である．以上より $f(x)$ は C^1 級である．

(2) $x_0 \in [c, d]$ で $F(x_0) > 0$ だったとする．$M < F(x_0)$ となる正数 M をとれば F が連続であることより

$$[x_0 - \delta, x_0 + \delta] \subset (c, d) \qquad \text{かつ} \qquad M \leq F(x) \quad (\forall x \in [x_0 - \delta, x_0 + \delta])$$

となる $\delta > 0$ が存在する．ここで $a = x_0 - \delta$, $b = x_0 + \delta$ と置き，この a, b に対し (1) で構成した C^1 級関数 $f(x)$ を考える．この $f(x)$ について $f(x) = 0$ $(\forall x \in [c, a] \cup [b, d])$, 特に $f(c) = f(d) = 0$ であり，また $M \leq F(x)$ $(\forall x \in [a, b])$ だから

$$\begin{aligned} \int_c^d f(x) F(x) dx &= \int_a^b f(x) F(x) dx \\ &\geq \int_a^b M f(x) dx = \frac{M}{30}(b-a)^5 = \frac{16}{15} M \delta^5 > 0 \end{aligned}$$

となる．ところが仮定より $\int_c^d f(x) F(x) dx = 0$ であり，これは矛盾している．したがって $F(x) > 0$ となる x は存在しない．同様の議論により $F(x) < 0$ となる x が存在しないことも分かる．ゆえに $F(x)$ は (c, d) 上で恒等的に 0 となる． ∎

解 説

本問は「変分学の基本補題」と呼ばれる定理の最も簡単な場合である．この定理（特に (2)）は数学以外にも物理や工学（たとえば解析力学など）でしばしば用いられる．解答例では積分の不等式の応用として数学科っ

ぽく数式のみで証明したが，これを図示して視覚化して見られることをお勧めする．

発展問題 1

実数 $p > 0, q > 0$ に対して関数 $B(p,q)$ を

$$B(p,q) = \int_0^1 x^{p-1}(1-x)^{q-1}dx$$

実数 $s > 0$ に対して関数 $\Gamma(s)$ を

$$\Gamma(s) = \int_0^\infty e^{-x} x^{s-1} dx$$

と定義する.

1) $\Gamma(s)$ が次の等式を満たすことを示せ.

$$\Gamma(s+1) = s\Gamma(s)$$

2) $B(p,q)$ が次の等式を満たすことを示せ.

$$B(p, q+1) = \frac{q}{p} B(p+1, q)$$

3) $B(p,q)$ が次の等式を満たすことを示せ.

$$B(p,q) = 2\int_0^{\frac{\pi}{2}} \sin^{2p-1}\theta \cos^{2q-1}\theta\, d\theta$$

4) 関数 $B(p,q)$ と関数 $\Gamma(s)$ により等式

$$B(p,q) = \frac{\Gamma(p)\Gamma(q)}{\Gamma(p+q)}$$

が成り立つ. これを利用して

$$\int_0^\pi \sin^5\theta \cos^4\theta\, d\theta$$

の積分値を求めよ.

(大阪大基礎工学研究科 電子システム専攻)

発展問題 1 の解答

1) 部分積分と $\lim_{x \to 0+0} x^s = \lim_{x \to \infty} e^{-x} = 0$ より

$$\Gamma(s+1) = \int_0^\infty e^{-x} x^s dx$$
$$= \left[-e^{-x} x^s\right]_0^\infty + \int_0^\infty e^{-x} s x^{s-1} dx = 0 + s \int_0^\infty e^{-x} x^{s-1} dx$$

したがって $\Gamma(s+1) = s\Gamma(s)$.

2) 部分積分と $\lim_{x \to 0+0} x^p = \lim_{x \to 1-0} (1-x)^q = 0$ より

$$B(p, q+1) = \int_0^1 x^{p-1}(1-x)^q dx$$
$$= \left[\frac{1}{p} x^p (1-x)^q\right]_0^1 - \frac{1}{p} \int_0^1 x^p (-q)(1-x)^{q-1} dx = \frac{q}{p} \int_0^1 x^p (1-x)^{q-1} dx$$

したがって $B(p, q+1) = \dfrac{q}{p} B(p+1, q)$ となる.

3) $x = \sin^2 \theta$ とする. このとき $\dfrac{x \mid 0 \to 1}{\theta \mid 0 \to \pi/2}$, $dx = 2\cos\theta \sin\theta d\theta$ より

$$B(p, q) = \int_0^{\frac{\pi}{2}} \sin^{2(p-1)} \theta \cos^{2(q-1)} \theta \, 2\cos\theta \sin\theta d\theta$$
$$= 2 \int_0^{\frac{\pi}{2}} \sin^{2p-1} \theta \cos^{2q-1} \theta d\theta.$$

4) $\eta = \theta - \frac{\pi}{2}$ と置く. $\dfrac{\theta \mid 0 \to \pi}{\eta \mid -\pi/2 \to \pi/2}$, $d\theta = d\eta$ より

$$\int_0^\pi \sin^5 \theta \cos^4 \theta \, d\theta = \int_{-\frac{\pi}{2}}^{\frac{\pi}{2}} \sin^5\left(\eta + \frac{\pi}{2}\right) \cos^4\left(\eta + \frac{\pi}{2}\right) d\eta = \int_{-\frac{\pi}{2}}^{\frac{\pi}{2}} \cos^5 \eta \sin^4 \eta \, d\eta$$
$$\underset{\text{偶関数だから}}{=} 2 \int_0^{\frac{\pi}{2}} \cos^5 \eta \, \sin^4 \eta \, d\eta = 2 \int_0^{\frac{\pi}{2}} \sin^{2\frac{5}{2}-1} \eta \, \cos^{2\cdot 3-1} \eta \, d\eta$$

3) と既知の公式より (与式) $= B(5/2, 3) = \dfrac{\Gamma(5/2) \cdot \Gamma(3)}{\Gamma(11/2)}$. また $\Gamma(1) = \int_0^\infty e^{-x} dx = 1$ と 1) より

$$\Gamma\left(\frac{5}{2}\right) = \frac{3 \cdot 1}{2^2} \cdot \Gamma\left(\frac{1}{2}\right), \qquad \Gamma\left(\frac{11}{2}\right) = \frac{9 \cdot 7 \cdot 5 \cdot 3 \cdot 1}{2^5} \cdot \Gamma\left(\frac{1}{2}\right),$$
$$\Gamma(3) = 2 \cdot 1 \cdot \Gamma(1) = 2.$$

$x > 0$ のとき $e^{-x} x^{-\frac{1}{2}} > 0$ より $\Gamma(1/2) > 0$ だから

$$(与式) = \frac{\dfrac{3 \cdot 1}{2^2} \cdot \Gamma\left(\dfrac{1}{2}\right) \times 2}{\dfrac{9 \cdot 7 \cdot 5 \cdot 3 \cdot 1}{2^5} \cdot \Gamma\left(\dfrac{1}{2}\right)} = \frac{16}{315}$$

■

解 説

【基本問題 4】の解説にも述べたが，ガンマ関数 $\Gamma(s)$，ベータ関数 $B(p, q)$ は大学院入試では頻繁に顔を出す題材である．教科書では広義積分の一例として扱われることが多いようだが，これだけで成書が一冊できてしまう程の広く深い内容を持っている．わずかだが，ここではその応用例の一端を紹介しよう．

1. (特殊値 その1)　定義より $\Gamma(1) = \displaystyle\int_0^\infty e^{-t} dt = 1$. 自然数 n に対し 1) より

$$\Gamma(n+1) = n\Gamma(n) = n(n-1)\Gamma(n-1) = \cdots n(n-1)\cdots 2 \cdot 1\, \Gamma(1),$$
$$\therefore\ \Gamma(n+1) = n!$$

となり，$\Gamma(s)$ は階乗 $n!$ の一般化であることが分かる．さらに 4) の既知の公式より自然数 m, n に対して

$$B(m, n) = \frac{\Gamma(m)\,\Gamma(n)}{\Gamma(m+n)} = \frac{(m-1)!\,(n-1)!}{(m+n-1)!}$$

となる．

2. (特殊値 その2) 3) と 4) の公式より

$$\int_0^{\frac{\pi}{2}} \sin^{2p-1}\theta \cos^{2q-1}\theta d\theta = \frac{1}{2}\frac{\Gamma(p)\Gamma(q)}{\Gamma(p+q)} \ (p>0, \ q>0).$$

特に $t > -1$ に対し，$p = (t+1)/2$, $q = 1/2$ (または $p = 1/2$, $q = (t+1)/2$) とすれば

$$\int_0^{\frac{\pi}{2}} \sin^t \theta d\theta = \int_0^{\frac{\pi}{2}} \cos^t \theta d\theta = \frac{\Gamma\left(\frac{t+1}{2}\right)\Gamma\left(\frac{1}{2}\right)}{2\Gamma\left(\frac{t}{2}+1\right)} \tag{3.1}$$

ここで $t=0$ とすると $\Gamma(1/2)^2 = 2\int_0^{\frac{\pi}{2}} d\theta = \pi$ より $\Gamma(1/2) = \sqrt{\pi}$ となる．また自然数 n について

$$\Gamma\left(\frac{2n+1}{2}\right) = \left(\frac{2n-1}{2}\right)\cdot\left(\frac{2n-3}{2}\right)\cdots\left(\frac{3}{2}\right)\cdot\left(\frac{1}{2}\right)\cdot\Gamma\left(\frac{1}{2}\right)$$
$$= \frac{(2n-1)!!}{2^n}\sqrt{\pi}$$

となる．

3. (Gauss 積分) ガンマ関数の定義式において $x = t^2$ と置けば，$\Gamma(s)$ の特殊値 $\Gamma(1/2) = \sqrt{\pi}$ より

$$\Gamma\left(\frac{1}{2}\right) = \int_0^\infty e^{-x} x^{-\frac{1}{2}} dx = \int_0^\infty e^{-t^2}(t^2)^{-\frac{1}{2}} \cdot 2t dt$$
$$= 2\int_0^\infty e^{-t^2} dt \underset{\text{偶関数より}}{=} \int_{-\infty}^\infty e^{-t^2} dt$$

したがって $\int_{-\infty}^\infty e^{-t^2} dt = \sqrt{\pi}$ となる（これについては重積分の所で再度扱う）．

4.（Wallis の公式） (3.1) について t が自然数ならば以下の Wallis の公式を得る：

$$\int_0^{\frac{\pi}{2}} \sin^n \theta d\theta = \int_0^{\frac{\pi}{2}} \cos^n \theta d\theta = \begin{cases} \dfrac{(2k)!!}{(2k+1)!!} & (n = 2k+1 \text{ (奇数) のとき}) \\ \dfrac{(2k-1)!!}{(2k)!!} \cdot \dfrac{\pi}{2} & (n = 2k \text{ (偶数) のとき}) \end{cases}$$

5.（1/6 公式） $\alpha < \beta$ とする．このときベータ関数において $t = (s-\alpha)/(\beta-\alpha)$ という置換を行うと

$$B(p,q) = \int_\alpha^\beta \left(\frac{s-\alpha}{\beta-\alpha}\right)^{p-1} \left(\frac{\beta-s}{\beta-\alpha}\right)^{q-1} \frac{ds}{\beta-\alpha}$$

$$\therefore \quad \int_\alpha^\beta (s-\alpha)^{p-1}(\beta-s)^{q-1} ds = (\beta-\alpha)^{p+q-1} B(p,q)$$

たとえば $p = q = 2$ とすると $B(2,2) = \frac{1! \cdot 1!}{3!} = \frac{1}{6}$ だから

$$\int_\alpha^\beta (s-\alpha)(\beta-s) ds = \frac{(\beta-\alpha)^3}{6}.$$

いわゆる，高校数学で言うところの 1/6 公式 を得る．この他にも

$$\int_\alpha^\beta (s-\alpha)(\beta-s)^2 ds = \frac{(\beta-\alpha)^4}{12}, \quad \int_\alpha^\beta (s-\alpha)^2(\beta-s)^2 ds = \frac{(\beta-\alpha)^5}{30}, \cdots$$

という公式が簡単な計算により導き出せてしまう．

6.（$t^{b-1}/(1+t^a)$ 型） もう少し高度なものを 1 つ紹介しよう．$0 < b < a$ とする．ベータ関数の定義において $x = 1/(1+t^a)$ とする．

$$\begin{array}{c|c} t & 0 \to \infty \\ \hline x & 1 \to 0 \end{array}, \quad t^a = \frac{1-x}{x}, \quad at^{a-1} dt = -\frac{1}{x^2} dx, \quad t^{-1} dt = -\frac{1}{a} \frac{dx}{x(1-x)}$$

$$\int_0^\infty \frac{t^{b-1}}{1+t^a}dt = \int_0^\infty (t^a)^{\frac{b}{a}} \cdot \frac{1}{1+t^a} \cdot t^{-1}dt = \int_1^0 \left(\frac{1-x}{x}\right)^{\frac{b}{a}} \cdot x \cdot \left(-\frac{1}{a}\frac{dx}{x(1-x)}\right)$$
$$= \frac{1}{a}\int_0^1 x^{-\frac{b}{a}}(1-x)^{\frac{b}{a}-1}dx = \frac{1}{a}B\left(1-\frac{b}{a},\frac{b}{a}\right) = \frac{1}{a}\Gamma\left(1-\frac{b}{a}\right)\Gamma\left(\frac{b}{a}\right)$$

一応,「積分がガンマ関数の計算に帰着できる」という結論を得た.しかしこれだけではご利益を感じることはできない.ここで登場するのが重要な公式の一つである「相反公式」

$$\Gamma(x)\,\Gamma(1-x) = \frac{\pi}{\sin \pi x} \qquad (0 < x < 1)$$

である(詳細は他書参照).
少々横道にそれるが,関数を複素数の範囲に拡張すると実数の範囲では見えない関係が見えてくる.たとえば Euler の公式などが顕著な例だろう.このように複素数の範囲で関数を研究する分野を関数論(複素解析)という.関数論において一般の関数が因数分解できるという定理(Weierstrass の因数分解定理)があるのだが,ガンマ関数,三角関数の因数分解を見ると,実は"ガンマ関数が三角関数の(約)半分になっていた"と言うのがこの「相補公式」である(ちなみに証明は実数の範囲内でも可能.杉浦光夫著『解析入門I』,第 IV 章 §15 参照).

閑話休題.「相反公式」を既知とすると上の積分は

$$\int_0^\infty \frac{t^{b-1}}{1+t^a}dt = \frac{1}{a}\,\Gamma\left(1-\frac{b}{a}\right)\Gamma\left(\frac{b}{a}\right) = \frac{\pi}{a\sin\frac{b}{a}\pi}$$

となる.たとえば

【問題】 For $n = 1, 2, 3, \ldots,$ obtain the explicit formula

$$\int_0^\infty \frac{1}{x^{2n}+1}dx = \frac{\pi}{2n}\bigg/\sin\left(\frac{\pi}{2n}\right).$$

(Maryland 大 Qualifying Examination, 京都大学理学研究科 数理解析専攻)

では $a=2n$, $b=1$ とすればよい．複素解析の留数定理を用いるのが標準的な解法だが，上のようにガンマ，ベータ関数の応用例として扱うこともできる．

置換積分を施すことによりさまざまな形に変化し，初等的な積分の問題に限っても，広範な積分の問題がガンマ関数，ベータ関数の特殊値を求める問題に帰着される．ガンマ関数，ベータ関数は単なる広義積分の一例ではなく，定積分の問題に対する強力な武器になるのである．

発展問題 2

$n = 1, 2, \ldots$ に対して，$\mathbb{R}$ 上の関数 f_n を

$$f_n(x) = \begin{cases} n - n^2|x| & (-\frac{1}{n} \leq x \leq \frac{1}{n}) \\ 0 & (\text{その他}) \end{cases}$$

で定義する．次の問いに答えよ．

(1) $m = 1, 2, \ldots$ に対して

$$\lim_{n \to \infty} \int_{-1}^{1} x^m f_n(x) dx = 0$$

を証明せよ．

(2) 任意の多項式 $p(x)$ に対して

$$\lim_{n \to \infty} \int_{-1}^{1} p(x) f_n(x) dx = p(0)$$

を証明せよ．

(3) φ を $[-1, 1]$ 上の連続関数とする．φ が多項式で一様近似できることを用いて

$$\lim_{n \to \infty} \int_{-1}^{1} \varphi(x) f_n(x) dx = \varphi(0)$$

を証明せよ．

(東北大情報科学研究科)

発展問題 2 の解答

(1) f_n は偶関数なので，m が奇数ならば $\int_{-1}^{1} x^m f_n(x) dx = 0$. 一方，$m$ が偶数のとき $x^m f_n(x)$ は偶関数だから

$$\int_{-1}^{1} x^m f_n(x) dx = 2 \int_{0}^{1/n} x^m (n - n^2 x) dx = \frac{2}{(m+1)(m+2)} \frac{1}{n^m} \xrightarrow[n \to \infty]{} 0$$

したがって 1 以上の任意の整数 m に対して $\displaystyle\lim_{n\to\infty}\int_{-1}^1 x^m f_n(x)dx = 0$ となる．

(2) 任意の多項式 $p(x) = a_0 + a_1 x + a_2 x^2 + \cdots + a_m x^m \ (a_0 = p(0))$ に対し (1) の結果より

$$\lim_{n\to\infty}\int_{-1}^1 p(x)f_n(x)dx = \sum_{k=0}^m a_k \lim_{n\to\infty}\int_{-1}^1 x^k f_n(x)dx = a_0 \lim_{n\to\infty}\int_{-1}^1 f_n(x)dx$$

$\displaystyle\int_{-1}^1 f_n(x)dx = 2\int_0^{1/n}(n - n^2 x)dx = 1 \ (\because f_n(x)$ は偶関数$)$ より

$$\lim_{n\to\infty}\int_{-1}^1 p(x)f_n(x)dx = p(0)\lim_{n\to\infty}1 = p(0)$$

となる．

(3) $I = [-1, 1]$ 上の連続関数 $f(x)$ に対して $\|f\|_I = \sup\limits_{x\in I}|f(x)|$ と置く．Weierstrass の多項式近似定理より連続関数 $\varphi(x)$ に対して $\displaystyle\lim_{m\to\infty}\|\varphi - p_m\| = 0$ となる多項式の列 $\{p_m(x)\}_{m=1,2,\ldots}$ が存在する．特に任意の正数 $\varepsilon > 0$ に対して

$$\|\varphi - p_m\| < \frac{\varepsilon}{3} \quad (\forall m \geq M) \quad \cdots\cdots (*)$$

となる M が存在する．また任意の $x \in I$ に対し $|\varphi(x) - p_m(x)| \leq \|\varphi - p_m\|$ だから，$m \geq M$ となる m に対して

$$|\varphi(0) - p_m(0)| \leq \|\varphi - p_m\| < \frac{\varepsilon}{3} \quad (\forall m \geq M) \quad \cdots\cdots (**)$$

となる．ここで三角不等式を用いて

$$\left|\int_{-1}^1 \varphi(x)f_n(x)dx - \varphi(0)\right| \leq \left|\int_{-1}^1 \varphi(x)f_n(x)dx - \int_{-1}^1 p_m(x)f_n(x)dx\right|$$
$$+ \left|\int_{-1}^1 p_m(x)f_n(x)dx - p_m(0)\right| + |p_m(0) - \varphi(0)|$$
$$\cdots\cdots (***)$$

$(***)$ の第 1 項について

$$\left|\int_{-1}^{1} \varphi(x)f_n(x)dx - \int_{-1}^{1} p_m(x)f_n(x)dx\right| \leq \int_{-1}^{1} |\varphi(x) - p_m(x)|f_n(x)dx$$
$$\leq \int_{-1}^{1} \|\varphi - p_m\| f_n(x)dx = \|\varphi - p_m\| \underbrace{\int_{-1}^{1} f_n(x)dx}_{=1} = \|\varphi - p_m\|$$

となるから $m \geq M$ となる m に対して $(*)(**)$ から

$$\left|\int_{-1}^{1} \varphi(x)f_n(x)dx - \varphi(0)\right| < \left|\int_{-1}^{1} p_m(x)f_n(x)dx - p_m(0)\right| + \frac{2\varepsilon}{3}$$

さらに (2) の結果より $(***)$ の右辺第 2 項について

$$\left|\int_{-1}^{1} p_m(x)f_n(x)dx - p_m(0)\right| < \frac{\varepsilon}{3} \qquad (n \geq N)$$

となる N が存在する.したがって $n \geq N$ となる任意の n に対し

$$\left|\int_{-1}^{1} \varphi(x)f_n(x)dx - \varphi(0)\right| < \left|\int_{-1}^{1} p_m(x)f_n(x)dx - p_m(0)\right| + \frac{2\varepsilon}{3} < \frac{\varepsilon}{3} + \frac{2\varepsilon}{3}$$
$= \varepsilon$

ゆえに $\displaystyle\lim_{n \to \infty} \int_{-1}^{1} \varphi(x)f_n(x)dx = \varphi(0)$ となる. ∎

解説

この問題は微積分のさまざまな要素が含まれている.一見,純粋数学的な内容に見えるが応用数学的にも非常に有効な例である.

1. 問題点を明らかにするために問題の $f_n(x)$ を x 軸方向に $1/n$ だけ平行移動させた $g_n(x) = f_n(x - 1/n)$ を考える(下図).各 x について $\displaystyle\lim_{n \to \infty} g_n(x) = 0$ だから関数列 $\{g_n\}_n$ の極限は定数関数 0 である.一方,閉区間 $[0, 1]$ 上で関数列と定数関数の差の最大値 $\displaystyle\sup_{0 \leq x \leq 1} |g_n(x) - 0|$ は n だから一様収束ではない.

各 g_n の $[0,1]$ での積分は $\int_0^1 g_n(x)dx = 1$ だから $\lim_{n\to\infty}\int_0^1 g_n(x)dx = 1$. 一方, 関数列 $\{g_n\}_n$ の極限は 0 だから $\int_0^1 \lim_{n\to\infty} g_n(x)dx = 0$. したがって

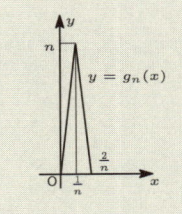

$$\lim_{n\to\infty}\int_0^1 g_n(x)dx \neq \int_0^1 \lim_{n\to\infty} g_n(x)dx$$

となり, 一般に積分と極限は交換できないことが分かる.

第2章【標準問題2】の解説に述べたように, 関数列は一様収束すれば積分と極限は交換可能だが, 一様収束していない場合は要注意である.

なお, 問題の $\{f_n(x)\}$ は δ 関数 $\delta(x)$ (第1章【発展問題1】の解説参照) に収束し,

$$\lim_{n\to\infty}\int_{-1}^1 f_n(x)dx = \int_{-1}^1 \lim_{n\to\infty} f_n(x)dx = \int_{-1}^1 \delta(x)dx$$

となる. 一見, 交換可能であるようだが $\delta(x)$ 自体が通常の意味の関数ではないのでこの等式が成立するための然るべき数学的解釈が必要になる.

2. (注意：(3) の証明問題は数学科的な議論に慣れていない方には少々厳しいので適宜読み飛ばして下さい.) (3) では多項式に対して成立していることが連続関数に対しても成立することを証明する問題である. ポイントは Wierestrass の多項式近似定理と証明の論法の2点である.

・ 問題文にある「閉区間上の連続関数が多項式で一様近似できる」というのが多項式近似定理の内容である（正確なステートメントを知りたい方は解析学の教科書で調べて下さい）. 連続関数全体, 多項式全体がそれぞれ第2章【基本問題7】の $\mathbb{R}$, $\mathbb{Q}$ の役割を果たしており, 多項式全体は連続関数全体の中で稠密に分布している.

§3.2 標準・発展問題編 129

・ 証明はいわゆる ε-N 論法である．ε-N 論法とは何ぞや? という哲学はさて置き，指定された正数 ε よりも以降の誤差を小さくする N を見つけられれば勝ち，というゲームに徹するというのが健全である．本問の場合，(1)(2) の誘導および問題文中にある"一様近似"という条件が鍵であり，これらをを三角不等式という鍵穴に差し込めば誤差を ε よりも小さくできる，という流れになっている．

この手の証明問題は知識もさることながら，問題文や前の解答から如何に情報を引き出すか，という観察力も必要になる．いささか高級ではあるが，論証力を鍛えるのに ε-δ 論法は非常に適した題材なのである．

発展問題 3

広義積分 $\int_0^\infty \frac{\sin x}{x} dx$ は条件収束するが,絶対収束しないことを示せ.

発展問題 3 の解答

$f(x) = \sin x / x \ (x > 0)$ とする.$\lim_{x \to 0} f(x) = 1$ より $f(0) = 1$ と定義すれば $f(x)$ は閉区間 $[0, +\infty)$ で連続となる.

- $\int_0^\infty f(x)dx$ が収束すること:任意の $0 < s < t < +\infty$ に対して部分積分を用いれば

$$\left|\int_s^t f(x)dx\right| = \left|\left[-\frac{\cos x}{x}\right]_s^t - \int_s^t \frac{\cos x}{x^2}dx\right| = \left|\frac{\cos s}{s} - \frac{\cos t}{t} - \int_s^t \frac{\cos x}{x^2}dx\right|$$
$$\leq \frac{|\cos s|}{s} + \frac{|\cos t|}{t} + \int_s^t \frac{|\cos x|}{x^2}dx \leq \frac{1}{s} + \frac{1}{t} + \int_s^t \frac{1}{x^2}dx = \frac{2}{s}$$

これより $s \to \infty$ とすれば $\left|\int_s^t f(x)dx\right| \to 0$ となる.したがって Cauchy による判定法より $\int_0^\infty f(x)dx$ は収束する.

- $\int_0^\infty |f(x)|dx$ が収束しないこと:0 以上の整数 n に対し $t = x - n\pi$ と置換すると

$$\int_{n\pi}^{(n+1)\pi} \frac{|\sin x|}{x}dx = \int_0^\pi \frac{|\sin(t+n\pi)|}{t+n\pi}dt = \int_0^\pi \frac{\sin t}{t+n\pi}dt$$
$$\geq \frac{1}{(n+1)\pi}\int_0^\pi \sin t\, dt = \frac{2}{\pi} \cdot \frac{1}{n+1}$$

$$\therefore \int_0^\infty |f(x)|dx \geq \sum_{n=0}^\infty \int_{n\pi}^{(n+1)\pi} \frac{|\sin x|}{x}dx \geq \sum_{n=0}^\infty \frac{2}{\pi} \cdot \frac{1}{n+1} = \frac{2}{\pi}\sum_{n=1}^\infty \frac{1}{n}$$

上の最右辺は調和級数,すなわち発散級数だから $\int_0^\infty |f(x)|dx$ は収束しない. ∎

解 説
最初に絶対収束の定義を確認しておく．

〔広義積分の絶対収束〕 広義積分 $\int_a^b f(x)dx$ に対して $\int_a^b |f(x)|dx$ が収束するとき，元の広義積分は絶対収束するという．一方，収束するが絶対収束しないような広義積分を条件収束する広義積分という．

絶対収束，条件収束という概念は級数論からの流用である．広義積分ではなく級数で条件収束が引き起こす問題点を紹介しよう．今，交代調和級数 $s = \sum_{n=1}^{\infty} \frac{(-1)^{n-1}}{n}$ を考える．この級数は絶対収束しない（〔練習問題2〕(1)参照）がこの順序で和をとると $s = \ln 2$ となる．すなわち条件収束している．この級数について適当に和の順序を少し変えてみると

$$s = 1 - \frac{1}{2} + \frac{1}{3} - \frac{1}{4} + \frac{1}{5} - \frac{1}{6} + \frac{1}{7} - \frac{1}{8} + \frac{1}{9} - \frac{1}{10} + \frac{1}{11} - \cdots$$
$$= \frac{1}{2} - \frac{1}{4} + \left(\frac{1}{3} - \frac{1}{6}\right) - \frac{1}{8} + \left(\frac{1}{5} - \frac{1}{10}\right) - \frac{1}{12} + \left(\frac{1}{7} - \frac{1}{14}\right) - \cdots$$
$$= \frac{1}{2}\left(1 - \frac{1}{2} + \frac{1}{3} - \frac{1}{4} + \frac{1}{5} - \frac{1}{6} + \frac{1}{7} - \cdots\right)$$

したがって $s = \frac{\ln 2}{2}$ となり先程と異なる値になる．これは間違いではなく，大雑把に言えば $\infty - \infty$ となり値が確定しないという条件収束特有の現象である．一方，絶対収束の場合は和の順序の変更で値が変わることはない．絶対収束しているかどうかという問題が頻繁に現れるのはこのような事情からなのである．

【基本問題8】の解説で収束に関する判定法を述べたが，優関数，次数による判定法は絶対収束する為の十分条件を与えたものであり，本問のように条件収束に関するものは Cauchy による判定法だけである．判定法の使い方に注意．

> **2.** 被積分関数を $\mathrm{sinc}\, x = \dfrac{\sin x}{x}$ を（非正規化）**sinc 関数** と呼ぶ．通信工学などでは頻繁に利用される重要な関数である．これを 0 から ∞ まで積分した広義積分 $\displaystyle\int_0^\infty \dfrac{\sin x}{x}dx$ は **Dirichlet 積分** と呼ばれている．Dirichlet 積分の値は $\pi/2$ であり，この値を求めるための方法が多数知られており，微積分の理論の牽引役になった積分である．数学では広義積分の，条件収束するが絶対収束しない例としてほとんどの微分積分の教科書に載っており，一方，通信工学では矩形波のエネルギーを計算する際に用いられるなど，工学の専門分野にも頻繁に顔を出す．大学院入試を見渡すと Dirichlet 積分に関連する問題は分野に拘わらず出題されているようである．

〔練習問題 6〕 広義積分
$$I(p,q) = \int_0^\infty x^p \sin x^q dx, \qquad p \in \mathbb{R},\ q > 0$$
について，次の問いに答えよ．

(1) $I(p,q)$ が絶対収束するような p,q の範囲を求めよ．
(2) $I(p,q)$ が条件収束するような p,q の範囲を求めよ．

(大阪大基礎工学研究科 システム創成専攻)

〔練習問題 7〕以下の設問に答えよ．

(1) 級数 $\displaystyle\sum_{n=1}^\infty \dfrac{1}{n}$ が発散することを示せ．

(2) 級数 $\displaystyle\sum_{n=1}^\infty (-1)^{n+1} \dfrac{2n+1}{n(n+1)}$ について，収束値を求めよ．さらに絶対収束しないことを示せ．

(大阪大基礎工学研究科 数理・計算科学)

Column
積分できない不定積分 $\mathrm{sinc}\, x$ の原始関数
$$\mathrm{Si}(x) = \int_0^x \frac{\sin t}{t} dt, \qquad \mathrm{si}(x) = -\int_x^\infty \frac{\sin t}{t} dt$$

は**積分正弦関数**と呼ばれている．一見簡単そうに見えるが実はこの積分，「積分できない不定積分」として知られている．「積分できない不定積分」という言い方は適切ではないのでもう少し正確に述べよう．我々が通常計算している不定積分はその結果を（指数関数，三角関数，有理関数などの）初等関数の（四則演算，代入，逆関数をとる操作などの）組合せによって表すことができる．すなわち「積分できる」というのは「初等関数の組合せにより表される」ことを意味する．上に挙げた積分は被積分関数が連続なので不定積分自体は存在する．しかしこの不定積分を初等関数の組合せによって表すことができない．できないというのは複雑であるとか面倒とか，そういう意味ではなく「初等函数の組合せで表すことはできない」ということが証明されているのだ（詳細は 一松信著『初等関数の数値計算』付録 A，教育出版 (1974) など参照）．
この他に積分できない不定積分は次のようなものが知られている：

〔積分できない不定積分の例〕
(1) （確率積分） $\displaystyle\int e^{-x^2}dx$

(2) （Frenel 積分） $\displaystyle\int \sin(x^2)dx, \quad \int \cos(x^2)dx$

(3) （積分正弦・余弦関数，積分指数関数） $\displaystyle\int \frac{\sin x}{x}dx, \quad \int \frac{\cos x}{x}dx, \quad \int \frac{e^x}{x}dx$

(4) （楕円積分） $k \neq 0, 1$ として

$$\int \frac{dx}{\sqrt{(1-x^2)(1-k^2x^2)}}, \quad \int \sqrt{\frac{1-k^2x^2}{1-x^2}}dx, \quad \int \frac{dx}{(1+cx^2)\sqrt{(1-x^2)(1-k^2x^2)}}$$

以前，とある大学院入試で解が楕円積分となる微分方程式の問題が出題された．前後の問題の状況から出題者が楕円積分が積分できないことを知らなかったのだろうと推測される．他にも積分の問題として積分指数関数が出題された事例もある．出題ミスではなく「何もしない」というのが正解となる．これも積分の問題が難しいことの一例である．

第4章 多変数の微分

第4,5章では，微分積分学後半の内容である多変数関数の微分積分を考える．多変数関数を扱うには数式を機械的に処理するしかないのだが，理論を組み立てる上で基礎となるのは空間内における幾何学的な考察であり，特に曲面として視覚的に理解できる2変数関数が主な対象となる．

なお，極値への応用問題は第6章で扱う．

§4.1 基本問題編

多変数関数については (a) 偏微分・全微分などの計算問題と (b) 微分可能性などの定義に関する問題の2系統に分けられる．前者は文字通り計算問題である．特に物理的な応用の関係からか，多くの工学系大学院で偏微分の連鎖律についての計算問題が出題されている．一方，後者では定義に沿って計算させるなど定義そのものの理解度を測る問題が多い．偏微分可能だが全微分可能ではない関数というような定義の違いを識別する反例に関する知識も重要となる．数学・情報系ではこの種の問題が多い．

教科書的には (b) の後に (a) と説明すべきだが，まずは手を動かしてもらいたいので教科書の順とは逆にした．

(a) 偏微分・全微分の計算問題

基本問題 1

2変数関数 $f(x,y) = x^3 + y^2 + 4xy$ を考える．

(1) 偏導関数 f_x, f_y を求めなさい．

(2) 曲面 $z = f(x,y)$ の $(x,y) = (1,1)$ における接平面の方程式を求めなさい．

(龍谷大数理情報学専攻, 抜粋)

基本問題1の解答

(1) $f_x = \underline{3x^2 + 4y}$, $f_y = \underline{2y + 4x}$

(2) (1) の結果より曲面 $z = f(x,y)$ の点 $(1,1,f(1,1))$ における接平面の方程式は

$$z - f(1,1) = f_x(1,1)(x-1) + f_y(1,1)(y-1), \qquad z - 6 = 7(x-1) + 6(y-1)$$

したがって $\underline{7x + 6y - z = 7}$ により与えられる. ∎

解説

1. 関数 $f(x,y)$ の x に関する偏微分係数とはグラフ $z = f(x,y)$ の, xz 平面に平行な平面 $y = y_0$（超平面という）による断面に現れる曲線 $z = f(x, y_0)$（右図参照）の微分係数

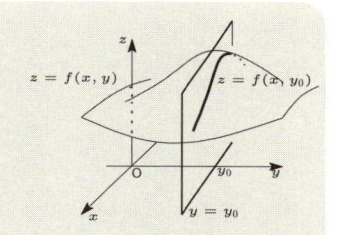

$$f_x(x, y_0) = \lim_{h \to 0} \frac{f(x+h, y_0) - f(x, y_0)}{h}$$

である. y についても同様である. 2変数関数の解析は

「超平面による切断面を見ること」

が基本であり, これにより1変数で培われた手法が利用できるようになる. x に関する偏微分係数は「y を定数として考える」というルールの下に1変数 x の関数と考えて計算していく. y に関する偏微分についても同様である. 通常, x を偏微分係数, 偏導関数を求める作業を「偏微分する」という.

2. 関数のグラフ $z = f(x,y)$ は空間内の曲面を定める. この曲面上の点 $P(x_0, y_0, z_0)$ における接平面の方程式は

$$z - z_0 = \alpha(x_0, y_0)(x - x_0) + \beta(x_0, y_0)(y - y_0) \; (\alpha = f_x(x_0, y_0), \; \beta = f_y(x_0, y_0))$$

により与えられる. 平面 $y = y_0$ とこの接平面との共通部分は下図左のよ

うな直線 ℓ_x であり，平面 $y = y_0$ 内の曲線 $z = f(x, y_0)$ の点 P における接線

$$z - z_0 = f_x(x_0, y_0)(x - x_0)$$

となる．x に関する偏微分係数はこの接線の傾きと考えることができる．

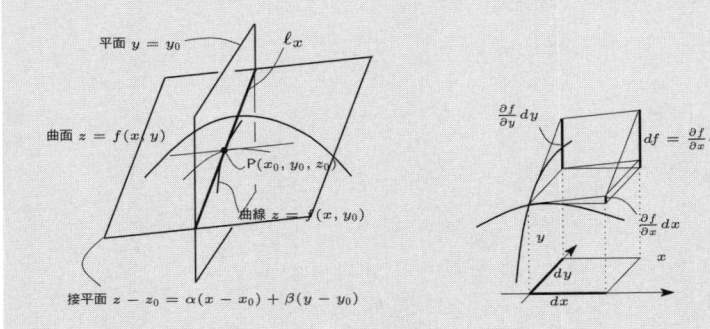

3. 数学的に正確な微分の定義は数学の専門書に譲り，ここでは微分という用語を直観に基づいた'微小な量'という意味合いで使うことにする．x 軸，y 軸方向の微分 dx, dy に対し $f_x(x,y)dx, f_y(x,y)dy$ をそれぞれ x, y に関する関数 f の偏微分 (partial differential) といい，これらを加えた量

$$df = f_x dx + f_y dy$$

を関数 f の全微分 (total differential) という．仮想的にこれらの量を図にすると右上図のようになる．物理的な考察を行う際はこのような視覚に訴えるほうが理解しやすいだろう．

〔練習問題 1〕 次の関数の 2 階偏導関数を求めよ．

(1) $z = e^{2x+3y}$,　　(2) $z = \tan^{-1} \dfrac{y}{x}$,　　(3) $z = \sin^{-1} \dfrac{y}{x}$,　　(4) $z = x^y y^x$,

〔練習問題 2〕 曲面 Q が次の式で表される：

$$\sqrt{\frac{x}{a}} + \sqrt{\frac{y}{b}} + \sqrt{\frac{z}{c}} = 1 \quad (a > 0, b > 0, c > 0)$$

この曲面 Q と各座標軸との交点を通る平面 P がある．平面 P に平行な Q の接平面を考え，接平面の式および接点の座標を求めよ．

(東京大情報理工学系研究科 改題)

基本問題 2

$u(x,y) = \dfrac{3x + 2y + 2}{4x + 3y + 1}$, $H(x,y) = \left(\dfrac{\partial u}{\partial y}\right)^2 \dfrac{\partial^2 u}{\partial x^2} - 2\dfrac{\partial u}{\partial x}\dfrac{\partial u}{\partial y}\dfrac{\partial^2 u}{\partial x \partial y} + \left(\dfrac{\partial u}{\partial x}\right)^2 \dfrac{\partial^2 u}{\partial y^2}$
とする.$H(x,y)$ を計算せよ.
(東北大生命科学研究科)

基本問題 2 の解答

$\dfrac{\partial u}{\partial x} = \dfrac{y - 5}{(4x + 3y + 1)^2}$, $\dfrac{\partial u}{\partial y} = \dfrac{-(x + 4)}{(4x + 3y + 1)^2}$ および

$\dfrac{\partial^2 u}{\partial x^2} = \dfrac{-8(y - 5)}{(4x + 3y + 1)^3}$, $\dfrac{\partial^2 u}{\partial x \partial y} = \dfrac{4x - 3y + 31}{(4x + 3y + 1)^3}$, $\dfrac{\partial^2 u}{\partial y^2} = \dfrac{6(x + 4)}{(4x + 3y + 1)^3}$

より求める $H(x,y)$ は

$$\begin{aligned}
H(x,y) &= \left(\dfrac{-(x+4)}{(4x+3y+1)^2}\right)^2 \dfrac{-8(y-5)}{(4x+3y+1)^3} \\
&\quad - 2\dfrac{y-5}{(4x+3y+1)^2}\dfrac{-(x+4)}{(4x+3y+1)^2}\dfrac{4x-3y+31}{(4x+3y+1)^3} \\
&\quad + \left(\dfrac{y-5}{(4x+3y+1)^2}\right)^2 \dfrac{6(x+4)}{(4x+3y+1)^3} \\
&= \dfrac{2(x+4)(y-5)}{(4x+3y+1)^7}\{-4(x+4) + (4x-3y+31) + 3(y-5)\} \\
&= 0
\end{aligned}$$

∎

解説

1. 偏微分の記号には【基本問題 1】で使用した f_x, f_{yx}, ... という方式と本問のような $\dfrac{\partial z}{\partial x}$, $\dfrac{\partial^2 z}{\partial y \partial x}$, ... という 2 種類が主に用いられる.後者は 1 変数の Leibniz 流の記号 $\dfrac{dy}{dx}$ の類似であり,微分 dx, dy との関係 $dz = \dfrac{\partial z}{\partial x}dx + \dfrac{\partial z}{\partial y}dy$ を強調するのに便利な記号である.d ではなく ∂ を

用いるのは $\dfrac{dz}{dx}dx + \dfrac{dz}{dy}dy = 2dz$ という誤用を避けるためである．他にも $\partial_x f, \partial_y \partial_x f, \ldots$ などと記すこともある．詳細は教科書などに譲る．

2. 単独で関数の偏微分を計算させる問題もあるが，上の問題のように，ある量の計算と抱き合わせで出題されることのほうが多い．問題自体はひたすら計算して当てはめていくだけなのだが，関数によっては過酷な計算を強いられる．試験の際，解くタイミングを間違えると大惨事を招くことになるだろう．ちなみに問題に現れる $H(x,y)$ は行列を使って書くと

$$H(x,y) = \begin{bmatrix} u_x, u_y \end{bmatrix} \begin{bmatrix} u_{yy} & -u_{xy} \\ -u_{xy} & u_{xx} \end{bmatrix} \begin{bmatrix} u_x \\ u_y \end{bmatrix}$$

と表される．ここに現れる 2 次正方行列は関数 u の凸性に関係する **Hesse 行列** $H_u(x,y) = \begin{bmatrix} u_{xx} & u_{xy} \\ u_{xy} & u_{yy} \end{bmatrix}$ と呼ばれる行列の余因子行列になっており，Newton 法という数値計算に現れる量である．

3. この他にもラプラシアン

$$\Delta f := \frac{\partial^2 f}{\partial x_1^2} + \frac{\partial^2 f}{\partial x_2^2} + \cdots + \frac{\partial^2 f}{\partial x_n^2}$$

の計算（下の練習問題参照）も頻出の問題である．

〔練習問題 3〕 $\phi(x,y) = \dfrac{1}{2}\ln(x^2+y^2)$ $(x^2+y^2 \neq 0)$, $w(x,y) = \dfrac{\partial^2 \phi}{\partial x^2} + \dfrac{\partial^2 \phi}{\partial y^2}$ とするとき，$w(1,2)$ の値はいくらか．
(国家公務員上級択一理工 1)

〔練習問題 4〕 関数 $u(x_1, x_2, \cdots, x_n) = r^\beta$ が $\Delta u = \displaystyle\sum_{k=1}^{n} \dfrac{\partial^2 u}{\partial x_k^2} = 0$ を満たすように定数 β の値を定めよ．ただし $r = \sqrt{x_1^2 + x_2^2 + \cdots + x_n^2}$．
(早稲田大基幹・創造・先進理工学部編入学試験)

基本問題 3

u は区間 $(0, \infty)$ 上で定義された C^2 級関数とする．$D = \mathbb{R}^2 \setminus \{(0,0)\}$ とし，関数 $f : D \to \mathbb{R}$ を
$$f(x, y) = u(r)$$
により定める．ただし，$r = \sqrt{x^2 + y^2}$ とする．次の問いに答えよ．

(1) D 上で $\dfrac{\partial}{\partial x}\sqrt{x^2 + y^2},\ \dfrac{\partial}{\partial y}\sqrt{x^2 + y^2}$ を計算せよ．

(2) D 上で
$$\frac{\partial^2 f}{\partial x^2}(x, y) + \frac{\partial^2 f}{\partial y^2}(x, y)$$
を，u とその 2 階までの導関数および r を用いて表せ．

(3) D 上で
$$\frac{\partial^2 f}{\partial x^2}(x, y)\frac{\partial^2 f}{\partial y^2}(x, y) - \frac{\partial^2 f}{\partial x \partial y}(x, y)\frac{\partial^2 f}{\partial y \partial x}(x, y)$$
を，u とその 2 階までの導関数および r を用いて表せ．

(広島大理学研究科 数学専攻)

基本問題 3 の解答

(1) $\dfrac{\partial r}{\partial x} = \dfrac{2x}{2\sqrt{x^2+y^2}} = \dfrac{x}{r}$　　r は x, y について対称なので上の計算の x, y を入れ替えれば $\dfrac{\partial r}{\partial y} = \dfrac{y}{r}$

(2) $\dfrac{\partial^2 r}{\partial x^2} = \left(\dfrac{x}{r}\right)_x = \dfrac{(x)_x r - x r_x}{r^2} = \dfrac{r^2 - x^2}{r^3} = \dfrac{y^2}{r^3}$．同様に $\dfrac{\partial^2 r}{\partial y^2} = \dfrac{x^2}{r^3}$．これらと (1) の結果，および連鎖律より　$\dfrac{\partial f}{\partial x} = \dfrac{\partial r}{\partial x}\dfrac{du}{dr} = \dfrac{x}{r}\dfrac{du}{dr}$,

$$\begin{aligned}
\frac{\partial^2 f}{\partial x^2} &= \frac{\partial}{\partial x}\left(\frac{\partial r}{\partial x}\frac{du}{dr}\right) = \frac{\partial^2 r}{\partial x^2}\frac{du}{dr} + \frac{\partial r}{\partial x} \cdot \frac{\partial}{\partial x}\left(\frac{du}{dr}\right) \\
&= \frac{\partial^2 r}{\partial x^2}\frac{du}{dr} + \left(\frac{\partial r}{\partial x}\right)^2 \frac{d^2 u}{dr^2} = \frac{y^2}{r^3}\frac{du}{dr} + \frac{x^2}{r^2}\frac{d^2 u}{dr^2}
\end{aligned}$$

同様に $\dfrac{\partial f}{\partial y} = \dfrac{y}{r}\dfrac{du}{dr}$, $\dfrac{\partial^2 f}{\partial y^2} = \dfrac{\partial^2 r}{\partial y^2}\dfrac{du}{dr} + \left(\dfrac{\partial r}{\partial y}\right)^2 \dfrac{d^2 u}{dr^2} = \dfrac{x^2}{r^3}\dfrac{du}{dr} + \dfrac{y^2}{r^2}\dfrac{d^2 u}{dr^2}$ だから

$$\dfrac{\partial^2 f}{\partial x^2} + \dfrac{\partial^2 f}{\partial y^2} = \left(\dfrac{y^2}{r^3} + \dfrac{x^2}{r^3}\right)\dfrac{du}{dr} + \left(\dfrac{x^2}{r^2} + \dfrac{y^2}{r^2}\right)\dfrac{d^2 u}{dr^2} = \underline{\dfrac{1}{r}\dfrac{du}{dr} + \dfrac{d^2 u}{dr^2}}$$

(3) $\dfrac{\partial}{\partial x}\left(\dfrac{1}{r}\right) = -\dfrac{1}{r^2}\dfrac{x}{r} = -\dfrac{x}{r^3}$, および $\dfrac{\partial}{\partial y}\left(\dfrac{1}{r}\right) = -\dfrac{y}{r^3}$ より

$$\dfrac{\partial^2 f}{\partial x \partial y} = \dfrac{\partial}{\partial x}\left(\dfrac{\partial r}{\partial y}\dfrac{du}{dr}\right) = \dfrac{\partial^2 r}{\partial x \partial y}\dfrac{du}{dr} + \dfrac{\partial r}{\partial y}\cdot\dfrac{\partial}{\partial x}\left(\dfrac{du}{dr}\right)$$

$$= \dfrac{\partial}{\partial x}\left(\dfrac{y}{r}\right)\dfrac{du}{dr} + \dfrac{y}{r}\dfrac{x}{r}\dfrac{d^2 u}{dr^2} = -\dfrac{xy}{r^3}\dfrac{du}{dr} + \dfrac{xy}{r^2}\dfrac{d^2 u}{dr^2}$$

C^2 級なので $\dfrac{\partial^2 f}{\partial x \partial y} = \dfrac{\partial^2 f}{\partial y \partial x}$. これと (2) の計算より

$$\dfrac{\partial^2 f}{\partial x^2}(x, y)\dfrac{\partial^2 f}{\partial y^2}(x, y) - \dfrac{\partial^2 f}{\partial x \partial y}(x, y)\dfrac{\partial^2 f}{\partial y \partial x}(x, y)$$

$$= \left(\dfrac{y^2}{r^3}\dfrac{du}{dr} + \dfrac{x^2}{r^2}\dfrac{d^2 u}{dr^2}\right)\left(\dfrac{x^2}{r^3}\dfrac{du}{dr} + \dfrac{y^2}{r^2}\dfrac{d^2 u}{dr^2}\right) - \left(-\dfrac{xy}{r^3}\dfrac{du}{dr} + \dfrac{xy}{r^2}\dfrac{d^2 u}{dr^2}\right)^2$$

$$= \dfrac{x^2 y^2}{r^6}\left(\dfrac{du}{dr}\right)^2 + \dfrac{x^4 + y^4}{r^5}\dfrac{du}{dr}\dfrac{d^2 u}{dr^2} + \dfrac{x^2 y^2}{r^4}\left(\dfrac{d^2 u}{dr^2}\right)^2$$

$$- \dfrac{x^2 y^2}{r^6}\left(\dfrac{du}{dr}\right)^2 + 2\dfrac{x^2 y^2}{r^5}\dfrac{du}{dr}\dfrac{d^2 u}{dr^2} - \dfrac{x^2 y^2}{r^4}\left(\dfrac{d^2 u}{dr^2}\right)^2$$

$$= \dfrac{(x^2 + y^2)^2}{r^5}\dfrac{du}{dr}\dfrac{d^2 u}{dr^2} = \underline{\dfrac{1}{r}\dfrac{du}{dr}\dfrac{d^2 u}{dr^2}}$$

■

解説

1.【基本問題 3, 4】は関数の合成に対する連鎖律の問題である．大学で用いられる偏微分の計算の半分は連鎖律に関するものである．合成のパターンは無数にあるが基本的なパターンは以下の 3 つであり，他のパターンはこれらの組合せによって得られる（以下は 2 変数だが多変数の場合にも同様に拡張される）．

I $x = x(t)$, $y = y(t)$, $z = f(x,y)$ の場合：
合成すれば $z = f(x(t), y(t))$ となり，結果として z は 1 つの変数 t に連動する 1 変数関数となる．このとき微分は次のようになる：

$$\frac{dz}{dt} = \frac{\partial z}{\partial x}\frac{dx}{dt} + \frac{\partial z}{\partial y}\frac{dy}{dt}$$

II $t = g(x,y)$, $z = f(t)$ の場合：
合成すれば $z = f(g(x,y))$ となり結果として z は 2 つの変数 x, y に連動する 2 変数関数となる．このとき微分は次のようになる：

$$\frac{\partial z}{\partial x} = \frac{dz}{dt}\frac{\partial t}{\partial x}, \qquad \frac{\partial z}{\partial y} = \frac{dz}{dt}\frac{\partial t}{\partial y}$$

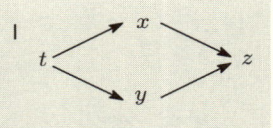

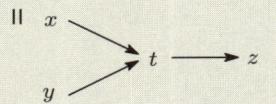

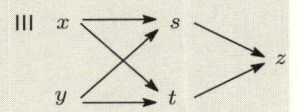

III $s = s(x,y)$, $t = t(x,y)$, $z = f(s,t)$ の場合：
合成すれば $z = f(s(x,y), t(x,y))$ となり結果として z は 2 つの変数 x, y に連動する 2 変数関数となる．このとき微分は次のようになる：

$$\frac{\partial z}{\partial x} = \frac{\partial z}{\partial s}\frac{\partial s}{\partial x} + \frac{\partial z}{\partial t}\frac{\partial t}{\partial x}, \qquad \frac{\partial z}{\partial y} = \frac{\partial z}{\partial s}\frac{\partial s}{\partial y} + \frac{\partial z}{\partial t}\frac{\partial t}{\partial y}$$

記号 d, ∂ は従属変数の独立変数（＝引数）が 1 つであるか 2 つ以上であるかによって使い分ける．たとえば II は元々 z の独立変数は 1 つだったが，合成によって独立変数は 2 つとなる．これに応じて合成前の微分には dz/dt を用い，合成後の微分では $\partial z/\partial x$ を用いる．

2. 本問は，パターン II の合成に関する連鎖律の問題である．関数 $u = u(r)$ に $r = \sqrt{x^2 + y^2}$ を代入すると元の関数のグラフを u 軸に関して回転させたような図形になる（下図参照）．なお，$\mathbb{R}^2 \setminus \{(0,0)\}$ とは全平面 $\mathbb{R}^2$ から $(0,0)$ を除いた領域という意味である．

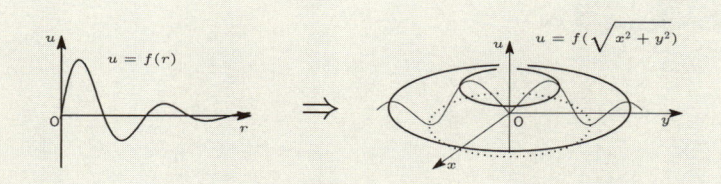

逆に u 軸を中心とする回転に関して高さが変わらないような関数は上のようにして得られる．他にも $r = x - y$ とすれば ru 平面のグラフが一列に連なっているような図形になる（下図参照）．

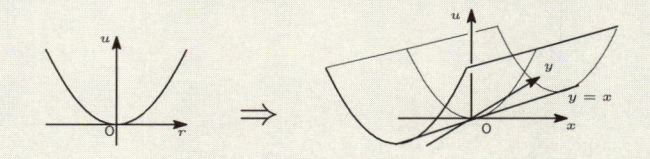

パターン II は多変数関数の構成を与える基本的な合成法の一つである．（パターン I は次の練習問題，パターン III は【基本問題 4】を参照のこと．）

〔練習問題 5〕 $z = x^2 y$, $x = \sin t$, $y = e^t - t$ で表されるとき，$\dfrac{dz}{dt}$ を求めなさい．
(北海道大工学院)

基本問題 4

直交座標 (x,y) で書き表したポテンシャル場 $U(x,y)$ 内の質量 m の質点の運動を表す微分方程式系

$$m\ddot{x} = -\frac{\partial U}{\partial x}, \qquad m\ddot{y} = -\frac{\partial U}{\partial y}$$

を

$$x = r\cos\theta, \qquad y = r\sin\theta$$

で定義される極座標 (r,θ) を使って書き直すことを考える．ここで $\ddot{x} = \dfrac{d^2 x}{dt^2}$ 等である．

(a) $\ddot{x}$ と $\ddot{y}$ を $r, \theta, \dot{r}, \dot{\theta}, \ddot{r}, \ddot{\theta}$ を用いて表せ．
(b) $\dfrac{\partial U}{\partial r}$ と $\dfrac{\partial U}{\partial \theta}$ を $\dfrac{\partial U}{\partial x}$ および $\dfrac{\partial U}{\partial y}$ を用いて表せ．
(c) 極座標 (r,θ) によって表された微分方程式系を求めよ．

(総合研究大学院大物理化学研究科 天文科専攻)

基本問題 4 の解答

(a) 関数の積に対する合成関数に関する連鎖律とを用いて

$$\dot{x} = \dot{r}\cos\theta + r(\cos\theta)^{\cdot} = \dot{r}\cos\theta + r\dot{\theta}(-\sin\theta) = \dot{r}\cos\theta - r\dot{\theta}\sin\theta$$

同様の計算により $\dot{y} = \dot{r}\sin\theta + r\dot{\theta}\cos\theta$ となる．さらに t に関して微分すれば

$$\begin{aligned}\ddot{x} &= (\dot{r}\cos\theta)^{\cdot} - (r\dot{\theta}\sin\theta)^{\cdot} = \ddot{r}\cos\theta - \dot{r}\dot{\theta}\sin\theta - \dot{r}\dot{\theta}\sin\theta - r(\dot{\theta}\sin\theta)^{\cdot} \\ &= \underline{\ddot{r}\cos\theta - 2\dot{r}\dot{\theta}\sin\theta - r(\ddot{\theta}\sin\theta + \dot{\theta}^2\cos\theta)}\end{aligned}$$

同様の計算により $\quad \ddot{y} = \underline{\ddot{r}\sin\theta + 2\dot{r}\dot{\theta}\cos\theta + r(\ddot{\theta}\cos\theta - \dot{\theta}^2\sin\theta)}$

(b) 偏導関数に関する連鎖律より

$$\frac{\partial U}{\partial r} = \frac{\partial x}{\partial r}\frac{\partial U}{\partial x} + \frac{\partial y}{\partial r}\frac{\partial U}{\partial y} = \frac{\partial(r\cos\theta)}{\partial r}\frac{\partial U}{\partial x} + \frac{\partial(r\sin\theta)}{\partial r}\frac{\partial U}{\partial y}$$

$$\begin{aligned}
&= \cos\theta \frac{\partial U}{\partial x} + \sin\theta \frac{\partial U}{\partial y} \\
\frac{\partial U}{\partial \theta} &= \frac{\partial x}{\partial \theta}\frac{\partial U}{\partial x} + \frac{\partial y}{\partial \theta}\frac{\partial U}{\partial y} = \frac{\partial (r\cos\theta)}{\partial \theta}\frac{\partial U}{\partial x} + \frac{\partial (r\sin\theta)}{\partial \theta}\frac{\partial U}{\partial y} \\
&= -r\sin\theta \frac{\partial U}{\partial x} + r\cos\theta \frac{\partial U}{\partial y}
\end{aligned}$$

(c) 直交座標に関する微分方程式系と (a) (b) の結果より

$$\begin{aligned}
\frac{\partial U}{\partial r} &= \cos\theta(-m\ddot{x}) + \sin\theta(-m\ddot{y}) \\
&= -m\cos\theta\{\ddot{r}\cos\theta - 2\dot{r}\dot{\theta}\sin\theta - r(\ddot{\theta}\sin\theta + \dot{\theta}^2\cos\theta)\} \\
&\quad - m\sin\theta\{\ddot{r}\sin\theta + 2\dot{r}\dot{\theta}\cos\theta + r(\ddot{\theta}\cos\theta - \dot{\theta}^2\sin\theta)\} = -m(\ddot{r} - r\dot{\theta}^2) \\
\frac{\partial U}{\partial \theta} &= -r\sin\theta(-m\ddot{x}) + r\cos\theta(-m\ddot{y}) \\
&= mr\sin\theta\{\ddot{r}\cos\theta - 2\dot{r}\dot{\theta}\sin\theta - r(\ddot{\theta}\sin\theta + \dot{\theta}^2\cos\theta)\} \\
&\quad - mr\cos\theta\{\ddot{r}\sin\theta + 2\dot{r}\dot{\theta}\cos\theta + r(\ddot{\theta}\cos\theta - \dot{\theta}^2\sin\theta)\} = -m(2r\dot{r}\dot{\theta} + r^2\ddot{\theta})
\end{aligned}$$

最後の式は $2r\dot{r}\dot{\theta} + r^2\ddot{\theta} = d(r^2\dot{\theta})/dt$ となるので，質点 m に関する微分方程式は極座標によって次のように表される：

$$m(\ddot{r} - r\dot{\theta}^2) = -\frac{\partial U}{\partial r}, \quad m\frac{d}{dt}(r^2\dot{\theta}) = -\frac{\partial U}{\partial \theta}$$

∎

解 説

1. 上の問題はパターン III の合成に関する連鎖律の問題である．パターン III の連鎖律は微分方程式の座標を取り替える際に用いられ，実用上，利用頻度が最も高い．大学院入試でも必須の項目である．中でも（平面）極座標に関する問題は特に頻出である：

〔極座標〕 xy 平面上の点 P に対して P と原点 O とを結ぶ線分 OP の長さを r，OP と x 軸の正の部分とのなす角を θ とする．対 (r, θ) を点 P の極座標という．点 P の直交座標 (x, y) と極座標 (r, θ) との間には次の関係がある：

$$\begin{cases} x = r\cos\theta \\ y = r\sin\theta \end{cases} \quad \begin{cases} r = \sqrt{x^2+y^2} \\ \tan\theta = \dfrac{y}{x} \end{cases}$$

本問は直交座標系で表示された Newton の第 2 法則，すなわち運動方程式を極座標で表す問題である．中心に向かって力が働く回転運動や，点電荷のような大きさが原点からの距離にのみ依存して変化するような力の解析を行う際に用いられる．

2. 物理，工学では時間 t に関する微分を˙（ドット）で，空間に関する微分を′（ダッシュ）で表す慣習がある．専門分野ごとに記号の使い方が少しずつ異なっているので，他分野の参考書を読む際は注意して欲しい．

〔演習問題 6〕 $\mathbb{R}^2$ 上の C^2 級関数 $f(u,v)$ に対し，

$$g(x,y) = f(x+y, xy)$$

とおく．次の問いに答えよ．

(1) g_x, g_y, g_{xx} を f の偏導関数を用いて表せ．
(2) $u^2 > 4v$ のとき，f_u, f_v を g の偏導関数を用いて表せ．
(3) $u^2 > 4v$ のとき，f_{vv} を g の偏導関数を用いて表せ．

（埼玉大理工学研究科）

基本問題 5

以下の問いに答えよ.

(1) $x^2 y - e^{2x} = \sin y$ により定まる陰関数 y の微分 y' を x, y で表せ.

(2) $z^3 - xz - y = 0$ により定まる陰関数 z について $\dfrac{\partial^2 z}{\partial x \partial y}$ を x, y, z を用いて表せ.

((1) 首都大工学研究科 機械工学専攻, (2) 首都大システムデザイン研究科)

基本問題 5 の解答

(1) 両辺を x で微分すると

$$2xy + x^2 y' - 2e^{2x} = y' \cos y, \quad 2xy - 2e^{2x} = (\cos y - x^2) y' \quad \therefore \quad y' = \underline{\frac{2(xy - e^{2x})}{(\cos y - x^2)}}$$

(2) 与式の両辺を x, y に関して偏微分すれば

$$3z^2 z_x - z - x z_x = 0, \qquad \therefore \quad z_x = z/(3z^2 - x)$$

$$3z^2 z_y - x z_y - 1 = 0, \qquad \therefore \quad z_y = 1/(3z^2 - x)$$

さらに上の第 1 式の両辺を y に関して偏微分すれば

$$6 z z_y z_x + 3 z^2 z_{xy} - z_y - x z_{xy} = 0$$

$$\therefore \quad z_{xy} = \frac{-6 z z_x z_y + z_y}{3z^2 - x} = \frac{-6z \cdot z \cdot 1 + 1 \cdot (3z^2 - x)}{(3z^2 - x)^3} = \underline{-\frac{3z^2 + x}{(3z^2 - x)^3}}$$

解説

一般的に (独立) 変数 x に対し (従属) 変数 y を連動させる仕組みを関数という. (1) では $x^2 y - e^x = \sin y$ という関係の下で変数 x の変化に応じて y は連動する. したがって 1 つの関数が与えられると考えられる. 関係式を方程式と考え, y について解けば $y = \varphi(x)$ という通常の "関数" を得る. この関数を陰関数と呼ぶ. 正確には次の通り:

> **定義1　陰関数**
>
> 関係式 $f(x,y)=0$ に対して $f(x,\varphi(x))=0$ となる $y=\varphi(x)$ が存在するとき，この関数 $y=\varphi(x)$ を関係式 $f(x,y)=0$ によって定まる**陰関数** という．

しかし (1) のように $y=\varphi(x)$ という形で表示するのが困難な場合，関数 $y=\varphi(x)$ があるものと仮定し関係式の下で連動する関数効果のみを考える．すると形を具体的に求められないにもかかわらずその微分は求められる，というのが次の陰関数定理である：

> **定理1　陰関数定理**
>
> C^1 級関数 $z=f(x,y)$ と $f(a,b)=0$ となる点 (a,b) に対して $f_y(a,b)\neq 0$ だとする．このとき a の近傍 $(a-\varepsilon,a+\varepsilon)$ で定義された局所的な陰関数 $y=\varphi(x)$，すなわち $f(x,\varphi(x))=0$ $(a-\varepsilon<x<a+\varepsilon)$ となる C^1 級関数 $\varphi(x)$ が存在する．またこの関数について次が成り立つ：
> $$\varphi'(x)=\frac{dy}{dx}=-\frac{f_x(x,\varphi(x))}{f_y(x,\varphi(x))}\qquad (a-\varepsilon<x<a+\varepsilon)$$

関係式 $f(x,y)=0$ を関数 $z=f(x,y)$ が定める曲面の平面 $z=0$ による切り口，すなわち高さ 0 での等高線を規定する式と考える：

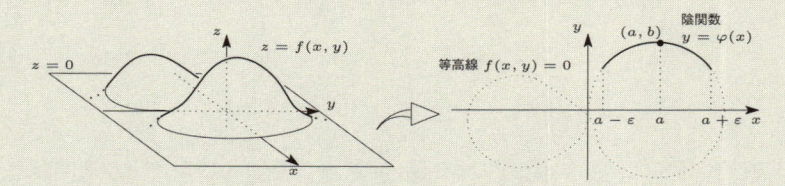

ここで $z=f(x,y)$ の全微分 $dz=f_x(x,y)dx+f_y(x,y)dy$ を考えるのだが，点 (x,y) が等高線 $f(x,y)=0$ 上を移動するとき，高さ z は変化しないので $dz=0$ となり，したがって

$$f_x(x,y)dx + f_y(x,y)dy = 0, \qquad f_y(x,y)dy = -f_x(x,y)dx$$
$$\therefore \frac{dy}{dx} = -\frac{f_x(x,y)}{f_y(x,y)}$$

上の幾何学的考察を数学的に精密化したものが陰関数定理である．

たとえば x, y 軸方向の力の釣合いなどを式にすると $f(x,y) = 0$ という形の関係式が現れる．具体的に関数の形が求められなくても関係式から x 方向の変化に対する y 方向の変位が計算できる，というのが陰関数定理の物理的な内容だが，力を資本や労働力などと考えることにより経済学にも適用される．陰関数定理は理系，文系問わず非常に重要な定理の一つである．

大学院入試で出題される場合，例題のように関係式の偏微分を計算してまとめるだけなので計算自体は難しくはない．正確に解答を書こうとすれば陰関数定理が使える前提が整っていることを言及すべきだが，上の解答のように計算過程のみを記すだけでもよいだろう．

〔練習問題 7〕 以下の問いに答えよ．
(1) $\sin(x^2 y^2) = x$ により定まる陰関数 y の微分 y' を x, y で表せ．
(2) $x = \sin(x+y)$ により定まる陰関数 y の 2 階微分 y'' を x, y で表せ．
(3) $f(x,y) = x^4 + 2xy^2 + 4x^2y - 7y - 6 = 0$ の表す曲線 C 上の点 $(1, -1)$ における C の接線の方程式を求めよ．

((1) 東北大工学研究科 土木専攻, (2) 東北大工学研究科 土木専攻, (3) 東京農工大工学研究科)

(b) 多変数関数の微分可能性

基本問題 6

$\alpha > 0$ とする. 関数 $f : \mathbb{R}^2 \to \mathbb{R}$ を

$$f(x,y) = \begin{cases} \dfrac{|xy|^\alpha}{\sqrt{x^2+y^2}} & (x,y) \neq (0,0), \\ 0 & (x,y) = (0,0) \end{cases}$$

で定義するとき, 以下の (1) (2) を示せ.

(1) f が原点 $(0,0)$ で連続となるための必要十分条件は $\alpha > \frac{1}{2}$ となることである.
(2) f が原点 $(0,0)$ で全微分可能となるための必要十分条件は $\alpha > 1$ となることである.

(東京工業大理工学研究科 数学専攻)

基本問題 6 の解答

$x = r\cos\theta, y = r\sin\theta$ とするとき, $(x,y) \to (0,0) \Leftrightarrow r \to 0$ であることに注意する.

(1)

$$|f(x,y) - f(0,0)| = \frac{|xy|^\alpha}{\sqrt{x^2+y^2}} = \frac{r^{2\alpha}|\cos\theta\sin\theta|^\alpha}{r} = r^{2\alpha-1}|\cos\theta\sin\theta|^\alpha$$

より

$2\alpha - 1 > 0$ ならば $r \to 0$ のとき $|f(x,y) - f(0,0)| \to 0$.
$2\alpha - 1 < 0$ ならば $r \to 0$ のとき $|f(x,y) - f(0,0)| \to +\infty$.
$2\alpha - 1 = 0$ ならば $|f(x,y) - f(0,0)| = \sqrt{|\cos\theta\sin\theta|}$ より $r \to 0$ でも 0 にならない (たとえば $\theta = \pi/4$ のとき, この方向で常に $1/\sqrt{2}$ となる).

以上より $\alpha > 1/2$ のときのみ連続である.

(2) $\lim_{h \to 0} \dfrac{f(h,0) - f(0,0)}{h} = \lim_{h \to 0} \dfrac{0-0}{h} = 0$ より $f_x(0,0) = 0$. 同様に $f_y(0,0) = 0$ が分かる．これより

$$\dfrac{|f(x,y) - f(0,0) - f_x(0,0)(x-0) - f_y(0,0)(y-0)|}{\sqrt{x^2 + y^2}}$$

$$= \dfrac{\frac{|xy|^\alpha}{\sqrt{x^2+y^2}}}{\sqrt{x^2+y^2}} = \dfrac{r^{2\alpha}|\cos\theta\sin\theta|^\alpha}{r^2} = r^{2(\alpha-1)}|\cos\theta\sin\theta|^\alpha$$

上と同様の議論により $r \to 0$ とするとき，$\alpha - 1 > 0$ のときのみ 0 となる．すなわち $\alpha > 1$ のときのみ全微分可能となる． ∎

解説

1. 関数 $f(\mathrm{P})$ について，各点 P で観測された値を $f(\mathrm{P})$ とするとき点 P が P_0 に近づくときに推測される値 $\lim_{\mathrm{P} \to \mathrm{P}_0} f(\mathrm{P})$ が実際の観測値 $f(\mathrm{P}_0)$ と一致するとき，関数 f は点 P_0 で連続だという．1 変数の場合には，近づく方向が 1 方向しかなかったが，2 変数以上の場合は近づく方向が無限にあり，方向によって推測値が異なることがある．

上の例で $\alpha = 1/2$ だとする．x 軸上では常に $f(x,0) = 0$ だから点を原点に近づけたときに推測される値は $\lim_{x \to 0} f(x,0) = 0$ となり原点で観測される値 $f(0,0) = 0$ と一致するが，直線 $y = x$ 上では常に $f(x,x) = 1/\sqrt{2}$ だから，原点に近づけたときに推測される値は $1/\sqrt{2}$ となり実際の観測値 $f(0,0) = 0$ とは異なる．

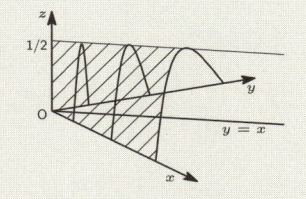

多変数関数の連続性を方向別に考察するときは上の解答のように極座標を用いるのが便利である．これにより方向 θ による大きさの比較ができるようになる．

2. 多変数関数の微分可能性には（偏微分を含む）方向微分可能性と全微

分可能性の 2 種類ある．

> **定義 2　方向微分可能性**
>
> 平面 $\mathbb{R}^2$ 内の点 $\boldsymbol{a} = {}^t[a_1, a_2]$ の近傍で定義された 2 変数関数 f と平面 $\mathbb{R}^2$ 上のベクトル $\boldsymbol{v} = {}^t[v_1, v_2]$ に対し直線上の関数 $g(t) = f(\boldsymbol{a} + t\boldsymbol{v})$ (t は実数) とする．この関数 $g(t)$ が $t = 0$ で微分可能であるとき，すなわち
> $$\lim_{t \to 0} \frac{g(t) - g(0)}{t} = \lim_{t \to 0} \frac{f(a_1 + tv_1, a_2 + tv_2) - f(a_1, a_2)}{t}$$
> が存在するとき，関数 f は $\boldsymbol{a}$ において $\boldsymbol{v}$ 方向に微分可能であるといい，その微分係数 $g'(0) = \dfrac{\partial f}{\partial \boldsymbol{v}}(\boldsymbol{a})$ を f の $\boldsymbol{v}$ 方向微分係数という．特に $\boldsymbol{v}$ が $\boldsymbol{e}_1 = {}^t[1, 0]$, $\boldsymbol{e}_2 = {}^t[0, 1]$ のときがそれぞれ x に関する偏微分可能性，y に関する偏微分可能性に相当する．

> **定義 3　全微分可能性**
>
> 平面 $\mathbb{R}^2$ 内の点 $\boldsymbol{a} = {}^t[a, b]$ の近傍で定義された 2 変数関数 f に対し実数 α, β で
> $$\lim_{(h,k) \to 0} \frac{f(a+h, b+k) - f(a, b) - \alpha(x-a) - \beta(y-b)}{\sqrt{h^2 + k^2}} = 0$$
> となるものが存在するとき，f は $\boldsymbol{a}$ で全微分可能という．f が $\boldsymbol{a}$ で全微分可能であるとき，任意の方向 $\boldsymbol{v}$ について $\boldsymbol{v}$ 方向に微分可能，特に x, y に関して偏微分可能であり，$\alpha = f_x(a, b)$, $\beta = f_y(a, b)$ となる．直観的には，全微分可能ということは接平面が存在するということである．

(2) の解答だが，上の定義で全微分が存在すれば α, β はそれぞれ $(0, 0)$ における x, y に関する偏微分係数となるので，まずはそれを計算する．次いで微分可能性を定義する式に当てはめて極限が 0 になるかどうかを

確かめていく，というのが全体的な流れである．解法は一部例外を除いてほぼ極座標を用いるという型通り問題であり，自分で発想するよりも型を覚えたほうが早い．

3. 以下は微分可能性，特に反例に関係する練習問題を集めた．まずは C^k 級の定義を与える：

> **定義4 C^k 級関数**
>
> k を 0 以上の整数とする．空間 $\mathbb{R}^n$ の開集合 U 上で定義された関数 f は k 階までの全ての偏導関数が存在し，それらが連続であるとき f は U 上 C^k 級 または k 階連続微分可能 であるという．特に全ての 0 以上の整数 k について C^k 級であるとき，f は C^∞ 級，または 無限回微分可能 であるという．

〔練習問題 8〕は偏微分可能だが全微分可能ではないという例になっている．

〔練習問題 9〕は全微分可能だが C^1 級ではない例である．一般に C^1 級ならば全微分可能だがその逆は成り立たないことを示す例である．

〔練習問題 10〕は 2 階偏微分可能だが C^2 級ではない例．次が成り立つ：

> **定理2 偏微分の順序変更**
>
> $f(x,y)$ が C^2 級ならば $f_{xy} = f_{yx}$ が成り立つ．

教科書で扱う関数の多くは C^2 級であり f_{xy} と f_{yx} が同じ結果になるが，特異点（≒ 代入できないような点）の近所ではこの例のような現象が起こるので注意が必要となる．大学院入試で関数の形が具体的に与えられていない問題では「C^2 級について」という文言で偏微分の順序交換が保証されるのであまり気にすることはないだろう．

反例系の問題の多くは数学科・情報系向けなので，これ以外の専門の方は注意喚起という程度に考えてもらえればよい．

〔練習問題 8〕 2 変数関数
$$f(x,y) = \begin{cases} \dfrac{x^3 - y^3}{x^2 + y^2} & (x,y) \neq (0,0) \\ 0 & (x,y) = (0,0) \end{cases}$$

について次の問に答えよ．

(1) 偏微分係数 $f_x(0,0)$, $f_y(0,0)$ を求めよ．

(2) $\displaystyle\lim_{(x,y)\to(0,0)} \dfrac{|f(x,y) - f(0,0) - f_x(0,0)x - f_y(0,0)y|}{\sqrt{x^2+y^2}} = 0$ が成立するかどうか調べよ．

(埼玉大理工学研究科)

〔練習問題 9〕 関数 $f(x,y)$ を
$$f(x,y) = \begin{cases} xy \sin \dfrac{1}{\sqrt{x^2+y^2}} & (x,y) \neq (0,0), \\ 0 & (x,y) = (0,0) \end{cases}$$

で定める．次の問い (1) ～ (3) に答えよ．

(1) x に関する偏導関数 $f_x(x,y)$ を求めよ．
(2) 偏導関数 $f_x(x,y)$ は原点 $(0,0)$ で不連続であることを示せ．
(3) $f(x,y)$ は原点 $(0,0)$ で全微分可能であることを示せ．

(金沢大理工学域編入)

〔練習問題 10〕 関数 $f(x,y)$ を
$$f(x,y) = \begin{cases} xy \dfrac{e^x - e^y - x + y}{x^2 + y^2} & (x,y) \neq (0,0), \\ 0 & (x,y) = (0,0) \end{cases}$$

で定める．次の問いに答えよ．

(1) x に関する偏導関数 $f_x(x,y)$ を求めよ．
(2) $f_{xy}(0,0)$, $f_{yx}(0,0)$ をそれぞれ求めよ．

(金沢大理工学域編入)

§4.2 標準・発展問題編

標準問題 1

$f = f(t, x)$ は C^3 関数で，すべての t, x に対し $f(t, x) > 0$ であるとする．$u = (\log f)_x \left(= \frac{\partial}{\partial x} \log f \right)$ とおくとき，次の問に答えよ．

(1) 次の 2 つの条件が同値であることを証明せよ．
   (A) u が $u_t = 2uu_x + u_{xx}$ を満たす．
   (B) x によらない関数 $C(t)$ が存在して $f_t = f_{xx} + C(t)f$ とかける．

(2) k_1, ℓ_1, k_2, ℓ_2 を定数とする．
$$u = \frac{k_1 e^{k_1 x + \ell_1 t} + k_2 e^{k_2 x + \ell_2 t}}{e^{k_1 x + \ell_1 t} + e^{k_2 x + \ell_2 t}}$$

が (1) の (A) の方程式を満たすとき，k_1, ℓ_1, k_2, ℓ_2 の間の関係式を求めよ．

(大阪大基礎工学研究科)

標準問題 1 の解答

(1) $u = (\log f)_x = f_x / f$ より $u_t = \dfrac{f_{xt} f - f_x f_t}{f^2}$, $u_x = \dfrac{f_{xx} f - f_x^2}{f^2}$,

$$u_{xx} = \frac{(f_{xxx} f + f_{xx} f_x - 2 f_x f_{xx}) f^2 - (f_{xx} f - f_x^2) \cdot 2 f f_x}{f^4}$$
$$= \frac{f_{xxx} f^2 - 3 f f_x f_{xx} + 2 f_x^3}{f^3}$$

$\therefore\ u_t - 2uu_x - u_{xx}$

$= \dfrac{f_{xt} f - f_x f_t}{f^2} - 2 \dfrac{f_x}{f} \cdot \dfrac{f_{xx} f - f_x^2}{f^2} - \dfrac{f_{xxx} f^2 - 3 f f_x f_{xx} + 2 f_x^3}{f^3}$

$= \dfrac{f_{xt} f - f_x f_t}{f^2} - \dfrac{2 f_x f_{xx} f - 2 f_x^3 + f_{xxx} f^2 - 3 f f_x f_{xx} + 2 f_x^3}{f^3}$

$= \dfrac{(f_{tx} - f_{xxx}) f - (f_t - f_{xx}) f_x}{f^2} = \left(\dfrac{f_t - f_{xx}}{f} \right)_x$

$\therefore\ u_t = 2uu_x + u_{xx} \iff \left(\dfrac{f_t - f_{xx}}{f} \right)_x = 0$

最後の式は $C=(f_t-f_{xx})/f$ が x に依存しない，すなわち $C=C(t)$（t のみの関数）となることを意味し，ゆえに (A) と (B) は同値であることが分かる.

(2) $k_1=k_2$ のとき $u=\dfrac{k_1 e^{k_1 x+\ell_1 t}+k_1 e^{k_1 x+\ell_2 t}}{e^{k_1 x+\ell_1 t}+e^{k_1 x+\ell_2 t}}=\dfrac{k_1 e^{k_1 x}(e^{\ell_1 t}+e^{\ell_2 t})}{e^{k_1 x}(e^{\ell_1 t}+e^{\ell_2 t})}=k_1$
は定数関数であり，したがって任意の ℓ_1,ℓ_2 に対して u は (A) を満たす.
$k_1\neq k_2$ のとき，$f=e^{k_1 x+\ell_1 t}+e^{k_2 x+\ell_2 t}$ と置けば $u=(\log f)_x$ となる．したがって (1) より t のみの関数 $C(t)$ で

$$f_t-f_{xx}-C(t)f$$
$$=\{(\ell_1-k_1^2-C(t))e^{\ell_1 t}\}e^{k_1 x}+\{(\ell_2-k_2^2-C(t))e^{\ell_2 t}\}e^{k_2 x}=0$$

となるものが存在する．$e^{k_1 x},e^{k_2 x}$ は 1 次独立だから，任意の t に対して

$$\begin{cases}(\ell_1-k_1^2-C(t))e^{\ell_1 t}=0\\(\ell_2-k_2^2-C(t))e^{\ell_2 t}=0\end{cases}\Leftrightarrow\quad \ell_1-k_1^2=C(t)=\ell_2-k_2^2.$$

これらより u が (A) を満たすとき，定数 k_1,k_2,ℓ_1,ℓ_2 は

$$\underline{k_1=k_2 \text{ または } \ell_1-\ell_2=k_1^2-k_2^2}$$

という関係にある． ■

解 説

1. 偏微分の問題では「等式が成り立つように定数を定めよ」という形式の計算問題が非常に多い．式の形に合わせて整理していけばよいので，解答の方針は立てやすい．

2. 本問はソリトン方程式と呼ばれる非線形偏微分方程式をモチーフとした問題である．方程式 P について「y_1,y_2 が P の解，α_1,α_2 が定数ならば $\alpha_1 y_1+\alpha_2 y_2$ も P の解である」という重ね合わせの原理が成り立つとき，この方程式は線形であるというが，問題の方程式は非線形，すなわち重ね合わせの原理が成り立たない．
線形である効果は，たとえば波同士が衝突しても衝突後は何事もなかった

かのように再び同じ波に戻って進行し続けるという波の独立性などに現れる．一方，本問の題材であるソリトン方程式もある波動に関する方程式なのだが，この方程式に従う波同士が衝突すると，形は変わらないが位置がずれてしまう．

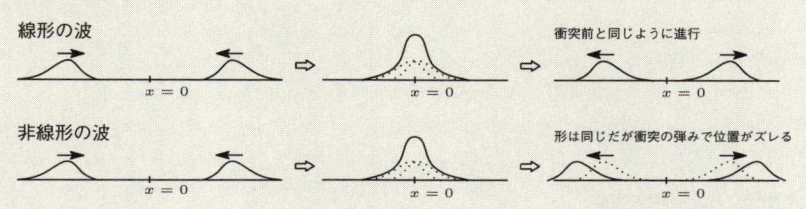

線形の波

非線形の波

これはソリトン方程式の1つの特徴であり，あたかも一つの粒子のように振舞う波が現れる．線形の方程式を満たす世界を常識的な世界とするならば，非線形方程式を満たす現象は非常識な，そして大変興味深い現象となる．研究者と呼ばれる人たちは非常識を好むのである（注意：その人が非常識かどうかは別の問題である）．

〔練習問題 11〕 $f(x,y) = e^{2x+3y}$ に対して x, y の2次多項式 $g(x,y)$ で
$$\lim_{(x,y) \to (0,0)} \frac{f(x,y) - g(x,y)}{x^2 + y^2} = 0$$
をみたすものを求めよ．
(名古屋大多元数理科学研究科)

158　第4章　多変数の微分

標準問題 2

$f(x,y)$ を $\mathbb{R}^2$ 上の C^2 級関数, $\varphi(x), \psi(x)$ を 2 回微分可能だとし,

$$F(x) = \int_{\varphi(x)}^{\psi(x)} f(x,y) dy$$

とおく. このとき $F''(x)$ を求めよ.
(大阪大理学研究科数学専攻 改題)

標準問題 2 の解答

(i)　f が C^1 級, $\varphi(x), \psi(x)$ が 1 回微分可能であるという条件の下で $F'(x)$ を計算する. 今, 定数 a を固定し y に関する原始関数を $G(x,y) = \int_a^y f(x,y) dy$ と置けば $F(x) = G(x, \psi(x)) - G(x, \varphi(x))$ と表される. さらに G の y に関する偏微分は微分積分学の基本定理より $G_y(x,y) = f(x,y)$, また特に f が C^1 級であることから G の x に関する偏微分は $G_x(x,y) = \int_a^y f_x(x,y) dy$ となる. これと合成関数の連鎖律により

$$\begin{aligned}
F'(x) =& \frac{d}{dx}\left(G(x,\psi(x)) - G(x,\varphi(x))\right) \\
=& \frac{dx}{dx}\frac{\partial G}{\partial x}(x,\psi(x)) + \frac{d\psi(x)}{dx}\frac{\partial G}{\partial y}(x,\psi(x)) \\
& - \frac{dx}{dx}\frac{\partial G}{\partial x}(x,\varphi(x)) - \frac{d\varphi(x)}{dx}\frac{\partial G}{\partial y}(x,\varphi(x)) \\
=& \int_a^{\psi(x)} f_x(x,y) dy + \psi'(x) f(x,\psi(x)) \\
& - \int_a^{\varphi(x)} f_x(x,y) dy - \varphi'(x) f(x,\varphi(x))
\end{aligned}$$

$$\therefore \quad F'(x) = \int_{\varphi(x)}^{\psi(x)} f_x(x,y) dy + \psi'(x) f(x,\psi(x)) - \varphi'(x) f(x,\varphi(x)).$$

(ii)　次に f は C^2 級, $\varphi(x), \psi(x)$ は 2 回微分可能だとする. (i) の結果に現れる f_x は C^1 級だから, 特に $F'(x)$ の項 $\int_{\varphi(x)}^{\psi(x)} f_x(x,y) dy$ に対して (i) の結果が適用できる:

$$\left(\int_{\varphi(x)}^{\psi(x)} f_x(x,y)dy\right)' = \int_{\varphi(x)}^{\psi(x)} f_{xx}(x,y)dy + \psi'(x)f_x(x,\psi(x)) - \varphi'(x)f_x(x,\varphi(x))$$

これと Leibniz の法則,および合成関数の連鎖律より

$$\begin{aligned}
F''(x) &= (F'(x))' \\
&= \left(\int_{\varphi(x)}^{\psi(x)} f_x(x,y)dy\right)' + (\psi'(x)f(x,\psi(x)))' - (\varphi'(x)f(x,\varphi(x)))' \\
&= \int_{\varphi(x)}^{\psi(x)} f_{xx}(x,y)dy + \psi'(x)f_x(x,\psi(x)) - \varphi'(x)f_x(x,\varphi(x)) \\
&\quad + \psi''(x)f(x,\psi(x)) + \psi'(x)\{f_x(x,\psi(x)) + \psi'(x)f_y(x,\psi(x))\} \\
&\quad - \varphi''(x)f(x,\varphi(x)) - \varphi'(x)\{f_x(x,\varphi(x)) + \varphi'(x)f_y(x,\varphi(x))\} \\
&= \int_{\varphi(x)}^{\psi(x)} f_{xx}(x,y)dy + \psi''(x)f(x,\psi(x)) + 2\psi'(x)f_x(x,\psi(x)) + (\psi'(x))^2 f_y(x,\psi(x)) \\
&\quad -\varphi''(x)f(x,\varphi(x)) - 2\varphi'(x)f_x(x,\varphi(x)) - (\varphi'(x))^2 f_y(x,\varphi(x))
\end{aligned}$$

■

解 説

これまでは具体的に関数が与えられていたが,本問のように具体的に関数の形が与えられていない一般の関数に対する微分の問題もしばしば出題される.このような問題で使える道具は微分に関する公式のみである.微分の公式を適切に使えているかどうかが問題点となる.先にも述べたが,出題者,採点者が気にするのは公式を適切に利用できるかどうかという所だろう.特に表面的な公式の形だけ覚え,利用可能であるための前提条件を疎かにしているという方は結構多い.たとえば上の解答の $G_{xx}(x,y) = \int_a^y f_{xx}(x,y)dy$ の部分だが,ここでは積分と極限の順序交換が暗に行われている.

一般に積分と極限の順序交換は無条件では成り立たない(第3章【発展問題 2】参照).今の場合,C^2 級であるという仮定があるおかげで順序交換が可能となる.基本問題1の解説でも述べたが,適用するための前提条件

も含めて定義, および公式を正確に覚えているか, 結論に至る根拠が提示されているかどうか, ということを採点者は注視している. 少なくともキーとなる場所については根拠をしっかり書くようにすべきだ.

〔練習問題 12〕 2変数関数 $f = f(t,s)$ は $\mathbb{R}^2$ 上定義された C^1 関数とする. $g(t) = \int_0^t f(t,s)ds$ とおくと

$$g'(t) = f(t,t) + \int_0^t f_t(t,s)ds$$

となることを示せ.

発展問題 1

空間座標 $(x, y, z) \in \mathbb{R}^3$ に対して (ρ, ϕ, z) $(x = \rho\cos\phi, y = \rho\sin\phi)$ を円柱座標, (r, ϕ, θ) $(x = r\sin\theta\cos\phi, y = r\sin\theta\sin\phi, z = r\cos\theta)$ を極座標とする. 滑らかな関数 f に関する次の等式を示せ. ただし $\Delta f = \dfrac{\partial^2 f}{\partial x^2} + \dfrac{\partial^2 f}{\partial y^2} + \dfrac{\partial^2 f}{\partial z^2}$ である.

(1) 円柱座標に対して $\Delta f = \dfrac{\partial^2 f}{\partial z^2} + \dfrac{\partial^2 f}{\partial \rho^2} + \dfrac{1}{\rho}\dfrac{\partial f}{\partial \rho} + \dfrac{1}{\rho^2}\dfrac{\partial^2 f}{\partial \phi^2}$.

(2) 極座標に対して
$$\Delta f = \frac{\partial^2 f}{\partial r^2} + \frac{2}{r}\frac{\partial f}{\partial r} + \frac{1}{r^2}\left(\frac{1}{\sin\theta}\frac{\partial}{\partial \theta}\left(\sin\theta\frac{\partial f}{\partial \theta}\right) + \frac{1}{\sin^2\theta}\frac{\partial^2 f}{\partial \phi^2}\right).$$

(大阪大基礎工学研究科 システム創成専攻)

発展問題 1 の解答

$\dfrac{\partial f}{\partial x} = f_x$, $\dfrac{\partial^2 f}{\partial x^2} = f_{xx}$, ... などと記す.

(1) $f_\rho = x_\rho f_x + y_\rho f_y = \cos\phi f_x + \sin\phi f_y$, $\quad f_\phi = x_\phi f_x + y_\phi f_y = -\rho\sin\phi f_x + \rho\cos\phi f_y$ であり,

$$\begin{aligned}
f_{\rho\rho} &= (\cos\phi f_x + \sin\phi f_y)_\rho = \cos\phi(f_x)_\rho + \sin\phi(f_y)_\rho \\
&= \cos\phi(x_\rho f_{xx} + y_\rho f_{xy}) + \sin\phi(x_\rho f_{yx} + y_\rho f_{yy}) \\
&= \cos\phi(\cos\phi f_{xx} + \sin\phi f_{yx}) + \sin\phi(\cos\phi f_{yx} + \sin\phi f_{yy}) \\
&= \cos^2\phi f_{xx} + 2\cos\phi\sin\phi f_{xy} + \sin^2\phi f_{yy}
\end{aligned}$$

$$\begin{aligned}
f_{\phi\phi} &= (-\rho\sin\phi f_x + \rho\cos\phi f_y)_\phi \\
&= -\rho\cos\phi f_x - \rho\sin\phi(f_x)_\phi - \rho\sin\phi f_y + \rho\cos\phi(f_y)_\phi \\
&= -\rho\cos\phi f_x - \rho\sin\phi f_y - \rho\sin\phi(-\rho\sin\phi f_{xx} + \rho\cos\phi f_{xy}) \\
&\quad + \rho\cos\phi(-\rho\sin\phi f_{yx} + \rho\cos\phi f_{yy}) \\
&= -\rho\cos\phi f_x - \rho\sin\phi f_y + \rho^2\sin^2\phi f_{xx} - 2\rho^2\sin\phi\cos\phi f_{xy} + \rho^2\cos^2\phi f_{yy}
\end{aligned}$$

∴ $f_{zz} + f_{\rho\rho} + \dfrac{1}{\rho}f_\rho + \dfrac{1}{\rho^2}f_{\phi\phi}$

$= f_{zz} + \cos^2\phi f_{xx} + 2\cos\phi\sin\phi f_{xy} + \sin^2\phi f_{yy} + \dfrac{\cos\phi}{\rho}f_x + \dfrac{\sin\phi}{\rho}f_y$

$\qquad - \dfrac{\cos\phi}{\rho}f_x - \dfrac{\sin\phi}{\rho}f_y + \sin^2\phi f_{xx} - 2\sin\phi\cos\phi f_{xy} + \cos^2\phi f_{yy}$

$= f_{zz} + (\cos^2\phi + \sin^2\phi)f_{xx} + (\sin^2\phi + \cos^2\phi)f_{yy} = f_{xx} + f_{yy} + f_{zz}$

したがって $\Delta f = f_{zz} + f_{\rho\rho} + \dfrac{1}{\rho}f_\rho + \dfrac{1}{\rho^2}f_{\phi\phi}$ となる.

(2) $x^2 + y^2 + z^2 = r^2$ であること,および

$$\begin{bmatrix} x_r & y_r & z_r \\ x_\theta & y_\theta & z_\theta \\ x_\phi & y_\phi & z_\phi \end{bmatrix} = \begin{bmatrix} \sin\theta\cos\phi & \sin\theta\sin\phi & \cos\theta \\ r\cos\theta\cos\phi & r\cos\theta\sin\phi & -r\sin\theta \\ -r\sin\theta\sin\phi & r\sin\theta\cos\phi & 0 \end{bmatrix}$$

であることに注意しながら右辺の各項を計算する.まず r の偏微分について

$$rf_r = x_r f_x + y_r f_y + z_r f_z$$
$$= r(\sin\theta\cos\phi f_x + \sin\theta\sin\phi f_y + \cos\theta f_z) = xf_x + yf_y + zf_z$$
$$r^2 f_{rr} = r^2\{\sin\theta\cos\phi(f_x)_r + \sin\theta\sin\phi(f_y)_r + \cos\theta(f_z)_r\}$$
$$= x(xf_{xx} + yf_{xy} + zf_{xz}) + y(xf_{yx} + yf_{yy} + zf_{yz})$$
$$\quad + z(xf_{zx} + yf_{zy} + zf_{zz})$$

∴ $f_{rr} + \dfrac{2}{r}f_r$

$= \dfrac{1}{r^2}(x^2 f_{xx} + y^2 f_{yy} + z^2 f_{zz} + 2xy f_{xy} + 2yz f_{yz} + 2zx f_{zx})$

$\quad + \dfrac{2}{r^2}(xf_x + yf_y + zf_z)$ $\cdots\cdots$ (1)

次に θ に関する偏微分について計算する.途中計算は r に関する偏微分と同様である:

$$\sin\theta f_\theta = \sin\theta(f_x x_\theta + f_y y_\theta + f_z z_\theta)$$

$$= \sin\theta\{f_x r\cos\theta\cos\phi + f_y r\cos\theta\sin\phi + f_z(-r\sin\theta)\}$$
$$= r\sin\theta\cos\theta\cos\phi f_x + r\sin\theta\cos\theta\sin\phi f_y - r\sin^2\theta f_z$$

$$\begin{aligned}(\sin\theta f_\theta)_\theta =& r(\sin\theta\cos\theta)_\theta \cos\phi f_x + r\sin\theta\cos\theta\cos\phi (f_x)_\theta \\ &+ r(\sin\theta\cos\theta)_\theta \sin\phi f_y + r\sin\theta\cos\theta\sin\phi (f_y)_\theta \\ &- r(\sin^2\theta)_\theta f_z - r\sin^2\theta (f_z)_\theta \\ =& r(\cos^2\theta - \sin^2\theta)\cos\phi f_x + r(\cos^2\theta - \sin^2\theta)\sin\phi f_y \\ &- r\cdot 2\sin\theta\cos\theta f_z \\ &+ r\sin\theta\cos\theta\cos\phi (f_{xx}x_\theta + f_{xy}y_\theta + f_{xz}z_\theta) \\ &+ r\sin\theta\cos\theta\sin\phi (f_{yx}x_\theta + f_{yy}y_\theta + f_{yz}z_\theta) \\ &- r\sin^2\theta (f_{zx}x_\theta + f_{zy}y_\theta + f_{zz}z_\theta)\end{aligned}$$

[倍角の公式 $\cos 2\theta = \cos^2\theta - \sin^2\theta,\ \sin 2\theta = 2\sin\theta\cos\theta$ より]

$$\begin{aligned}=& r\cos 2\theta \cos\phi f_x + r\cos 2\theta \sin\phi f_y - r\sin 2\theta f_z \\ &+ r\sin\theta\cos\theta\cos\phi (f_{xx}r\cos\theta\cos\phi + f_{xy}r\cos\theta\sin\phi + f_{xz}(-r\sin\theta)) \\ &+ r\sin\theta\cos\theta\sin\phi (f_{yx}r\cos\theta\cos\phi + f_{yy}r\cos\theta\sin\phi + f_{yz}(-r\sin\theta)) \\ &- r\sin^2\theta (f_{zx}r\cos\theta\cos\phi + f_{zy}r\cos\theta\sin\phi + f_{zz}(-r\sin\theta)) \\ =& r\cos 2\theta \cos\phi f_x + r\cos 2\theta \sin\phi f_y - r\sin 2\theta f_z \\ &+ r^2\sin\theta\cos^2\theta\cos^2\phi f_{xx} + r^2\sin\theta\cos^2\theta\sin^2\phi f_{yy} + r^2\sin^3\theta f_{zz} \\ &+ 2r^2\sin\theta\cos^2\theta\sin\phi\cos\phi f_{xy} - 2r^2\sin^2\theta\cos\theta\sin\phi f_{yz} \\ &- 2r^2\sin^2\theta\cos\theta\cos\phi f_{zx}\end{aligned}$$

$$\begin{aligned}\therefore\ & \frac{1}{r^2\sin\theta}(\sin\theta f_\theta)_\theta \\ =& \cos^2\theta\cos^2\phi f_{xx} + \cos^2\theta\sin^2\phi f_{yy} + \sin^2\theta f_{zz} \\ &+ 2\cos^2\theta\sin\phi\cos\phi f_{xy} - 2\sin\theta\cos\theta\sin\phi f_{yz} - 2\sin\theta\cos\theta\cos\phi f_{zx} \\ &+ \frac{1}{r\sin\theta}\{\cos 2\theta\cos\phi f_x + \cos 2\theta\sin\phi f_y - \sin 2\theta f_z\} \cdots\cdots (2)\end{aligned}$$

最後に ϕ に関する偏微分について計算する：

$$\begin{aligned}
f_\phi =& f_x x_\phi + f_y y_\phi + f_z z_\phi \\
=& f_x(-r\sin\theta\sin\phi) + f_y r\sin\theta\cos\phi \\
=& -r\sin\theta\sin\phi f_x + r\sin\theta\cos\phi f_y \\
f_{\phi\phi} =& -r\sin\theta(\sin\phi)_\phi f_x - r\sin\theta\sin\phi(f_x)_\phi + r\sin\theta(\cos\phi)_\phi f_y \\
& + r\sin\theta\cos\phi(f_y)_\phi \\
=& -r\sin\theta\cos\phi f_x - r\sin\theta\sin\phi f_y - r\sin\theta\sin\phi(f_{xx}x_\phi + f_{xy}y_\phi + f_{xz}z_\phi) \\
& + r\sin\theta\cos\phi(f_{yx}x_\phi + f_{yy}y_\phi + f_{yz}z_\phi) \\
=& -r\sin\theta\cos\phi f_x - r\sin\theta\sin\phi f_y \\
& - r\sin\theta\sin\phi(-f_{xx}r\sin\theta\sin\phi + f_{xy}r\sin\theta\cos\phi) \\
& + r\sin\theta\cos\phi(-f_{yx}r\sin\theta\sin\phi + f_{yy}r\sin\theta\cos\phi) \\
=& r^2\sin^2\theta\sin^2\phi f_{xx} + r^2\sin^2\theta\cos^2\phi f_{yy} \\
& - 2r^2\sin^2\theta\sin\phi\cos\phi f_{xy} - r\sin\theta\cos\phi f_x - r\sin\theta\sin\phi f_y
\end{aligned}$$

$$\therefore \quad \frac{1}{r^2\sin^2\theta} f_{\phi\phi}$$
$$= \sin^2\phi f_{xx} + \cos^2\phi f_{yy} - 2\sin\phi\cos\phi f_{xy} - \frac{1}{r\sin\theta}(\cos\phi f_x + \sin\phi f_y)$$
$$\cdots\cdots (3)$$

1 階偏微分の項について計算すると

$$((1) \text{の 1 階の項}) + ((2) \text{の 1 階の項}) + ((3) \text{の 1 階の項})$$
$$= \left[\frac{2}{r^2}(xf_x + yf_y + zf_z)\right]$$
$$+ \left[\frac{1}{r\sin\theta}\{\cos 2\theta\cos\phi f_x + \cos 2\theta\sin\phi f_y - \sin 2\theta f_z\}\right]$$
$$+ \left[-\frac{1}{r\sin\theta}(\cos\phi f_x + \sin\phi f_y)\right]$$
$$= \frac{1}{r\sin\theta}\left\{(\cos 2\theta - 1 + 2\sin^2\theta)\cos\phi f_x + (\cos 2\theta - 1 + 2\sin^2\theta)\sin\phi f_y\right.$$
$$\left. + (2\sin\theta\cos\theta - \sin 2\theta)f_z\right\}$$

$=0$

異なる変数で2階偏微分してあるものについては

$((1) \text{の項}) + ((2) \text{の項}) + ((3) \text{の項})$

$= \left[\dfrac{2}{r^2}(xyf_{xy} + yzf_{yz} + zxf_{zx})\right]$
$+ \left[2\cos^2\theta\sin\phi\cos\phi f_{xy} - 2\sin\theta\cos\theta\sin\phi f_{yz} - 2\sin\theta\cos\theta\cos\phi f_{zx}\right]$
$+ [-2\sin\phi\cos\phi f_{xy}]$

$= 2\sin^2\theta\cos\phi\sin\phi f_{xy} + 2\sin\theta\cos\theta\sin\phi f_{yz} + 2\sin\theta\cos\theta\cos\phi f_{zx}$
$+ 2(\cos^2\theta - 1)\sin\phi\cos\phi f_{xy} - 2\sin\theta\cos\theta\sin\phi f_{yz} - 2\sin\theta\cos\theta\cos\phi f_{zx}$

$=0$

同じ変数で2階偏微分してあるものについては

$((1) \text{の項}) + ((2) \text{の項}) + ((3) \text{の項})$

$= \left[\dfrac{1}{r^2}(x^2 f_{xx} + y^2 f_{yy} + z^2 f_{zz})\right]$
$+ \left[\cos^2\theta\cos^2\phi f_{xx} + \cos^2\theta\sin^2\phi f_{yy} + \sin^2\theta f_{zz}\right]$
$+ \left[\sin^2\phi f_{xx} + \cos^2\phi f_{yy}\right]$

$= \sin^2\theta\cos^2\phi f_{xx} + \sin^2\theta\sin^2\phi f_{yy} + \cos^2\theta f_{zz}$
$+ \cos^2\theta\cos^2\phi f_{xx} + \cos^2\theta\sin^2\phi f_{yy} + \sin^2\theta f_{zz} + \sin^2\phi f_{xx} + \cos^2\phi f_{yy}$

$= (\sin^2\theta + \cos^2\theta)\cos^2\phi f_{xx} + (\sin^2\theta + \cos^2\theta)\sin^2\phi f_{yy}$
$+ (\cos^2\theta + \sin^2\theta)f_{zz} + \sin^2\phi f_{xx} + \cos^2\phi f_{yy}$

$= (\sin^2\phi + \cos^2\phi)f_{xx} + (\sin^2\phi + \cos^2\phi)f_{yy} + f_{zz} = f_{xx} + f_{yy} + f_{zz}$

以上より （右辺）$= 0 + 0 + f_{xx} + f_{yy} + f_{zz} = \Delta f$ となる． ■

解 説

1. 方程式を直交座標表示から極座標表示に直す代表的な問題．2変数の極座標への変換問題はよく見かけるが，3変数の場合は稀である．という

よりも，見ていただいて分かると思うが，正直，大学院入試での出題には無理がある．一度やれば大体の方針や感覚が分かるので実行上はあまり問題ないが，とにかく時間がかかる．集中力もかなり必要になる．

少しずれるが，出題校の過去問を眺めていると断続的にハードな計算問題が出題されていた．大学院入試は大学入試よりも出題傾向が明確に現れる．志望校の問題を正確に分析するためにも過去問はできるだけ多く収集したほうがよいだろう．

2. ちなみに多変数関数の演習問題でよく「調和関数」という言葉を見かける．これはラプラシアン Δ を掛けたときに0となる関数のことである．この調和の意味を考えるために熱伝導方程式

$$\frac{\partial u}{\partial t} = \kappa \Delta u \left(= \frac{\partial^2 u}{\partial x^2} + \frac{\partial^2 u}{\partial y^2} + \frac{\partial^2 u}{\partial z^2}\right) \quad (\kappa \text{ は定数，} t \text{ は時間，} (x,y,z) \text{ は空間の座標})$$

を考える．

熱源を与えるとそこから熱が拡がり，温度は時間，空間的に変化する．この温度分布 u の変化に対する法則を記述したものが上の方程式である．

熱源を与えるとエネルギーが部分的に高くなる．このエネルギーの格差が熱を伝える媒体に力関係の不均衡を生じさせ，結果として熱の移動，温度の時間的変化が起こる．この時間的変化がなくなると $u_t = 0$，したがって $\Delta u = 0$ となるが，これは媒体間の力が釣り合った平衡状態，全体に調和のとれた状態であることを意味する．これが「調和」と呼ばれる所以であり，時間的変化のない状態（定常状態）を表現する際に利用される．

発展問題 2

$u(x,t)$ について偏微分方程式 $\dfrac{\partial^2 u}{\partial t^2} = c^2 \dfrac{\partial^2 u}{\partial x^2}$ を考える．c は正の定数とする．以下の問いに答えよ．

1. 独立変数 $\xi = x + ct$, $\eta = x - ct$ を用いて，与えられた方程式から $\dfrac{\partial^2 u}{\partial \xi \partial \eta} = 0$ を導け．さらにその一般解が ϕ, ψ を任意関数として式 (1) で与えられることを示せ．

$$u(x,t) = \phi(x+ct) + \psi(x-ct) \tag{1}$$

2. 1. で示した一般解について，初期条件を式 (2) としたとき，解が式 (3) で与えられることを示せ．

$$u(x,0) = f(x), \qquad \left.\frac{\partial}{\partial t}u(x,t)\right|_{t=0} = g(x) \tag{2}$$

$$u(x,t) = \frac{1}{2}(f(x+ct) + f(x-ct)) + \frac{1}{2c}\int_{x-ct}^{x+ct} g(s)ds \tag{3}$$

3. 初期条件を式 (4) としたときの解を求め，$t \geq 0$ における $u(x,t)$ の振る舞いの概略を図で説明せよ．ここで c_0 は正の定数，$\delta(x)$ はデルタ関数である．

$$u(x,0) = 0, \qquad \left.\frac{\partial}{\partial t}u(x,t)\right|_{t=0} = c_0 \delta(x) \tag{4}$$

(東京大工学系研究科)

発展問題 2 の解答

1. 偏微分に関する連鎖律より

$$\frac{\partial}{\partial t} = \frac{\partial \xi}{\partial t}\frac{\partial}{\partial \xi} + \frac{\partial \eta}{\partial t}\frac{\partial}{\partial \eta} = c\frac{\partial}{\partial \xi} - c\frac{\partial}{\partial \eta}$$

$$\frac{\partial^2}{\partial t^2} = \frac{\partial}{\partial t}\left(\frac{\partial \xi}{\partial t}\frac{\partial}{\partial \xi} + \frac{\partial \eta}{\partial t}\frac{\partial}{\partial \eta}\right)$$

$$
\begin{aligned}
&= \frac{\partial^2 \xi}{\partial t^2}\frac{\partial}{\partial \xi} + \frac{\partial \xi}{\partial t}\frac{\partial}{\partial t}\frac{\partial}{\partial \xi} + \frac{\partial^2 \eta}{\partial t^2}\frac{\partial}{\partial \eta} + \frac{\partial \eta}{\partial t}\frac{\partial}{\partial t}\frac{\partial}{\partial \eta} \\
&= \frac{\partial^2 \xi}{\partial t^2}\frac{\partial}{\partial \xi} + \frac{\partial \xi}{\partial t}\left(\frac{\partial \xi}{\partial t}\frac{\partial}{\partial \xi} + \frac{\partial \eta}{\partial t}\frac{\partial}{\partial \eta}\right)\frac{\partial}{\partial \xi} + \frac{\partial^2 \eta}{\partial t^2}\frac{\partial}{\partial \eta} \\
&\quad + \frac{\partial \eta}{\partial t}\left(\frac{\partial \xi}{\partial t}\frac{\partial}{\partial \xi} + \frac{\partial \eta}{\partial t}\frac{\partial}{\partial \eta}\right)\frac{\partial}{\partial \eta} \\
&= \left(\frac{\partial \xi}{\partial t}\right)^2\frac{\partial^2}{\partial \xi^2} + \left(\frac{\partial \xi}{\partial t}\right)\left(\frac{\partial \eta}{\partial t}\right)\frac{\partial^2}{\partial \eta \partial \xi} \\
&\quad + \left(\frac{\partial \eta}{\partial t}\right)\left(\frac{\partial \xi}{\partial t}\right)\frac{\partial^2}{\partial \xi \partial \eta} + \left(\frac{\partial \eta}{\partial t}\right)^2\frac{\partial^2}{\partial \eta^2} + \frac{\partial^2 \xi}{\partial t^2}\frac{\partial}{\partial \xi} + \frac{\partial^2 \eta}{\partial t^2}\frac{\partial}{\partial \eta}
\end{aligned}
$$

$\xi_t = c$, $\eta_t = -c$ および $\xi_{tt} = \eta_{tt} = 0$ より

$$
\begin{aligned}
\frac{\partial^2}{\partial t^2} &= c^2\frac{\partial^2}{\partial \xi^2} + c(-c)\frac{\partial^2}{\partial \eta \partial \xi} + (-c)c\frac{\partial^2}{\partial \xi \partial \eta} + (-c)^2\frac{\partial^2}{\partial \eta^2} + 0\frac{\partial}{\partial \xi} + 0\frac{\partial}{\partial \eta} \\
&= c^2\left\{\frac{\partial^2}{\partial \xi^2} + \frac{\partial^2}{\partial \eta^2} - 2\frac{\partial^2}{\partial \xi \partial \eta}\right\}.
\end{aligned}
$$

同様の計算により

$$
\frac{\partial^2}{\partial x^2} = \frac{\partial^2}{\partial \xi^2} + \frac{\partial^2}{\partial \eta^2} + 2\frac{\partial^2}{\partial \xi \partial \eta}
$$

となることが分かる. これより

$$
\begin{aligned}
\frac{\partial^2}{\partial t^2} - c^2\frac{\partial^2}{\partial x^2} &= c^2\left\{\frac{\partial^2}{\partial \xi^2} + \frac{\partial^2}{\partial \eta^2} - 2\frac{\partial^2}{\partial \xi \partial \eta}\right\} - c^2\left\{\frac{\partial^2}{\partial \xi^2} + \frac{\partial^2}{\partial \eta^2} + 2\frac{\partial^2}{\partial \xi \partial \eta}\right\} \\
&= -4c^2\frac{\partial^2}{\partial \xi \partial \eta}
\end{aligned}
$$

したがって C^2 級の関数 u について $\dfrac{\partial^2 u}{\partial t^2} = c^2\dfrac{\partial^2 u}{\partial x^2} \Leftrightarrow \dfrac{\partial^2 u}{\partial \xi \partial \eta} = 0$ となる. 次に u が題意の偏微分方程式を満たすとする. このとき後者の方程式より $\dfrac{\partial u}{\partial \eta}$ は変数 ξ に関して定数となるから, 1 変数関数 Ψ を用いて $\dfrac{\partial u}{\partial \eta} = \Psi(\eta)$ と表される. これを η に関して積分すれば

$$
u = \int \frac{\partial u}{\partial \eta}d\eta + C = \int \Psi(\eta)d\eta + C \quad (C \text{ は } \eta \text{ に関し定数})
$$

という形になる．C は η に関し定数だから 1 変数関数 ϕ を用いて $C = \phi(\xi)$ と表される．さらに $\psi(\eta) = \int \Psi(\eta) d\eta$ と置けば

$$u = \psi(\eta) + \phi(\xi) = \phi(x+ct) + \psi(x-ct)$$

と表される．

2. $'$（ダッシュ）により 1 変数関数 $\phi(s), \psi(s)$ の s に関する微分を表すとする．(2) より

$$u(x,0) = \phi(x) + \psi(x) = f(x), \quad \phi'(x) + \psi'(x) = f'(x),$$

$$\left.\frac{\partial u}{\partial t}\right|_{t=0} = c\phi'(x) - c\psi'(x) = g(x)$$

$$\therefore \quad \phi'(x) = \frac{1}{2}f'(x) + \frac{1}{2c}g(x), \quad \psi'(x) = \frac{1}{2}f'(x) - \frac{1}{2c}g(x)$$

それぞれを 0 から x まで積分すると

$$\phi(x) - \phi(0) = \frac{1}{2}(f(x) - f(0)) + \frac{1}{2c}\int_0^x g(s)ds,$$

$$\psi(x) - \psi(0) = \frac{1}{2}(f(x) - f(0)) - \frac{1}{2c}\int_0^x g(s)ds$$

前者に $x = x+ct$，後者に $x = x-ct$ を代入して加えれば

$$u(x,t) = \phi(0) + \psi(0) - f(0) + \frac{1}{2}(f(x+ct) + f(x-ct))$$
$$+ \frac{1}{2c}\int_0^{x+ct} g(s)ds - \frac{1}{2c}\int_0^{x-ct} g(s)ds.$$

さらに $\phi(x) + \psi(x) = f(x), \ \phi(0) + \psi(0) = f(0)$，および
$\int_0^{x+ct} - \int_0^{x-ct} = \int_{x-ct}^{x+ct}$ より

$$u(x,t) = \frac{1}{2}(f(x+ct) + f(x-ct)) + \frac{1}{2c}\int_{x-ct}^{x+ct} g(s)ds.$$

3. 2. と与えられた初期条件より $u(x,t) = \dfrac{c_0}{2c}\displaystyle\int_{x-ct}^{x+ct}\delta(s)ds$ となる．このとき

$x < -ct$ または $ct < x$ ならば $0 \notin [x-ct, x+ct]$ だから $\displaystyle\int_{x-ct}^{x+ct}\delta(s)ds = 0$．
$-ct \leq x \leq ct$ ならば $0 \in [x-ct, x+ct]$ だから $\displaystyle\int_{x-ct}^{x+ct}\delta(s)ds = 1$．

となることに注意すれば $u(x,t)$ は下図のように振る舞う． ■

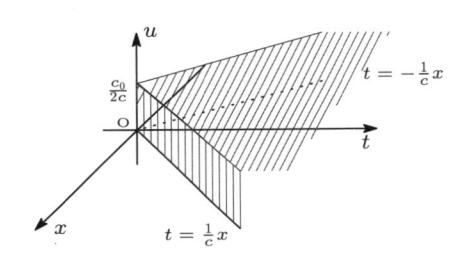

解 説

問題の方程式は波動方程式 (wave equation) と呼ばれる偏微分方程式であり，微分方程式論で扱われる素材だが，微分積分学の中で十分考えられる問題なのでこの時点で扱うことにした．

問題1. は偏微分の連鎖律の問題．条件が見やすい方向に変数を変換するのが連鎖律の基本的な使い方の一つである．ここでは波動方程式を扱ったが，Laplace 方程式を極座標に変換する問題が教科書等ではポピュラーだろう．解答は少々詳しく書き過ぎたので，もう少し簡素に書いてもよいだろう．

第5章 重積分

> 出題範囲に微分積分がある大学院ならば必ず出題される．
> 出題内容としては，(1)（有界領域での）2重積分の計算問題，(2) 3重以上の重積分の計算問題，(3) 広義積分が主なものである．計算だけでなく理論的な側面に関する問題もあるが，1変数の場合と比べ計算問題の比重が大きい．

§5.1 基本問題編

5.1.1 （有限領域での）計算問題

有限領域での重積分の計算問題は次の3種に大別できる．各型に対する解法スキームは次の図のようになる：

I. 基本形 : 通常の重積分は次の2つの作業工程からなる：

$$\boxed{\text{重積分}} \xrightarrow{\text{①計算用の式に変換}} \boxed{\text{累次積分}} \xrightarrow{\text{②計算の実行}} \boxed{\text{値}}$$

II. 積分の順序変更: たとえば，x に関して計算した後に，y に関して計算するという積分の順序を，y に関して計算した後に，x に関して計算するという積分に変更するという問題．理屈の上では重積分に差し戻して計算用の式に再度変換し直すので，作業工程は3段階だと考える：

$$\boxed{\text{重積分}} \underset{\text{②計算用の式に再変換}}{\overset{\text{①問題の差し戻し}}{\rightleftarrows}} \boxed{\text{累次積分}} \xrightarrow{\text{③計算の実行}} \boxed{\text{値}}$$

III. 変数変換: 1変数の「置換積分」に相当し，複雑な入れ物から簡単に測れる入れ物に移して計算する方法．作業工程は1段階（移し替え作業）増える：

第 5 章 重積分

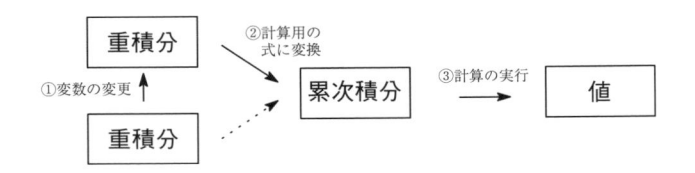

まず **I**, **II** のタイプについて考えよう.

基本問題 1

次の 2 重積分を計算せよ.

(1) $I = \iint_D \sin\left(\dfrac{\pi x}{2y}\right) dxdy, \quad D = \{(x,y) \mid y \leq x \leq y^2,\ 1 \leq y \leq 3\}$.

(2) $I = \iint_D 3x^2 y^3 \, dxdy$ ただし D は直線 $y = x$ と曲線 $y = x^2$ で囲まれた領域.

(3) $I = \displaystyle\int_1^3 \left(\int_{\sqrt{x}}^{x} e^y \, dy\right) dx + \int_3^9 \left(\int_{\sqrt{x}}^{3} e^y \, dy\right) dx$.

(4) $I = \displaystyle\int_1^2 dx \int_{\frac{1}{x}}^{2} y e^{xy} \, dy$

((1)(3) 東北大工学研究科 機械専攻, (2) 東京農工大工学研究科 機械専攻, (4) 首都大システムデザイン研究科)

基本問題 1 の解答

(1) I を累次積分として表せば $I = \displaystyle\int_1^3 \left(\int_y^{y^2} \sin\left(\dfrac{\pi x}{2y}\right) dx\right) dy$ となる. この累次積分を計算して

$$
\begin{aligned}
I &= \int_1^3 \left(\int_y^{y^2} \sin\left(\frac{\pi x}{2y}\right) dx\right) dy = \int_1^3 \left[-\frac{2y}{\pi} \cos\left(\frac{\pi x}{2y}\right)\right]_y^{y^2} dy \\
&= -\frac{2}{\pi} \int_1^3 y \cos\left(\frac{\pi y}{2}\right) dy = -\frac{2}{\pi} \left\{\left[\frac{2}{\pi} y \sin\left(\frac{\pi y}{2}\right)\right]_1^3 - \frac{2}{\pi} \int_1^3 \sin\left(\frac{\pi y}{2}\right) dy\right\} \\
&= -\frac{4}{\pi^2} \left(-4 - \left[-\frac{2}{\pi} \cos\left(\frac{\pi y}{2}\right)\right]_1^3\right) = \frac{16}{\pi^2}
\end{aligned}
$$

((1) の積分領域は (3) の領域と一致する.)

(2) 右図より I を累次積分で表せば
$I = \int_0^1 \left(\int_{x^2}^x 3x^2 y^3 dy \right) dx$. これを計算して

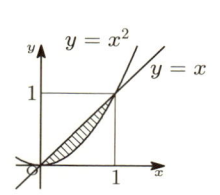

$$I = \int_0^1 3x^2 \left[\frac{1}{4}y^4\right]_{x^2}^x dx = \frac{3}{4}\int_0^1 (x^6 - x^{10})dx = \underline{\frac{3}{77}}$$

【別解】 右図より I は $I = \int_0^1 \left(\int_y^{\sqrt{y}} 3x^2 y^3 dx \right) dy$ と表される. これを計算して

$$I = \int_0^1 y^3 \left[x^3\right]_y^{\sqrt{y}} dy = \int_0^1 (y^{\frac{9}{2}} - y^6)dy = \underline{\frac{3}{77}}$$

(3) I の積分領域は

$$D = \{(x,y) \mid 1 \leq x \leq 3,\ \sqrt{x} \leq y \leq x\ \}$$
$$\cup \{(x,y) \mid 3 \leq x \leq 9,\ \sqrt{x} \leq y \leq 3\ \}$$
$$= \{(x,y) \mid 1 \leq y \leq 3,\ y \leq x \leq y^2\ \}$$

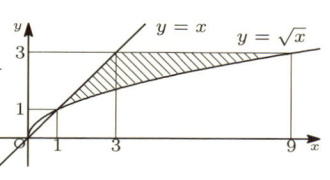

と表される（右図参照）. この表示より

$$I = \iint_D e^y dxdy = \int_1^3 \left(\int_y^{y^2} e^y dx \right) dy = \int_1^3 e^y(y^2 - y)dy$$
$$= \left[e^y(y^2 - y)\right]_1^3 - \int_1^3 e^y(2y - 1)dy$$
$$= 6e^3 - \left\{ \left[e^y(2y-1)\right]_1^3 - \int_1^3 2e^y dy \right\} = \underline{3e^3 - e}$$

(4) I の積分領域は

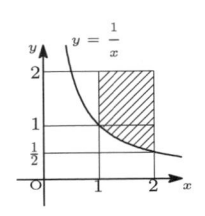

$$\begin{aligned} D &= \{(x,y) \mid 1 \leq x \leq 2,\ \frac{1}{x} \leq y \leq 2 \} \\ &= \{(x,y) \mid \frac{1}{2} \leq y \leq 1,\ \frac{1}{y} \leq x \leq 2 \} \\ &\cup \{(x,y) \mid 1 \leq x \leq 2,\ 1 \leq y \leq 2 \} \end{aligned}$$

と表される（右図参照）．この表示より

$$\begin{aligned} I &= \iint_D y e^{xy} dxdy = \int_{\frac{1}{2}}^{1} dy \int_{\frac{1}{y}}^{2} y e^{xy} dx + \int_{1}^{2} dy \int_{1}^{2} y e^{xy} dx \\ &= \int_{\frac{1}{2}}^{1} \left[e^{xy} \right]_{\frac{1}{y}}^{2} dy + \int_{1}^{2} \left[e^{xy} \right]_{1}^{2} dy = \int_{\frac{1}{2}}^{1} (e^{2y} - e) dy + \int_{1}^{2} (e^{2y} - e^y) dy \\ &= \left[\frac{1}{2} e^{2y} - ey \right]_{\frac{1}{2}}^{1} + \left[\frac{1}{2} e^{2y} - e^y \right]_{1}^{2} = \underline{\frac{1}{2} e^4 - e^2} \end{aligned}$$

■

解　説

　(1) (2) は **I. 基本形** の問題である．重積分の学習の順路は，

　　幾何学的な説明　→　累次積分の計算練習②

　　→　重積分の累次積分への変換の練習①（①，②は p.171 の **I.** を参照）

がオーソドックスだろう．重積分を計算用の式（＝累次積分）に作り直すためには次の命題が基本である．

命題 2重積分 $I = \iint_D f(x,y)dxdy$ について

(1) $D = \left\{ (x,y) \middle| \begin{array}{c} a \leq x \leq b \\ \varphi(x) \leq y \leq \psi(x) \end{array} \right\} \Rightarrow I = \int_a^b \left(\int_{\varphi(x)}^{\psi(x)} f(x,y)dy \right) dx$

(2) $D = \left\{ (x,y) \middle| \begin{array}{c} a \leq y \leq b \\ \varphi(y) \leq x \leq \psi(y) \end{array} \right\} \Rightarrow I = \int_a^b \left(\int_{\varphi(y)}^{\psi(y)} f(x,y)dx \right) dy$

(1) は命題をそのまま使えるので，その意味で単なる②の練習であるが，(2) は問題文から直ぐに命題を利用できない問題であり，この意味で (2) は基本形のフルセットである．命題のような領域の形の表現は，問題中の情報より式変形等で導けるのだが，式だけから導くにはかなりの経験，訓練が必要であり，試験において領域 D を図示して積分範囲の式を考えることが有効である．

(3) (4) は **II. 積分の順序変更** に関する問題である．(3) は順序変更をしなくても計算は実行可能だが，順序変更で1つにまとめたほうがよいだろう．「積分の順序変更の勉強をしたか？」という出題者の声が聞こえてきそうな問題である．一方，(4) は既に累次積分の形になっているので計算を実行してみる．部分積分より

$$
\begin{aligned}
I &= \int_1^2 \left\{ \left[\frac{y}{x} e^{xy} \right]_{\frac{1}{x}}^2 - \int_{\frac{1}{x}}^2 \frac{e^{xy}}{x} dy \right\} dx \\
&= \int_1^2 \left\{ \frac{2}{x} e^{2x} - \frac{e}{x^2} - \frac{1}{x^2}(e^{2x} - e) \right\} dx = \int_1^2 \left(\frac{2e^{2x}}{x} - \frac{e^{2x}}{x^2} \right) dx
\end{aligned}
$$

となるのだが，ここに現れる積分 $\displaystyle\int \frac{e^{ax}}{x} dx$ は**積分指数関数**という，いわゆる"積分できない"関数であり（第3章 Column 参照），したがってこれ以上計算を実行できないが，順序変更して求めることができる．積分の順序変更は単なる計算の簡略化ツールではなく，計算の本質的な部分で必要なのである．

ちなみに **II** の型では，単に変換のみを求める問題，すなわち①，②の工程のみを課す問題もある．

基本問題 2

次の 2 重積分の値を求めよ.

(1) $I = \iint_D e^x dxdy, \quad D : 0 \leq x+y \leq 1,\ 0 \leq x-y \leq 1.$

(2) $I = \iint_D x^2 dxdy, \quad D : 0 \leq x,\ 0 \leq y,\ \sqrt{x}+\sqrt{y} \leq 1.$

(東京農工大工学研究科)

基本問題 2 の解答

(1) $s = x+y,\ t = x-y$, すなわち $x = \frac{s+t}{2}, y = \frac{s-t}{2}$ と置く. このとき積分領域 D は $D' : 0 \leq s \leq 1,\ 0 \leq t \leq 1$ と変換され, 変数変換 $(x,y) \to (s,t)$ に関する Jacobi 行列式 J は

$$J = \begin{vmatrix} x_s & x_t \\ y_s & y_t \end{vmatrix} = \begin{vmatrix} \frac{1}{2} & \frac{1}{2} \\ \frac{1}{2} & -\frac{1}{2} \end{vmatrix} = -\frac{1}{2}$$

となる. 変数変換公式より

$$I = \iint_{D'} e^{\frac{s+t}{2}} |J| dsdt = \frac{1}{2} \int_0^1 \left(\int_0^1 e^{\frac{s+t}{2}} dt \right) ds$$
$$= \frac{1}{2} \left(\int_0^1 e^{\frac{s}{2}} ds \right) \cdot \left(\int_0^1 e^{\frac{t}{2}} dt \right) = \underline{2(\sqrt{e}-1)^2}$$

(2) $x = r^4 \cos^4 \theta,\ y = r^4 \sin^4 \theta$ と置く. このとき積分領域 D は $D' : 0 \leq r \leq 1,\ 0 \leq \theta \leq \frac{\pi}{2}$ と変換され, 変数変換 $(x,y) \to (r,\theta)$ に関する Jacobi 行列式 J は

$$J = \begin{vmatrix} x_r & x_\theta \\ y_r & y_\theta \end{vmatrix} = \begin{vmatrix} 4r^3 \cos^4 \theta & -4r^4 \cos^3 \theta \sin \theta \\ 4r^3 \sin^4 \theta & 4r^4 \sin^3 \theta \cos \theta \end{vmatrix}$$
$$= 16r^7 \cos^3 \theta \sin^3 \theta \begin{vmatrix} \cos \theta & -\sin \theta \\ \sin \theta & \cos \theta \end{vmatrix} = 16r^7 \cos^3 \theta \sin^3 \theta$$

となる. 変数変換公式より

$$I = \iint_{D'} r^8 \cos^8 \theta\ |16r^7 \cos^3 \theta \sin^3 \theta| drd\theta = \int_0^1 \left(\int_0^{\frac{\pi}{2}} 16r^{15} \cos^{11} \theta \sin^3 \theta d\theta \right) dr$$

$$= \left(\int_0^1 16r^{15} dr\right) \cdot \left(\int_0^{\frac{\pi}{2}} (\cos^{13}\theta - \cos^{11}\theta)(-\sin\theta) d\theta\right) = \frac{1}{84}$$

(1) の図   (2) の図

解説

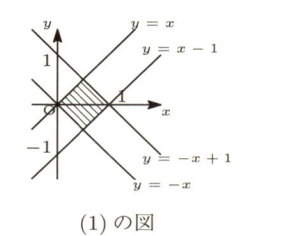

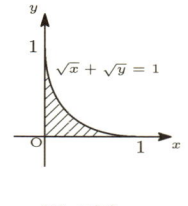

1. 【基本問題 2】は 171 頁, **III. 変数変換公式** に関する問題である.

定理 1　変数変換公式

st 平面の有界な領域 E で定義された C^1 級関数 $x = \varphi(s,t)$, $y = \psi(s,t)$ に対して

(i)　E の各点で **Jacobi 行列**
$$\frac{\partial(x,y)}{\partial(s,t)} = \begin{bmatrix} x_s & x_t \\ y_s & y_t \end{bmatrix}$$

の行列式 $J = x_s y_t - x_t y_s$ は 0 ではない,

(ii)　写像 $F(s,t) = (\varphi(s,t), \psi(s,t))$ は E から E の像 $D = F(E)$ への 1 対 1 の写像である,

という 2 条件が成り立つとき, 連続関数 $f(x,y)$ に対して次が成り立つ:

$$\iint_D f(x,y) dx dy = \iint_E f(\varphi(s,t), \psi(s,t)) |J| ds dt$$

重積分の変数変換は，1変数の置換積分と同様，構成要素である「積分領域 D」「被積分関数 $f(x,y)$」および「面積要素 $dxdy$」の3要素を全て翻訳することで行われる．中には部分的にしか翻訳されていない中途半端な答案もある．項目ごとに確認作業をする癖をつけたいものである．

2. Jacobi 行列の行列式 J は **Jacobi 行列式**，**Jacobian**，関数行列式 などいろいろな呼び方がある．また教科書によっては Jacobi 行列式を表す記号として J の代わりに $\partial(x,y)/\partial(s,t)$ を用いる場合もある．記号の使い方には注意してほしい．Jacobi 行列式 J は座標 (x,y) から座標 (s,t) に変更したときに生ずる面積要素 $dxdy, dsdt$ の比を表す．中に

$$dx = \frac{dx}{ds}ds,\ dy = \frac{dy}{dt}dt \quad だから \quad dxdy = \frac{dx}{ds}\frac{dy}{dt}dsdt$$

という計算をされる方もいるが，x,y は s,t 両方に連動する量なので $dx = \frac{dx}{ds}ds$ のように一方だけを計算するのは間違いである（このような間違いを起こさないために ∂ という記号を設けたのだろう）．線素 dx, dy, ds, dt の間の変換ではなく，面積要素間の変換 $dxdy = Jdsdt$ と考えなければならない．

3. 頻出である極座標に関する問題はあらためて扱うこととし，ここでは変数変換公式の使い方を見るための問題を扱った．

(1) は面積要素 $dxdy$ の変更の際，Jacobi 行列式 J が付くまでは覚えているが，この J に絶対値を付けることを忘れている場合が多く，この問題は確認するための出題だろう．被積分関数が $e^x > 0$ だから，最終結果が負なら間違いである．

(2) は Lamé 曲線（または超楕円）と呼ばれる曲線群 $|x|^n + |y|^n = 1\,(n>0)$ の中で $n = 1/2$ の場合である．ちなみに $n = 2/3$ の場合はアステロイド（星芒形）と呼ばれている．

$$x = r^{\frac{2}{n}}\cos^{\frac{2}{n}}\theta,\ y = r^{\frac{2}{n}}\sin^{\frac{2}{n}}\theta \quad (0 \leq r, 0 \leq \theta \leq \pi/2)$$

と置換すれば $r\theta$ 平面内では円板（四半円）と同じ領域とみなすことができる．

§5.1 基本問題編　179

この曲線を扱うときの標準的な置き方である．1変数，多変数問わず，一般に容易に発想できるような置換は少ない．問題に応じた最低限の「型」を覚える必要はあるのだ．

基本問題 3

S を原点を中心とする半径 a の球とする．S の内側で次の各部分の体積を求めよ．

(1) $x^2 + y^2 = ax$ の内側にある部分．
(2) $(x^2 + y^2)^2 = a^2(x^2 - y^2)$ の内側にある部分．

(首都大システムデザイン研究科)

基本問題 3 の解答

求める体積 V は半空間 $z \geq 0$ 内にある部分の体積 V_+ を 2 倍すればよい．また xy 平面上の点 (x, y) における高さを $z = \sqrt{a^2 - x^2 - y^2}$ で与えれば点 (x, y, z) は S 上の点となる．(1)(2) で与えられた空間の領域と xy 平面との共通部分を D とすれば半空間 $z \geq 0$ 内にある部分の体積 V_+ は

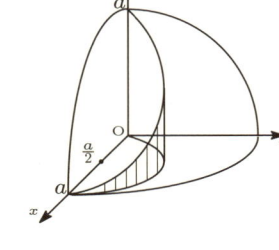

$$V_+ = \iint_D \sqrt{a^2 - x^2 - y^2}\, dxdy$$

となる．

(1) $x^2 + y^2 = ax \Leftrightarrow (x - \frac{a}{2})^2 + y^2 = (\frac{a}{2})^2$ より，これは $x = \frac{a}{2}$ を中心とし，$\frac{a}{2}$ を半径とする円柱を表す．極座標 $x = r\cos\theta$, $y = r\sin\theta$ に変換すれば $D \leftrightarrow D' = \{(r, \theta) : -\frac{\pi}{2} \leq \theta \leq \frac{\pi}{2},\ 0 \leq r \leq a\cos\theta\}$（右図参照）だから

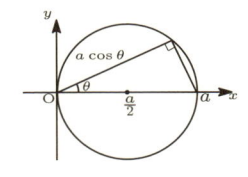

$$V_+ = \iint_{D'} \sqrt{a^2-r^2}\,r\,dr\,d\theta = \int_{-\frac{\pi}{2}}^{\frac{\pi}{2}} \left(\int_0^{a\cos\theta} \sqrt{a^2-r^2}\,r\,dr\right) d\theta$$

$\int_0^{a\cos\theta}\sqrt{a^2-r^2}\,r\,dr$ は θ に関して偶関数であるから

$$V_+ = 2\int_0^{\frac{\pi}{2}} \left[-\frac{1}{3}(a^2-r^2)^{\frac{3}{2}}\right]_0^{a\cos\theta} d\theta = \frac{2a^3}{3}\int_0^{\frac{\pi}{2}}(1-\sin^3\theta)d\theta$$
$$= \frac{2a^3}{3}\left(\frac{\pi}{2}-\frac{2}{3}\cdot 1\right) = \frac{3\pi-4}{9}a^3.$$

ゆえに $V=2V_+ = \underline{\dfrac{6\pi-8}{9}a^3}$ となる．

(2) 変数変換 $(x,y) \mapsto (\pm x, \pm y)$ について式が不変であることから，xy 平面内の図形は第 1 象限にある部分を x 軸，y 軸に関して折り返せば得られる．また $z=\sqrt{a^2-x^2-y^2}$ についても同様なので，第 1 象限内の図形 D_1 上での体積 V_1 を 4 倍すれば V_+ が得られる．次に極座標を使うと

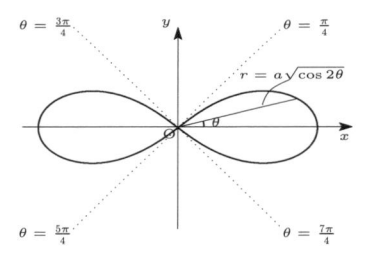

$$(x^2+y^2)^2 = a^2(x^2-y^2)$$
$$\Leftrightarrow \quad r^4 = a^2 r^2 (\cos^2\theta-\sin^2\theta) = a^2 r^2 \cos 2\theta$$

$r\neq 0$ ならば $r^2 = a^2\cos 2\theta$ となる．r は実数だから，$0\le\theta\le\frac{\pi}{2}$ において式が有効となる範囲は $0\le\theta\le\frac{\pi}{4}$ のみとなる．D_1 は曲線で囲まれる内側の部分だから，各 θ に対する r の範囲は $0\le r\le a\sqrt{\cos 2\theta}$ と表される．そこで

$$D_1' = \{(r,\theta)\,:\,0\le\theta\le\frac{\pi}{4},\ 0\le r\le a\sqrt{\cos 2\theta}\,\}$$

と置けば変数変換公式より

$$\frac{V_+}{4} = \iint_{D_1} \sqrt{a^2-x^2-y^2}\,dx\,dy$$
$$= \iint_{D_1'} \sqrt{a^2-r^2}\,r\,dr\,d\theta = \int_0^{\frac{\pi}{4}} \left(\int_0^{a\sqrt{\cos 2\theta}} \sqrt{a^2-r^2}\,r\,dr\right) d\theta$$
$$= \int_0^{\frac{\pi}{4}} \left[-\frac{1}{3}(a^2-r^2)^{\frac{3}{2}}\right]_0^{a\sqrt{\cos 2\theta}} d\theta = -\frac{a^3}{3}\int_0^{\frac{\pi}{4}}\left\{(1-\cos 2\theta)^{\frac{3}{2}}-1\right\}d\theta$$

(倍角の公式 $\cos 2\theta = 1 - 2\sin^2\theta$ より)

$$
\begin{aligned}
&= -\frac{a^3}{3}\int_0^{\frac{\pi}{4}}(2\sqrt{2}\sin^3\theta - 1)d\theta \\
&= -\frac{a^3}{3}\left\{2\sqrt{2}\int_0^{\frac{\pi}{4}}(\cos^2\theta - 1)(-\sin\theta)d\theta - \frac{\pi}{4}\right\} \\
&= -\frac{a^3}{3}\left\{2\sqrt{2}\left[\frac{1}{3}\cos^3\theta - \cos\theta\right]_0^{\frac{\pi}{4}} - \frac{\pi}{4}\right\} = \frac{3\pi - 16\sqrt{2} + 20}{36}a^3
\end{aligned}
$$

したがって $V = 2V_+ = \underline{\dfrac{6\pi - 32\sqrt{2} + 40}{9}a^3}$ ■

解 説

前問に引き続き,【基本問題3】は **III. 変数変換公式** に関する問題,特に頻出である極座標に関する問題を扱う.極座標は方向に関係しない動径方向にのみ変化を生ずる現象(たとえば点電荷や直線状の電荷分布が与える電場など)に有効な座標系であり,理工学全般で頻繁に用いられる.重積分の極座標への変換は理解度を測るのに打って付けであり,入試では頻繁に出題されている.「$x^2 + y^2$」というキーフレーズが出てきたら極座標を疑ったほうがよい.

重積分に関する問題では「直交座標で与えられた図形が極座標ではどのように表現されるか?」ということが主要な問題点となる.入試では右図の例のような(円板の場合も含む)輪環面で角度の制約が付いた図形,そして (1) のように原点を通り,原点以外の中心を持つ円板の場合の2種が頻繁に出題されている.

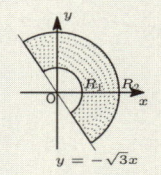

$(x, y):$ $R_1^2 \leq x^2 + y^2 \leq R_2^2$
かつ $y + \sqrt{3}x \geq 0$

$\Updownarrow$

$(r, \theta):$ $R_1 \leq r \leq R_2$
かつ $-\frac{\pi}{3} \leq \theta \leq \frac{2\pi}{3}$

一方 (2) の底面は レムニスケート(連珠形)という平面曲線である.これについては第7章の例で解説する.重積分の問題としては高級な部類で

あろう．

教科書によっては変数変換公式を経由せず極座標に対する変換公式を説明し，Jacobianによる変数変換公式自体を掲載していないものがある．他大学の受験を目指している方は「利用している教科書に載っていないから」とか「授業で習わなかったから」というのは言い訳にしかならない．志望する学校の出題範囲の確認や傾向などの分析はしっかりと行って欲しい．

5.1.2 3重以上の重積分の計算問題

基本問題 4

次の重積分の値を求めよ．

(i) $I = \iiint_D xy\,dxdydz$, $D = \{(x,y,z) : x \geq 0,\ y \geq 0,\ z \geq 0,\ x+y+z \leq 1\}$.

(ii) $I = \iiiint_V xw\,dxdydzdw$, $V = \left\{(x,y,z,w) : \begin{array}{l} x^2+y^2+z^2 \leq 1, \\ 0 \leq x,\ 0 \leq y,\ 0 \leq z, \\ 0 \leq w \leq 1 \end{array}\right\}$.

((i), (ii) 九州大数理学府)

基本問題 4 の解答

(i) まず与えられた3重積分を累次積分に直す．

1. z の範囲を決める．P を領域 D 内の点だとする．右図1のように点 (x,y) を通り z 軸に平行な直線 ℓ_1 を考える．P が ℓ_1 と D との共通部分内にあるためには $0 \leq z \leq 1-x-y$ でなければならない．

2. 点 $(x,y,0)$ を P_1 と置く（図1）．このとき P_1 が動ける範囲は与式において $z=0$ と置いた条件

$$D_1 = \{(x,y)\ :\ x \geq 0,\ y \geq 0,\ x+y \leq 1\}$$

を満たす．x を通る直線 ℓ_2 上にある P_1 が D_1 内にあるためには $0 \leq y \leq 1-x$ でなければならない（図2）．

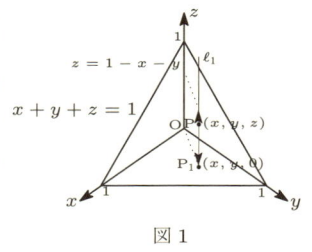

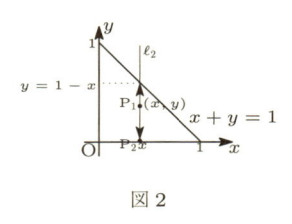

図 1

図 2

3. 点 $(x,0)$ を P_2 と置く（図2）P_2 が動ける範囲は $0 \leq x \leq 1$ となる．

以上の考察より積分領域 D は

184　第5章　重積分

$$D = \{(x, y, z) \ : \ 0 \leq x \leq 1, \ 0 \leq y \leq 1-x, \ 0 \leq z \leq 1-x-y\}$$

と表されることが分かる．したがって

$$\begin{aligned}
I &= \int_0^1 \left\{\int_0^{1-x} \left(\int_0^{1-x-y} xy dz\right) dy\right\} dx \\
&= \int_0^1 x \left\{\int_0^{1-x} y \left(\int_0^{1-x-y} dz\right) dy\right\} dx \\
&= \int_0^1 x \left(\int_0^{1-x} \{y(1-x) - y^2\} dy\right) dx = \frac{1}{6}\int_0^1 x(1-x)^3 dx = \underline{\frac{1}{120}}
\end{aligned}$$

(ii) まず $V = D \times \{w : 0 \leq w \leq 1\}$, $\left(D = \left\{(x, y, z) : \begin{array}{c} x^2 + y^2 + z^2 \leq 1 \\ 0 \leq x, 0 \leq y, 0 \leq z \end{array}\right\}\right)$

より

$$\begin{aligned}
I &= \iiiint_D xw\, dx dy dz dw = \int_0^1 \left(\iiint_D xw\, dx dy dz\right) dw \\
&= \left(\int_0^1 w\, dw\right) \times \left(\iiint_D x\, dx dy dz\right).
\end{aligned}$$

$\int_0^1 w\, dw = \frac{1}{2}$ であり，第2項は積分領域 D が

$$D = \left\{(x, y, z) \ : \ \begin{array}{c} 0 \leq y \leq 1 \\ 0 \leq x \leq \sqrt{1-y^2} \\ 0 \leq z \leq \sqrt{1-x^2-y^2} \end{array}\right\}$$

と表されるので，

$$\begin{aligned}
\iiint_D x\, dx dy dz &= \int_0^1 \left\{\int_0^{\sqrt{1-y^2}} \left(\int_0^{\sqrt{1-x^2-y^2}} x\, dz\right) dx\right\} dy \\
&= \int_0^1 \left(\int_0^{\sqrt{1-y^2}} x\sqrt{1-x^2-y^2}\, dx\right) dy \\
&= \int_0^1 \left[-\frac{1}{3}(1-x^2-y^2)^{\frac{3}{2}}\right]_0^{\sqrt{1-y^2}} dy \\
&= \frac{1}{3}\int_0^1 (1-y^2)^{\frac{3}{2}} dy = \frac{1}{3}\int_0^{\frac{\pi}{2}} \cos^4\theta\, d\theta \quad (y = \sin\theta \text{ と置換して})
\end{aligned}$$

$$= \frac{1}{3} \times \frac{3}{4} \times \frac{1}{2} \times \frac{\pi}{2} = \frac{\pi}{16}$$

したがって $I = \frac{1}{2} \times \frac{\pi}{16} = \underline{\frac{\pi}{32}}$ ∎

解 説

2重積分でも時間を要するが変数が3個以上の場合はその比ではない．試験に限定すれば基本的な計算問題以外は出題されないと考えてもよい（数学科や計算スキルを評価するような場合はその限りではない）．

計算方法は2重積分の場合の基本形と同じく累次積分へ変換し，その累次積分を用いて計算を実行するという手順がある．累次積分へ変換するには【基本問題1】の解説にある命題の3重積分版を用いればよい：

命題 $D = \{(x,y,z) |\ a \le x \le b,\ \varphi_1(x) \le y \le \varphi_2(x),\ \psi_1(x,y) \le z \le \psi_2(x,y) \}$ ならば

$$\iiint_D f(x,y,z)dxdydz = \int_a^b \left\{ \int_{\varphi_1(x)}^{\varphi_2(x)} \left(\int_{\psi_1(x,y)}^{\psi_2(x,y)} f(x,y,z)dz \right) dy \right\} dx$$

したがって問題の主部は与えられた積分領域を命題の形に表現し直す所にある．

(i) は3重積分の典型的な問題である．この解答例では図を用いて説明したが，条件式のみを使って累次積分の式にすることもできる．また (ii) のように積分領域自体が4次元で図示できない場合もあるので，条件式のみを使って累次積分の式に直せるように練習して欲しい．

(ii) は計算できるよう細工が施されている．まず積分領域については x, y, z に関する条件と w に関する条件が独立している．また被積分関数についても変数 x, y, z の関数と変数 w の関数の積になっている．このため見た目は4重積分なのだが実質的に3重積分の問題に帰着される．

5.1.3 広義積分

基本問題 5

$\rho > 1$, α を定数で

$$S_\rho = \{\, (x,y) \mid x \geq 0,\ y \geq 0,\ 1 \leq x^2 + y^2 \leq \rho \,\}$$

$$F(\rho) = \iint_{S_\rho} (x^2 + y^2)^{-\alpha/2} dxdy$$

とおくとき，次の問いに答えよ．

(1) $F(\rho)$ を求めよ．
(2) $\rho \to +\infty$ のとき，$F(\rho)$ の収束・発散を調べ，もし収束する場合はその極限値を求めよ．

(新潟大自然科学研究科 数理物質科学専攻)

基本問題 5 の解答

(1) $x = r\cos\theta$, $y = r\sin\theta$ とする．$D' = \{\, (r,\theta) \mid 0 \leq \theta \leq \frac{\pi}{2},\ 1 \leq r \leq \sqrt{\rho} \,\}$ と置けば，変数変換公式より

$$F(\rho) = \iint_{D'} r^{-\alpha} r\, dr d\theta = \int_0^{\frac{\pi}{2}} \left(\int_1^{\sqrt{\rho}} r^{-\alpha+1} dr \right) d\theta = \frac{\pi}{2} \int_1^{\sqrt{\rho}} r^{-\alpha+1} dr$$

$\alpha \neq 2$ のとき $F(\rho) = \dfrac{\pi}{2} \cdot \left[\dfrac{1}{-\alpha+2} r^{-\alpha+2} \right]_1^{\sqrt{\rho}} = \underline{\dfrac{\pi}{-2\alpha+4}(\rho^{-\frac{\alpha}{2}+1} - 1)}$

$\alpha = 2$ のとき $F(\rho) = \dfrac{\pi}{2} \cdot \left[\log r \right]_1^{\sqrt{\rho}} = \underline{\dfrac{\pi}{4} \log \rho}$

(2) $\alpha > 2$ のとき $-\dfrac{\alpha}{2} + 1 < 0$ より $\rho^{-\frac{\alpha}{2}+1} \to 0$ だから $F(\rho)$ は収束する．
$\alpha = 2$ のとき $F(\rho) = \frac{\pi}{2} \log \rho \to +\infty$．
$\alpha < 2$ のとき $-\dfrac{\alpha}{2} + 1 > 0$ より $\rho^{-\frac{\alpha}{2}+1} \to +\infty$，したがって $F(\rho)$ は発散する．

以上まとめて，

$F(\rho)$ は $\alpha \leq 2$ のとき発散, $\alpha > 2$ のとき $\dfrac{\pi}{2\alpha - 4}$ に収束する

解説

1. 重積分に関する標準問題として最初に挙げるのは無限領域における広義積分である．本問題はその典型的な問題．1変数のときと同じく，最初に有限な積分領域での計算を実行し，その領域を広げていったときの収束・発散を論ずればよい．この問題の形式は広義積分の扱い方を小問に分けて誘導しているが，通常は

「$p > 0$ とし，$D = \{(x,y) \in \mathbb{R}^2 \mid x^2 + y^2 \geq 1\}$ とする．このとき，広義積分 $\displaystyle\iint_D \dfrac{dxdy}{(x^2 + y^2)^p}$ の収束，発散を調べ，収束する場合はその値を求めよ．(広島大理学研究科 数学専攻)」

のように誘導のない形で出題される方が多い．【基本問題5】は誘導のない場合の扱い方の指針であり，各自で上のように小問を設定すれば正確な答案を作成できるだろう．

2. この積分は，無限領域における一般の広義積分を評価するための基礎になる応用上重要な積分である．結果自身も覚えておきたい．

§5.2 標準・発展問題編

標準問題 1

区間 $[0,1]$ 上の連続関数 $f(x)$ に対し

$$Tf(y) = \int_0^y \frac{f(x)}{\sqrt{y-x}}dx \qquad (0 \leq y \leq 1)$$

とおく．そのとき

(1) Tf は $[0,1]$ 上の連続関数であることを示せ．

(2) 積分 $I = \int_0^1 \frac{1}{\sqrt{t(1-t)}}dt$ を求めよ．

(3) $0 \leq z \leq 1$ に対し $T(Tf)(z)$ を求めよ．

(東北大理学研究科 数学専攻)

基本問題 1 の解答

(1) f は閉区間 $[0,1]$ で連続だから $|f(x)| \leq M$ となる $M > 0$ がとれる．これより

$$\begin{aligned}|Tf(z) - Tf(y)| &\leq M\left|\int_0^z \frac{dx}{\sqrt{z-x}} - \int_0^y \frac{dx}{\sqrt{y-x}}\right| \\ &= M\left|\left[-2\sqrt{z-x}\right]_0^z - \left[-2\sqrt{y-x}\right]_0^y\right| \leq 2M|\sqrt{z} - \sqrt{y}|\end{aligned}$$

この評価式により Tf は連続であることが分かる．

(2) $t(1-t) = \frac{1}{4} - (t-\frac{1}{2})^2$ より $t = \frac{1}{2} + \frac{1}{2}\sin\theta$ と置く．このとき $dt = \frac{1}{2}\cos\theta d\theta$,

t	$0 \to 1$
θ	$-\frac{\pi}{2} \to \frac{\pi}{2}$

より

$$I = \int_0^1 \frac{dt}{\sqrt{1/4 - (t-1/2)^2}} = \int_{-\pi/2}^{\pi/2} \frac{(1/2)\cos\theta d\theta}{(1/2)\sqrt{1-\sin^2\theta}} = \underline{\pi}$$

(3) $\left\{(x,y) \;\middle|\; \begin{array}{l} 0 \leq x \leq y, \\ 0 \leq y \leq z \end{array}\right\} = \left\{(x,y) \;\middle|\; \begin{array}{l} 0 \leq x \leq z, \\ x \leq y \leq z \end{array}\right\}$ より

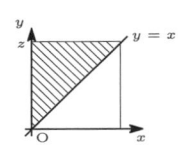

$$T(Tf)(z) = \int_0^z \frac{1}{\sqrt{z-y}} \left(\int_0^y \frac{f(x)}{\sqrt{y-x}} dx \right) dy$$
$$= \int_0^z \left(\int_0^y \frac{f(x)}{\sqrt{z-y} \cdot \sqrt{y-x}} dx \right) dy = \int_0^z f(x) \left(\int_x^z \frac{dy}{\sqrt{z-y} \cdot \sqrt{y-x}} \right) dx$$

ここで $t = (y-x)/(z-x)$ と置けば (2) の結果から

$$\int_x^z \frac{dy}{\sqrt{z-y} \cdot \sqrt{y-x}} = \int_0^1 \frac{dt}{\sqrt{1-t} \cdot \sqrt{t}} = \pi$$

だから $T(Tf)(z) = \pi \int_0^z f(x) dx$ となる. ∎

解 説

関数にあるパラメーター付きの関数を掛けて積分することで,新しい関数を作ることを積分変換という.たとえば,ラプラス変換は $f(t)$ $(t \leq 0)$ に対して

$$L(f(t)) = \int_0^\infty f(t) e^{-st} dt$$

フーリエ変換は

$$F(f(x)) = \frac{1}{\sqrt{2\pi}} \int_{-\infty}^\infty f(x) e^{-ixy} dx$$

などがある. $\sqrt{\pi} = \Gamma(1/2)$ に注意して $I^{1/2} f(y) = \frac{1}{\Gamma(1/2)} \int_0^y \frac{f(x)}{\sqrt{y-x}} dx$ とすると上の結果より $((I^{1/2})^2 f)(z) = \int_0^z f(x) dx$ となり, $I^{1/2}$ は原始関数の平方根になっている.これは Riemann-Liouville 積分と呼ばれており,通常の形を整数階の微分積分というならば,これは実数階の微分積分を定義している.

〔練習問題 1〕 $a > 0$ とする.関数 f を閉区間 $[0, a]$ 上で連続な関数とするとき,累次積分

$$\int_0^a \sqrt{a-t} \left(\int_0^t \sqrt{t-s} f(s) ds \right) dt$$

と常に等しいのはどれか.

1. $\dfrac{\pi}{2}\displaystyle\int_0^a (a-s)f(s)ds$ 2. $\dfrac{\pi}{4}\displaystyle\int_0^a (a-s)f(s)ds$ 3. $\dfrac{\pi}{16}\displaystyle\int_0^a (a-s)f(s)ds$

4. $\dfrac{\pi}{4}\displaystyle\int_0^a (a-s)^2 f(s)ds$ 5. $\dfrac{\pi}{8}\displaystyle\int_0^a (a-s)^2 f(s)ds$

(公務員試験上級択一理工)

標準問題 2

xy 平面上において，原点を中心とする半径 a の円の内部（円周上の点は含まない）を領域 D とし，

$$I = \iint_D e^{-x^2-y^2} dx dy \tag{5.1}$$

とする．以下の問に答えよ．

1) $x = r\cos\theta$, $y = r\sin\theta$ と変数変換したとき，領域 D の範囲を r, θ で表せ．
2) 上記の変換に対するヤコビ行列 J

$$J = \frac{\partial(x,y)}{\partial(r,\theta)}$$

および，その行列式を求めよ．
3) 式 (5.1) を計算し，a を用いて表せ．
4) $\lim_{a \to \infty} I$ の値を求めよ．
5) 4) の結果を利用して，

$$\int_{-\infty}^{\infty} e^{-x^2} dx$$

の値を求めよ．
6) ガンマ関数

$$\Gamma(x) = \int_0^{\infty} e^{-t} t^{x-1} dt$$

について，$\Gamma(\frac{1}{2})$ の値を求めよ．

(東京工業大情報理工学研究科 計算工学専攻)

標準問題 2 の解答

(1) $D = \{(r,\theta): 0 \leq r \leq a,\ 0 \leq \theta \leq 2\pi\}$

(2) $J = \begin{bmatrix} \partial x/\partial r & \partial x/\partial \theta \\ \partial y/\partial r & \partial y/\partial \theta \end{bmatrix} = \begin{bmatrix} \cos\theta & -r\sin\theta \\ -\sin\theta & r\cos\theta \end{bmatrix}$ さらに J の行列式は

$$|J| = \cos\theta \cdot r\cos\theta - (-r\sin\theta)\cdot\sin\theta = r(\cos^2\theta + \sin^2\theta) = \underline{r}$$

(3) 変数変換公式より

$$I = \iint_D e^{-r^2}|r|drd\theta = \int_0^{2\pi}\left(\int_0^a re^{-r^2}dr\right)d\theta$$
$$= \int_0^{2\pi}d\theta \times \int_0^a re^{-r^2}dr = 2\pi \times \left[-\frac{1}{2}e^{-r^2}\right]_0^a = \underline{\pi(1-e^{-a^2})}$$

(4) (3) の結果より $\lim_{a\to\infty} I = \pi \lim_{a\to\infty}(1-e^{-a^2}) = \underline{\pi}$

(5) $a>0$ に対して問題の領域 D, および積分 I をあらためて D_a, I_a と置き, D_a と別の領域 $\{(x,y): -a\leq x\leq a, -a\leq y\leq a\}$ を E_a と記す. このとき $a>0$ に対して $D_a \subset E_a \subset D_{\sqrt{2}a}$ となる. したがって関数 $e^{-x^2-y^2} > 0$ に対し

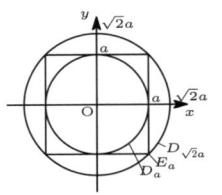

$$I_a \leq \iint_{E_a} e^{-x^2-y^2}dxdy \leq I_{\sqrt{2}a}$$

が成り立ち, はさみ打ちの原理より $\lim_{a\to\infty} I_a = \lim_{a\to\infty}\iint_{E_a} e^{-x^2-y^2}dxdy$ が成り立つ. 一方, 右辺に現れる積分は

$$\iint_{E_a} e^{-x^2-y^2}dxdy = \int_{-a}^a\left(\int_{-a}^a e^{-x^2-y^2}dy\right)dx = \int_{-a}^a e^{-x^2}dx \cdot \int_{-a}^a e^{-y^2}dy$$

したがって $\lim_{a\to\infty} I_a = \lim_{a\to\infty}\left(\int_{-a}^a e^{-x^2}dx\right)^2 = \left(\int_{-\infty}^\infty e^{-x^2}dx\right)^2$ となる. 被積分関数が正だから広義積分 $\int_{-\infty}^\infty e^{-x^2}dx$ は正となる. 以上の議論と (4) の結果より

$$\int_{-\infty}^\infty e^{-x^2}dx = \sqrt{\lim_{a\to\infty} I_a} = \underline{\sqrt{\pi}}$$

(6) $y = t^{1/2}$ と置く. このとき $0 \to t \to \infty \Leftrightarrow 0 \to y \to \infty$, および $2dy = t^{-1/2}dt$ より

$$\Gamma\left(\frac{1}{2}\right) = \int_0^\infty e^{-t} t^{-1/2} dt = \int_0^\infty e^{-y^2} 2dy$$

また e^{-y^2} は偶関数なので $2\int_0^\infty e^{-y^2} dy = \int_{-\infty}^\infty e^{-y^2} dy$ となる．これと (5) の結果より $\Gamma(\frac{1}{2}) = 2\int_0^\infty e^{-y^2} dy = \underline{\sqrt{\pi}}$ ∎

解説

1. Gauss 積分「$\int_{-\infty}^\infty e^{-x^2} dx = \sqrt{\pi}$」は最も利用される等式の一つだろう．そしてこの等式の証明も最も頻繁に出題される問題の一つである．証明の鍵となるのは 5) の広義積分が

$$\iint_{\mathbb{R}^2} e^{-x^2-y^2} dx = \lim_{a\to\infty} \iint_{D_a} e^{-x^2-y^2} dx = \lim_{a\to\infty} \iint_{E_a} e^{-x^2-y^2} dx.$$

という2通りに表されるという部分．前者では変数変換公式の際に現れる極座標の Jacobian r が決め手となって積分が計算可能になる．一方，後者によって1変数の積分と結びつけることができる．非常に大掛かりな仕組みを使った証明なのだが，指数関数 e^{-x^2} と円周率 π という一見無関係な対象の関係を知るために必要なコストなのだろう．

2. 再び 5) の部分について考える．これは1つの無限和を2通りの順序で和をとる操作を行っている．第3章の【発展問題3】の解説にも述べたが，無限和が条件収束している場合は和の順序を変更すると結果が異なってくるが絶対収束している場合は和の順序を変更しても結果は変わらない．一般的には次の事が言える：

> **定理 2**
>
> D を (有界とは限らない) 平面内の領域とし，$f(x,y)$ は D 上で非負とする．D を近似する有界閉領域からなる 1 つの増加列 $\{D_n\}_n$（右図）について $\displaystyle\lim_{n\to\infty}\iint_{D_n} f(x,y)dxdy$ が収束すれば $f(x,y)$ は D 上（広義）積分可能であり，このとき別の D の近似列 $\{E_n\}$ について次の等式が成り立つ．
>
> $$\iint_D f(x,y)dxdy = \lim_{n\to\infty}\iint_{D_n} f(x,y)dxdy$$

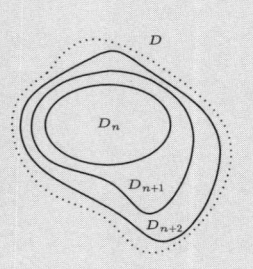

本問は正の被積分関数で収束している，すなわち絶対収束している状態なので，和のとり方を替えても同じ結果を得る．（和のとり方を替えると異なる結果になる例としては高瀬正仁『古典的難問に学ぶ微分積分』（共立出版，2013）2.3 参照）

〔練習問題 2〕 次の積分の値を I と置く．
$$\iint_{\mathbb{R}^2} e^{-(x^4+x^2y^2+y^4)}dxdy$$

次の問に答えよ．

(1) 変数変換 $(x,y) = (r\cos\theta, r\sin\theta)$ によって上の積分を $(0,\infty)\times[-\pi,\pi]$ 上の積分で表せ．

(2) ガンマ関数 $\Gamma(s)$ $(s>0)$ と第一種完全楕円関数 $K(k)$ $(0\leq k<1)$ の値を用いて I を表せ．ここで

$$\Gamma(s) = \int_0^\infty t^{s-1}e^{-t}dt, \qquad K(k) = \int_0^1 \frac{1}{\sqrt{(1-t^2)(1-k^2t^2)}}dt$$

である．

（大阪府立大工学系研究科 電気・情報系専攻）

標準問題 3

空間の極座標に関連して，以下の問いに答えよ．

(i) 直交座標系 (Cartesian coordinate system) で (x,y,z) と表される点の，極座標 (spherical polar coordinate) を (r,θ,ϕ) とする．x,y,z のそれぞれを r,θ,ϕ の式で表せ．

(ii) x,y,z から r,θ,ϕ がどのように定まるかを図を用いて説明せよ．さらに $x>0,\ z>0$ のとき，r,θ,ϕ のそれぞれを x,y,z の式で表せ．

(iii) $D: 0 < x \leq y,\ z \geq 0$ とするとき，$\displaystyle\iiint_D \frac{e^{-x^2-y^2-z^2}}{x^2+y^2+z^2}dxdydz$ を計算せよ．

(電気通信大情報理工学研究科 情報通信工学専攻)

標準問題 3 の解答

(i) (ii) 点 P の座標を (x,y,z) とする．OP の距離を r とする．次に P より xy 平面，および z 軸に下ろした垂線の足をそれぞれ P_0, P_3 とし，点 P_0 より下ろした x,y 軸に下ろした垂線の足をそれぞれ P_1, P_2 とする．また $\angle P_3 OP$ を θ とし，$\angle P_0 OP_1$ を ϕ とする．直角三角形 OPP_3 について $OP_3 = r\cos\theta$, $OP_0 = PP_3 = r\sin\theta$ であり，$OP_1 = OP_0 \cos\phi$, $OP_2 = OP_0 \sin\phi$ となる．したがって

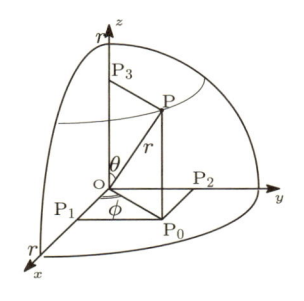

$$x = OP_1 = r\sin\theta\cos\phi,$$
$$y = OP_2 = r\sin\theta\sin\phi,$$
$$z = OP_3 = r\cos\theta$$

となる．特に $0 \leq r$, $0 \leq \theta \leq \pi$, $0 \leq \phi \leq 2\pi$ とする．

次に $x>0, z>0$ とする．r は線分 OP の距離だから $r = \sqrt{x^2+y^2+z^2}$.

$x > 0$ より $\dfrac{y}{x} = \dfrac{\sin\phi}{\cos\phi} = \tan\phi$. したがって $\phi = \underline{\tan^{-1}\dfrac{y}{x}}$. $r^2\sin^2\theta = x^2 + y^2$, および $z > 0$ より $\dfrac{x^2+y^2}{z^2} = \dfrac{r^2\sin^2\theta}{r^2\cos^2\theta} = \tan^2\theta$. 特に $z > 0$ より $0 \le \theta < \frac{\pi}{2}$ だから $\tan\theta = \dfrac{\sqrt{x^2+y^2}}{z}$, ゆえに $\theta = \underline{\tan^{-1}\dfrac{\sqrt{x^2+y^2}}{z}}$

(iii) D は極座標で $D' : 0 \le r,\ 0 \le \theta \le \dfrac{\pi}{2},\ \dfrac{\pi}{4} < \phi \le \dfrac{\pi}{2}$ と表される. また座標変換 $(x,y,z) \to (r,\theta,\phi)$ に関する Jacobi 行列式を J とすれば

$$J = \begin{vmatrix} x_r & x_\theta & x_\phi \\ y_r & y_\theta & y_\phi \\ z_r & z_\theta & z_\phi \end{vmatrix} = \begin{vmatrix} \sin\theta\cos\phi & r\cos\theta\cos\phi & -r\sin\theta\sin\phi \\ \sin\theta\sin\phi & r\cos\theta\sin\phi & r\sin\theta\cos\phi \\ \cos\theta & -r\sin\theta & 0 \end{vmatrix}$$
$$= r\sin\theta\left\{(-r\sin^2\phi)\begin{vmatrix}\sin\theta & \cos\theta \\ \cos\theta & -\sin\theta\end{vmatrix} - r\cos^2\phi\begin{vmatrix}\sin\theta & \cos\theta \\ \cos\theta & -\sin\theta\end{vmatrix}\right\}$$
$$= r^2\sin\theta(-(\sin^2\phi + \cos^2\phi)(-(\sin^2\theta + \cos^2\theta))) = r^2\sin\theta.$$

ここで変数変換公式を用いれば

$$\iiint_D \dfrac{e^{-x^2-y^2-z^2}}{x^2+y^2+z^2}dxdydz = \iiint_{D'} \dfrac{e^{-r^2}}{r^2} \cdot |r^2\sin\theta|drd\theta d\phi$$
$$= \int_0^\infty \left(\int_0^{\frac{\pi}{2}}\left(\int_{\frac{\pi}{4}}^{\frac{\pi}{2}} \dfrac{e^{-r^2}}{r^2} \cdot r^2\sin\theta d\phi\right)d\theta\right)dr$$
$$= \left(\int_0^\infty e^{-r^2}dr\right) \cdot \left(\int_0^{\frac{\pi}{2}}\sin\theta d\theta\right) \cdot \left(\int_{\frac{\pi}{4}}^{\frac{\pi}{2}} d\phi\right) = \underline{\dfrac{\pi\sqrt{\pi}}{8}}$$

■

解 説

表向きの主題は3重積分の変数変換であるが，本当の主題は積分よりも極座標の導出のほうであろう．問題自体は (i) (ii) が極座標の導出であり，(iii) の積分はその応用と言った所．特に誘導という訳ではない．

(i) (ii)：3次元の極座標の形は常識的知識であるが，式の形だけを覚えて

も無意味に近い．幾何学的な使用こそ極座標の真価が発揮される．この意味で覚えておきたい問題である．

(iii) まず積分全般についてだが，この積分は広義積分だから形式に則って答案を書くべきだろうが，工学系の場合はあらかじめ収束することを前提とする場合が多く，さらに広義積分の扱い方を試すよりも値を求めることが目的となっているので，簡略化した答案にしてみた（採点者によっては正確な扱いを要請する場合もあるので注意）．
次に（3次元の）極座標への変数変換に対する Jacobi 行列式について．ここでは計算により導出したが，計算せずに用いてもよい知識だろう．ただし本問のように極座標の扱い方を問うている場合は，正確に扱えることをアピールするためにも計算したほうがよい．

発展問題 1

以下の問に答えよ．

(1) $k > 0$ に対し，広義積分
$$I(k) = \int_0^\infty \frac{\sin x}{x} e^{-kx} dx$$
は収束することを示せ．

(2) 等式
$$\frac{1}{x} = \int_0^\infty e^{-xy} dy \qquad (x > 0)$$
を用いて $I(k)$ を 2 重積分で表し，
$$\int_0^\infty \frac{\sin x}{x} e^{-kx} dx = \int_0^\infty \frac{1}{1+(k+y)^2} dy$$
が成り立つことを示せ．

(3) 極限値
$$\lim_{k \to 0} \int_0^\infty \frac{\sin x}{x} e^{-kx} dx$$
を求めよ．

(早稲田大基幹理工学研究科 数学応用数理専攻)

発展問題 1 の解答

$(x \pm \sin x)' = 1 \mp \cos x \geq 0$ より $x \pm \sin x$ は単調増加関数である．これと $(x \pm \sin x)|_{x=0} = 0$ より $0 \leq x$ のとき $\pm \sin x \leq x$，特に $|\sin x| \leq x$ となる．

(1) 被積分関数は $x = 0$ および ∞ で不連続だが，$x = 0$ のときは $\lim_{x \to 0} \frac{\sin x}{x} = 1$ より $x = 0$ まで連続に拡張できるので，広義積分 $I(k)$ は $\lim_{R \to +\infty} \int_0^R \frac{\sin x}{x} e^{-kx} dx$ のことと解釈できる．$0 \leq x$ のとき $|\sin x / x| \leq 1$ となるから

$$\int_0^R \left|\frac{\sin x}{x}e^{-kx}\right|dx \leq \int_0^R e^{-kx}dx = \frac{1}{k}(1-e^{-kR}).$$

$k>0$ より $R\to\infty$ とすれば最右辺は $1/k$ に収束する．したがって $I(k)$ は絶対収束，したがって特に収束する．

(2) 問題文中に与えられる既知の等式を用いれば

$$\int_0^\infty \frac{\sin x}{x}e^{-kx}dx = \int_0^\infty e^{-kx}\sin x\left(\int_0^\infty e^{-yx}dy\right)dx$$
$$= \int_0^\infty \left(\int_0^\infty e^{-(k+y)x}\sin x\,dy\right)dx$$

$x \geq 0$ のとき $|\sin x| \leq x$ であることより

$$\int_0^\infty \left(\int_0^\infty |e^{-(y+k)x}\sin x|dy\right)dx$$
$$\leq \int_0^\infty \left(\int_0^\infty xe^{-(y+k)x}\,dy\right)dx = \int_0^\infty\left(\int_0^\infty xe^{-yx}dy\right)e^{-kx}dx$$
$$= \int_0^\infty \left[-e^{-yx}\right]_0^\infty e^{-kx}dx = \int_0^\infty e^{-kx}dx = \frac{1}{k} < \infty$$

したがって積分順序は変更可能となり

$$\int_0^\infty\left(\int_0^\infty e^{-(k+y)x}\sin x\,dy\right)dx = \int_0^\infty\left(\int_0^\infty e^{-(k+y)x}\sin x\,dx\right)dy$$

が成り立つ．ここで $F(y) = \int_0^\infty e^{-(k+y)x}\sin x\,dx$ と置けば $y+k>0$ より

$$F(y) = \left[e^{-(k+y)x}(-\cos x)\right]_0^\infty - (k+y)\int_0^\infty e^{-(k+y)x}\cos x\,dx$$
$$= 0 - (-1) - (k+y)\left\{\left[e^{-(k+y)x}\sin x\right]_0^\infty + (k+y)\int_0^\infty e^{-(k+y)x}\sin x\,dx\right\}$$
$$= 1 - (k+y)\{(0-0) + (k+y)F(y)\} = 1 - (k+y)^2 F(y)$$

$$\therefore\ F(y) = \frac{1}{1+(y+k)^2}, \qquad \therefore\ \int_0^\infty \frac{\sin x}{x}e^{-kx}dx = \int_0^\infty \frac{dy}{1+(y+k)^2}$$

(3) (2) より

$$\lim_{k\to 0}\int_0^\infty \frac{\sin x}{x}e^{-kx}dx = \lim_{k\to 0}\int_0^\infty \frac{dy}{1+(y+k)^2}$$

$$= \lim_{k \to 0} \Big[\tan^{-1}(y+k) \Big]_0^\infty = \lim_{k \to 0} \Big(\frac{\pi}{2} - \tan^{-1} k \Big) = \underline{\frac{\pi}{2}}$$

■

解 説

1. 本問は第3章の【発展問題3】で扱った Dirichlet 積分 $\int_0^\infty \frac{\sin x}{x} dx = \frac{\pi}{2}$ の Laplace 変換を基調とした重積分による証明である．大学院入試における重積分の問題は Laplace 変換，Fourier 変換論での話題を元ネタにしているものが少なくない．たとえば本問は Laplace 変換（定義式は【標準問題1】の解説参照）を既知とすれば次のように形式的に計算できる．まず変換表より $\sin x$ の Laplace 変換は $L[\sin x](s) = \frac{1}{1+s^2}$ となる．一方，x による割り算は s 領域での積分になる．すなわち，$L[f(x)](s) = F(s)$ ならば $L\left[\frac{f(x)}{x}\right](s) = \int_s^\infty F(\tau) d\tau$ となるから

$$L\left[\frac{\sin x}{x}\right](s) = \int_s^\infty \frac{d\tau}{1+\tau^2} = \Big[\tan^{-1}(\tau)\Big]_s^\infty = \frac{\pi}{2} - \tan^{-1} s$$

$$\therefore \int_0^\infty \frac{\sin x}{x} dx = \lim_{s \to 0} \int_0^\infty \frac{\sin x}{x} e^{-sx} dx = L\left[\frac{\sin x}{x}\right](0) = \frac{\pi}{2}$$

この議論を厳密にしたのが上の問題である．

2. この問題で注意しなければいけないのが積分順序の変更である．たとえば

$$f(x,y) = \frac{y^2 - x^2}{(x^2+y^2)^2}, \qquad K = \{(x,y) | 0 \le x, y \le 1\}$$

(高木貞治『解析概論』（岩波書店，1938）94 例 4) とすると

$$\int_0^1 \left(\int_0^1 f(x,y)dx\right) dy = \int_0^1 \Big[\frac{x}{x^2+y^2}\Big]_0^1 dy = \int_0^1 \frac{dy}{1+y^2} = \frac{\pi}{4}$$

$$\int_0^1 \left(\int_0^1 f(x,y)dy\right) dx = \int_0^1 \Big[-\frac{y}{x^2+y^2}\Big]_0^1 dx = -\int_0^1 \frac{dx}{1+x^2} = -\frac{\pi}{4}$$

となり積分順序は変更できない（この場合，$f(x,y)$ の K 上での (広義) 積

分自体が収束していない).

解答 (2) で形式的な計算の前に $\int_0^\infty \left(\int_0^\infty |e^{-(y+k)x} \sin x| dy \right) dx$ が有限であることを示したが,これは順序変更を保証するための作業である.頁数の関係もあるので詳細については微分積分の教科書に譲るが,広義積分の計算を行う場合は細心の注意が必要となる.

発展問題 2

半径 a の d 次元球体 $D_d(a)$

$$D_d(a) = \{ \mathbf{x} \in \mathbb{R}^d \mid |\mathbf{x}|^2 = x_1^2 + x_2^2 + \cdots + x_d^2 \leq a^2 \}$$

の体積 $V_d(a) = \displaystyle\int_{D_d(a)} 1 dx_1 dx_2 \cdots dx_d$ を求めたい．以下の問いに答えよ．

1. d 次元球座標 $(r, \theta_1, \cdots, \theta_{d-2}, \phi)$ を

$$\begin{aligned} x_1 &= r \cos \theta_1 \\ x_2 &= r \sin \theta_1 \cos \theta_2 \\ &\vdots \\ x_{d-2} &= r \sin \theta_1 \cdots \sin \theta_{d-3} \cos \theta_{d-2} \\ x_{d-1} &= r \sin \theta_1 \cdots \sin \theta_{d-3} \sin \theta_{d-2} \cos \phi \\ x_d &= r \sin \theta_1 \cdots \sin \theta_{d-3} \sin \theta_{d-2} \sin \phi \end{aligned}$$

で定義する．領域 $D_d(a)$ を変数 $(r, \theta_1, \cdots, \theta_{d-2}, \phi)$ を用いて表せ．

2. 新しい変数 $(y_1, y_2, \cdots, y_d)$ を以下のように導入する．

$$\begin{aligned} y_1 &= \sqrt{x_1^2 + x_2^2 + \cdots + x_d^2} \\ y_i &= x_{i-1} \qquad (i = 2, \cdots, d). \end{aligned}$$

変数 $(x_1, x_2, \cdots, x_d)$ から変数 $(y_1, y_2, \cdots, y_d)$ への変数変換のヤコビ行列式を求めよ．

3. 変数 $(x_1, x_2, \cdots, x_d)$ から d 次元球座標への変数変換のヤコビ行列式を求めよ（ヒント：この変数変換のヤコビ行列は三角行列になる）．

4. 非負の整数 m, n に対して，$I(m, n)$ を

$$I(m, n) = \int_0^\pi \sin^m x \cos^n x \, dx$$

と定義する．求める積分 $V_d(a)$ を $I(m,n)$ を用いて表せ．
5. $I(m+2,n)$ と $I(m,n)$ の間に成り立つ等式を求めよ．
6. $V_d(a)$ を求めよ．ただし，d は偶数とせよ．必要であれば，偶数の n に対して記号 $n!! = n(n-2)(n-4)\cdots 2$ を用いてよい．

(東京大総合文化研究科 広域科学専攻)

発展問題 2 の解答

1. O で原点を表す．$D_d(a)$ 内の点 P の座標を $(x_1, x_2, \cdots, x_d)$ とする．OP の距離は r $(0 \le r \le a)$ であり，OP と x_1 軸との成す角を θ_1 $(0 \le \theta_1 \le \pi)$ とすれば点 P の x_1 座標は $x_1 = r\cos\theta_1$. また超平面 $x_1 = 0$ へ直交に射影した点を P_1 とすれば，$OP_1 = r\sin\theta_1$ $(= r_1$ と置く) となる．

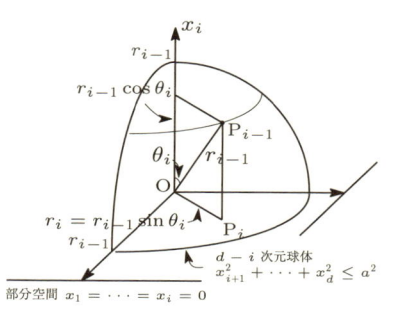

次に OP_1 と x_2 軸との成す角を θ_2 $(0 \le \theta_2 \le \pi)$ とすれば，点 P_1 の x_2 座標は $x_2 = r_1 \cos\theta_2$ であり，部分空間 $x_1 = x_2 = 0$ へ直交に射影した点を P_2 とすれば，$OP_2 = r_1 \sin\theta_2 (= r_2$ と置く) となる．

上の操作を順次行って点 P_{i-1}，x_i 軸と OP_{i-1} との角 θ_i $(0 \le \theta_i \le \pi)$，および $r_i = r_{i-1}\sin\theta_i$ $(i = 1, \cdots, d-2)$ を作っていく．最後に P_{d-3} を部分空間 $x_1 = \cdots = x_{d-2} = 0$, すなわち $x_{d-1}x_d$ 平面へ直交に射影した点を P_{d-2} と置くと，これは $x_{d-1}x_d$ 平面上の円周 $x_{d-1}^2 + x_d^2 = r_{d-2}^2$ 上の点になるので，$x_{d-1} = r_{d-2}\cos\phi$, $x_d = r_{d-2}\sin\phi$ $(0 \le \phi < 2\pi)$ と表される．

以上の考察より $D_d(a)$ は d 次元球座標系で次に表される領域 D' に変換される：

$$D' = \left\{ (r, \theta_1, \cdots, \theta_{d-2}, \phi) : \begin{array}{l} 0 \leq r \leq a, \\ 0 \leq \theta_i \leq \pi, \quad (i = 1, \cdots, d-2) \\ 0 \leq \phi \leq 2\pi \end{array} \right\}$$

2. 定義式に従って計算すれば,この変数 $(y_1, \cdots, y_d)$ から変数 $(x_1, \cdots, x_d)$ への変数変換に関する Jacobi 行列式は

$$\left| \frac{\partial(y_1, \cdots, y_d)}{\partial(x_1, \cdots, x_d)} \right| = \begin{vmatrix} \frac{\partial y_1}{\partial x_1} & \cdots & \frac{\partial y_1}{\partial x_d} \\ \cdots & & \\ \frac{\partial y_d}{\partial x_1} & \cdots & \frac{\partial y_d}{\partial x_d} \end{vmatrix} = \begin{vmatrix} \frac{x_1}{y_1} & \frac{x_2}{y_1} & \cdots & \frac{x_{d-1}}{y_1} & \frac{x_d}{y_1} \\ 1 & 0 & \cdots & 0 & 0 \\ & \ddots & \ddots & & \vdots \\ & & & 1 & 0 \\ 0 & & & 1 & 0 \end{vmatrix} = (-1)^{d+1} \frac{x_d}{y_1}.$$

したがって変数 $(x_1, \cdots, x_d)$ から変数 $(y_1, \cdots, y_d)$ への変数変換に関する Jacobi 行列式は

$$\left| \frac{\partial(x_1, \cdots, x_d)}{\partial(y_1, \cdots, y_d)} \right| = \left| \frac{\partial(y_1, \cdots, y_d)}{\partial(x_1, \cdots, x_d)} \right|^{-1} = (-1)^{d+1} \frac{y_1}{x_d}$$

3. まず 2. の変数から球座標への変換に関する Jacobi 行列式を求める. y_i の定義より

$$\frac{\partial y_1}{\partial r} = 1, \quad \frac{\partial y_1}{\partial \theta_j} = \frac{\partial y_1}{\partial \phi} = 0 \quad (j = 1, \cdots, d-2),$$

$$\frac{\partial y_i}{\partial \theta_j} = \frac{\partial y_i}{\partial \phi} = 0 \quad (i = 2, \cdots, d-1, \ i \leq j)$$

すなわち $(y_1, \cdots, y_d)$ から球座標への変数変換の Jocobi 行列は下三角行列となる. したがって

$$\left| \frac{\partial(y_1, \cdots, y_d)}{\partial(r, \theta_i, \phi)} \right|$$
$$= \frac{\partial y_1}{\partial r} \cdot \frac{\partial y_2}{\partial \theta_1} \cdot \frac{\partial y_3}{\partial \theta_2} \cdots \frac{\partial y_{d-1}}{\partial \theta_{d-2}} \cdot \frac{\partial y_d}{\partial \phi}$$
$$= 1 \times r(-\sin\theta_1) \times r\sin\theta_1(-\sin\theta_2) \times \cdots \times r\sin\theta_1 \cdots \sin\theta_{d-2}(-\sin\phi)$$
$$= (-1)^{d-1} r^{d-1} \sin^{d-1}\theta_1 \sin^{d-2}\theta_2 \cdots \sin^2\theta_{d-2} \sin\phi.$$

これと 2. の結果より

$$\therefore \quad \left|\frac{\partial(x_1,\cdots,x_d)}{\partial(r,\theta_i,\phi)}\right|$$
$$= \left|\frac{\partial(x_1,\cdots,x_d)}{\partial(y_1,\cdots,y_d)}\right| \cdot \left|\frac{\partial(y_1,\cdots,y_d)}{\partial(r,\theta_i,\phi)}\right|$$
$$= (-1)^{d+1}\frac{y_1}{x_d} \times (-1)^{d-1} r^{d-1} \sin^{d-1}\theta_1 \sin^{d-2}\theta_2 \cdots \sin^2\theta_{d-2}\sin\phi$$
$$= \underline{r^{d-1}\sin^{d-2}\theta_1 \sin^{d-3}\theta_2 \cdots \sin\theta_{d-2}}$$

4. 1, 3 および変数変換公式より

$$V_d(a)$$
$$= \int_{D'} \left|\left|\frac{\partial(x_1,\cdots,x_d)}{\partial(r,\theta_i,\phi)}\right|\right| dr d\theta_1 \cdots d\theta_{d-2} d\phi$$
$$= \int_0^a r^{d-1} dr \cdot \int_0^\pi \sin^{d-2}\theta_1 d\theta_1 \cdot \int_0^\pi \sin^{d-3}\theta_2 d\theta_2 \cdots \int_0^\pi \sin\theta_{d-2} d\theta_{d-2} \cdot \int_0^{2\pi} 1 d\phi$$
$$= \underline{\frac{2\pi}{d} a^d \cdot I(d-2,0) \cdot I(d-3,0) \cdots I(1,0)}$$

5. $\sin^2 x + \cos^2 x = 1$ より $I(m+2,n) + I(m,n+2) = I(m,n)$ $\cdots (*)$ となる. これと部分積分より

$$I(m+2,n) = \int_0^\pi \sin x \sin^{m+1} x \cos^n x dx$$
$$= \left[\sin^{m+1} x \left(-\frac{\cos^{n+1} x}{n+1}\right)\right]_0^\pi + \int_0^\pi (m+1)\sin^m x \cos x \frac{\cos^{n+1} x}{n+1} dx$$
$$= \frac{m+1}{n+1} \int_0^\pi \sin^m x \cos^{n+2} x dx \;=\; \frac{m+1}{n+1} I(m,n+2)$$

ここで $(*)$ を使って整理すれば $\underline{I(m+2,n) = \dfrac{m+1}{m+n+2} I(m,n)}$

6. 1 以上の整数 k に対し, 5. の結果から

$$I(2k,0)I(2k-1,0) = \frac{2k-1}{2k}\frac{2k-2}{2k-1} I(2k-2,0)I(2k-3,0)$$
$$= \frac{2k-2}{2k} I(2k-2,0)I(2k-3,0)$$

$$= \cdots = \frac{2k-2}{2k}\frac{2k-4}{2k-2}\cdots\frac{2}{4}I(2,0)I(1,0)$$
$$= \frac{2}{2k}\frac{1}{2}I(1,0)I(0,0) = \frac{2\pi}{2k}$$

ここで $d=2\ell$ とすれば 4. の結果より

$$V_d(a) = \frac{2\pi}{2\ell}a^{2\ell}\cdot\prod_{k=1}^{\ell-1} I(2k,0)\cdot I(2k-1,0) = \frac{2\pi}{2\ell}a^{2\ell}\cdot\prod_{k=1}^{\ell-1}\frac{2\pi}{2k}$$

したがって $V_d(a) = \dfrac{(2\pi)^{\frac{d}{2}}}{d!!}a^d$ となる. ∎

解 説

多次元球体の体積というと純粋数学だけで扱われる抽象幾何な対象のように思われるが，ある量の総和という意味で確率論や物理学などで利用される．問題では偶数次元の球体のみ扱っているが，4), 5) の結果を奇数の時に適用すれば同様の結果が得られる (練習問題). 4) に現れる $I(m,n)$ の $n=0$ の場合 $I(m,0)$ を考えると第3章の【発展問題1】の解説に述べたことから

$$I(m,0) = \int_0^\pi \sin^m x\,dx = 2\int_0^{\pi/2}\cos^m x\,dx = \frac{\Gamma(\frac{m+1}{2})\Gamma(\frac{1}{2})}{\Gamma(\frac{m}{2}+1)}$$

とガンマ関数で表すことができる．これを用いれば 4) の結果は

$$V_d(a) = \frac{2\pi}{d}a^d\frac{\Gamma(\frac{d-1}{2})\Gamma(\frac{1}{2})}{\Gamma(\frac{d}{2})}\cdot\frac{\Gamma(\frac{d-2}{2})\Gamma(\frac{1}{2})}{\Gamma(\frac{d-1}{2})}\cdot\frac{\Gamma(\frac{d-3}{2})\Gamma(\frac{1}{2})}{\Gamma(\frac{d-2}{2})}\cdots\cdot\frac{\Gamma(1)\Gamma(\frac{1}{2})}{\Gamma(\frac{3}{2})}$$
$$= \frac{2\pi}{d}a^d\frac{\Gamma(\frac{1}{2})^{d-2}}{\Gamma(\frac{d}{2})} = \frac{\pi\Gamma(\frac{1}{2})^{d-2}}{\frac{d}{2}\Gamma(\frac{d}{2})}a^d$$

第1章【発展問題1】1) の等式と【標準問題2】の結果 $\Gamma(\frac{1}{2}) = \sqrt{\pi}$ より d 次元球体の体積は

$$V_d(a) = \frac{\pi\cdot\pi^{\frac{d-2}{2}}}{\frac{d}{2}\Gamma(\frac{d}{2})}a^d = \frac{\pi^{\frac{d}{2}}}{\Gamma(\frac{d}{2}+1)}a^d$$

となる.

大学院の入試問題を見ていると表面的な違いはあるが,実は同じ題材を扱っているという事が分かる.上のように他の大学院の問題を繋ぎ合せると問題の解答が導かれるというのが一つの証拠である.

第6章 極値の問題

極値の問題は微分の典型的な応用である．1変数関数に関する極値の問題は理工系大学の入試に現れ，多くの読者は既にさまざまな問題を経験しているだろう．1変数の場合は復習程度に触れるが，本章では大学以降で扱う2変数以上の極値問題を中心に解説を行う．特に理工系の大学院入試で出題される条件の付かない極値問題，および経済系の大学院入試で絶対出題される条件付の極値問題（Lagrange乗数法）の基本的な例題を扱う．また発展問題では一風変わった極値問題を扱う．

§6.1 基本問題編

基本問題1

表面積一定の直円錐の体積が最大になるときの高さと底面の半径の比を求めよ．

基本問題1の解答

直円錐の底面に現れる円の半径，直円錐の高さ，母線の長さをそれぞれ r, h, R とし，さらに側面を展開したときに現れる扇形の中心角を θ とする（右図参照）．

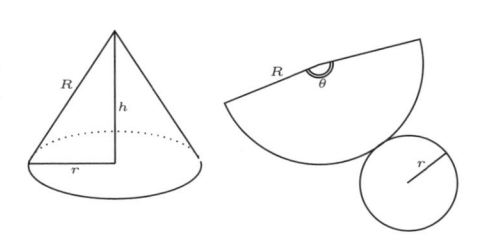

このとき円錐の体積 V，および表面積 S はそれぞれ

$$V = \frac{1}{3} \times \pi r^2 \times h, \quad S = \pi R^2 \times \frac{\theta}{2\pi} + \pi r^2$$

となる．直円錐の底面の半径，高さ，および母線の長さについて三平方の定理より $r^2 + h^2 = R^2$，したがって $R = \sqrt{r^2 + h^2}$．一方，扇形の弧の長さと底面の円周が等しいので $R\theta = 2\pi r$，したがって $\frac{\theta}{2\pi} = \frac{r}{R}$ が成り立ち，これらより $S = \pi R^2 \times \frac{r}{R} + \pi r^2 = \pi r\sqrt{r^2 + h^2} + \pi r^2$ となる．これを h について解けば $h = \frac{\sqrt{S^2 - 2\pi S r^2}}{\pi r}$ とな

るから $V = \dfrac{1}{3}r\sqrt{S^2 - 2\pi Sr^2}$ と表される．

次に V を r $(0 \leq r \leq \sqrt{S/2\pi})$ の関数と見て微分すると

$$V' = \frac{1}{3}\sqrt{S^2 - 2\pi Sr^2} + \frac{1}{3}\frac{r \cdot (-2\pi Sr)}{\sqrt{S^2 - 2\pi Sr^2}} = \frac{1}{3}\frac{S^2 - 4\pi Sr^2}{\sqrt{S^2 - 2\pi Sr^2}}$$

となり，したがって V に対し右の増減表を得る．この増減表より $r = \sqrt{S/4\pi}$ のときに V が最大となることが分かる．このときの高さと底面の半径の比率は

r	0	$\cdots$	$\sqrt{S/4\pi}$	$\cdots$	$\sqrt{S/2\pi}$
V'		$+$	0	$-$	
V	0	$\nearrow$	$\sqrt{S/4\pi}$	$\searrow$	0

$$\frac{h}{r} = \frac{\sqrt{S^2 - 2\pi Sr^2}}{\pi r^2} = \frac{\sqrt{S^2 - 2\pi S(S/4\pi)}}{\pi(S/4\pi)} = 2\sqrt{2} \qquad \therefore \; h : r = \underline{2\sqrt{2} : 1}$$

■

解説

1. まず1変数の場合の極値を求める手順を復習する：

1変数関数の極値を求める手順は以下通り：

(I)　極値の候補を求める．$f(a)$ が極値ならば $f'(a) = 0$ が成り立つ．そこでこの方程式を解いて極値の候補を与える点 a を求める．

(II)　(I) で求めた候補が極値であるかどうかを調べる．増減表を用いてもよいし，高階導関数を調べることにより次のように極値かどうかを判定することもできる：

$f'(a) = \cdots = f^{(2k)}(a) = 0$, $f^{(2k+1)}(a) \neq 0$ ならば $f(a)$ は極値ではない．

$f'(a) = \cdots = f^{(2k-1)}(a) = 0$, $f^{(2k)}(a) > 0$ ならば $f(a)$ は極小値．

$f'(a) = \cdots = f^{(2k-1)}(a) = 0$, $f^{(2k)}(a) < 0$ ならば $f(a)$ は極大値．

1変数に関してはグラフを描かせる問題，不等式への応用など大学入試のほうが問題，解法共に充実している．復習したい方は大学受験用の参考書を参照するとよい．

2. 本問は初等的な図形に関係した最大・最小問題である．多くの教科書，問題集に取り上げられている問題であり，実際の大学院入試でも図形に関係した問題が出題されている．解法を簡単におさらいしておくと

I 問題に現れる情報をピックアップする（今の場合，「表面積一定」「直円錐」「体積」など）
II 各種の量を表すための変数を用意する（今の場合，高さ h, 母線の長さ R, 底面の半径 r など）．
III 図形的な特性，および問題に与えられる条件より導かれる関係式を書き出す．この関係式により不必要な変数が淘汰され，必要最小限の変数のみが残る．
IV III で残った変数についての極値を求める．

上の問題に表れる変数は V, r, h, S, R, θ の6種類．ここに V, S の定義，三平方より導かれる等式，扇の弧と底面の周との関係，および表面積一定という仮定の5種類の関係式が導かれる．応用問題の解法の一般的な指針：

「n 個の未知数に対し m 個 $(m \leq n)$ の関係があるとき，$n - m$ 個の未知数が決定されれば残りの m 個の未知数は自動的に決定される」

に基づけば1つの未知数 r を決定すれば他の未知数が全て決定される，というストーリーとなっている．

〔練習問題 1〕
2つの実数の組 (a, b) に対して，$F(a, b)$ を次のように定める．
$$F(a,b) = \int_{D(a,b)} \sqrt{1 - e^a x^2 - e^b y^2} \, dx dy$$
ここで $D(a,b) = \{(x,y) \in \mathbb{R}^2 \mid e^a x^2 + e^b y^2 \leq 1\}$ である．

(1)　$F(a,b)$ を求めよ．
(2)　条件 $a^2+b^2=1$ のもとで，$F(a,b)$ の最大値と最小値を求めよ．

(筑波大数理物質科学研究科)

基本問題 2

$\mathbb{R}^2$ 上で定義された 2 変数実数値関数

$$f(x,y) = x^4 + y^4 + 2x^2y^2 - \frac{8}{3}x^3 + 2x^2 - 2y^2$$

の極小点および極大点の個数の組合せとして正しいのはどれか.

	極小点	極大点
1.	1 個	1 個
2.	1 個	2 個
3.	2 個	0 個
4.	2 個	1 個
5.	2 個	2 個

(上級公務員試験・択一・理工 2 No.10)

基本問題 2 の解答

1,2 階偏導関数はそれぞれ

$$f_x = 4x^3 + 4xy^2 - 8x^2 + 4x, f_y = 4y^3 + 4x^2y - 4y$$
$$f_{xx} = 12x^2 + 4y^2 - 16x + 4, f_{xy} = f_{yx}(x,y) = 8xy,$$
$$f_{yy} = 4x^2 + 12y^2 - 4$$

である. また $\Delta = f_{xx}f_{yy} - f_{xy}^2$ とおく. 極値の候補は

$$\begin{cases} f_x(x,y) = 0 \\ f_y(x,y) = 0 \end{cases} \Leftrightarrow (x,y) = (0,0), (0,\pm 1) \text{ または } (1,0)$$

より $f(0,0)$, $f(0,\pm 1), f(1,0)$ の 4 つ. それぞれの候補について考察する.

- $\Delta(0,0) = 4 \cdot (-4) - 0^2 < 0$ より $f(0,0)$ は極値ではない.

- $\Delta(0,\pm 1) = 8 \cdot 8 - 0^2 > 0$, $f_{xx}(0,\pm 1) = 8 > 0$ より $f(0,\pm 1)$ はそれぞれ極小値.

- $\Delta(1,0) = 0 \cdot 0 - 0^2 = 0$ より, この時点では極値かどうか判断できない. ここで $y = 0$ とすると $f_x(x,0) = 4x(x-1)^2$ となり, 直線 $y = 0$

上，$x=1$ の近傍で $f(x,0)$ が広義単調増加することが分かる．したがって $f(1,0)$ は極値ではない．

以上より $f(x,y)$ は 2 つの極小値のみを持つことが分かる．したがって正しい組合せは _3_．■

解 説

1. （条件のない）2 変数関数の極値を求める手順は以下の通りである：

[2 変数関数の極値] 2 変数関数の極値を求める手順は以下通り：

(I) 極値の候補を求める．$f(a,b)$ が極値ならば $f_x(a,b) = f_y(a,b) = 0$ が成り立つ．そこでこの方程式を解いて極値の候補を与える点 (a,b) を求める．

(II) (I) で求めた候補が極値であるかどうかを調べる．2 階偏導関数を用いて判別式 $\Delta = f_{xx}f_{yy} - f_{xy}^2$ を作る．このとき
 (a) $\Delta(a,b) > 0$ ならば $f(a,b)$ は極値となる（この時点では極大値か極小値かは不明）．
 (b) $\Delta(a,b) < 0$ ならば $f(a,b)$ は極値ではない．
 (c) $\Delta(a,b) = 0$ のときはこれだけの情報では極値かどうかは判別できない．

(III) 極値の候補 $f(a,b)$ が (II) の (a) の場合，$f_{xx}(a,b) > 0$ ならば $f(a,b)$ は極小値，$f_{xx}(a,b) < 0$ ならば $f(a,b)$ は極大値となる．

判別式 Δ だけでは極値かどうかを判定できない候補を含む場合，一般論だけでは対処できず問題に応じた処方箋が必要となる．グラフを利用する，不等式を利用するなどであるがある程度の経験や知識による所が大きいので，いくつかのパターンを練習しておこう．

2. 実は方程式 $f_x = f_y = 0$ を解けない学生が意外に多い．基本的な部分なので上の例題の該当部分を詳しく見てみよう．

(i) まず f_x, f_y を次のように整理する．

$$f_x(x,y) = 4x(x^2+y^2-2x+1) = 4x\{(x-1)^2+y^2\},$$
$$f_y(x,y) = 4y(x^2+y^2-1)$$

このように因数分解する理由は「$AB=0 \Leftrightarrow A=0$ または $B=0$」という基本性質を使うためであり，このとき

$$\begin{cases} f_x = 0 \\ f_y = 0 \end{cases} \Leftrightarrow \begin{cases} x=0 \text{ または } (x-1)^2+y^2=0, \\ y=0 \text{ または } x^2+y^2-1=0 \end{cases} \cdots (1)$$

となる．

(ii) 次に方程式 (1) を解く．(1) は次の4パターンのいずれかになる：

(i) $\begin{cases} x=0 \\ y=0 \end{cases}$ (ii) $\begin{cases} x=0 \\ x^2+y^2=1 \end{cases}$

(iii) $\begin{cases} (x-1)^2+y^2=0 \\ y=0 \end{cases}$ (iv) $\begin{cases} (x-1)^2+y^2=0 \\ x^2+y^2=1 \end{cases}$

(i) より $(x,y)=(0,0)$, (ii) より $(x,y)=(0,\pm 1)$, (iii)(iv) より $(x,y)=(1,0)$ という3種，したがって求める (x,y) は $(0,0),(0,1)$ $(0,-1),(1,0)$ の4点となる．

問題を作成してみると分かるのだが，上手に問題をつくらないと方程式 $f_x = f_y = 0$ を解く部分が難しく時間内に処理できないような問題になったり，酷い場合は解けなかったりすることもある．結局，入試などで出題できる問題というのは $f(x,y)$ は多項式で与えられるか，典型的な例になる場合に限られてしまうのである．

3. 極値の問題で最も注意しなければいけないのは1階微分の消滅条件は必要条件であって十分条件ではないということである．本問の場合，$f(0,0)$, $f(1,0)$ は消滅条件より候補者として上るのだが，調べてみると

結局，極値ではなかった．しかし候補だからということで極値としてしまう答案が多いので注意して欲しい．

〔練習問題 2〕　x, y の関数　$f(x, y) = x^4 + 2x^2 - 4xy + y^2 + 1$　の極値を求めよ．
(東京農工大機械システム)

〔練習問題 3〕　実 2 変数関数 $f(x, y) = x^4 + y^4 - x^2 + 2xy - y^2$ を考える．f の偏導関数を f_x, f_y で表す．以下の問に答えよ．
(1)　$f_x(x, y) = f_y(x, y) = 0$ を満たす点 (x, y) をすべて求めよ．
(2)　$\mathbb{R}^3$ 内の曲面 $z = f(x, y)$ の，平面 $y = 0$ による切口 C，および平面 $y = x$ による切口 D の概形を描け．
(3)　関数 $f(x, y)$ の極値をすべて求めよ．

(九州大数理学府)

〔練習問題 4〕　次の 2 変数関数 $f(x, y)$ の領域 D 上での極値を求めよ．
$$f(x, y) = \sin x \sin y \sin(x + y)$$
$$D = \left\{ (x, y) \in \mathbb{R}^2 \mid -\frac{\pi}{2} < x < \frac{\pi}{2},\ -\frac{\pi}{2} < y < \frac{\pi}{2} \right\}$$

(九州大数理学府)

基本問題 3

定数 a, b, c は正とし,
$$E = \left\{ (x, y, z) \;\middle|\; \frac{x^2}{a^2} + \frac{y^2}{b^2} + \frac{z^2}{c^2} = 1, x > 0, y > 0, z > 0 \right\}$$
とする.

(1) λ を定数とし, $G(x, y, z) = xyz + \lambda \left(\dfrac{x^2}{a^2} + \dfrac{y^2}{b^2} + \dfrac{z^2}{c^2} - 1 \right)$ とする. $G_x(x_0, y_0, z_0) = G_y(x_0, y_0, z_0) = G_z(x_0, y_0, z_0) = 0$ となる E 上の点 (x_0, y_0, z_0) を求めよ.

(2) 関数 $g(x, y, z) = xyz$ の E 上での最大値を求めよ.

(東北大情報科学研究科)

基本問題 3 の解答

(1) $G_x = yz + 2\lambda x/a^2$, $G_y = xz + 2\lambda y/b^2$, $G_z = xy + 2\lambda z/c^2$. それぞれに x, y, z を掛け辺々を加えると E 上で, $\dfrac{x^2}{a^2} + \dfrac{y^2}{b^2} + \dfrac{z^2}{c^2} = 1$ なので

$$xG_x + yG_y + zG_z = 3xyz + 2\lambda \left(\frac{x^2}{a^2} + \frac{y^2}{b^2} + \frac{z^2}{c^2} \right) = 3xyz + 2\lambda$$

したがって, $G_x = G_y = G_z = 0$ ならば $\lambda = -3xyz/2$ であり,

$$G_x = yz - \frac{3x^2 yz}{a^2} = \frac{yz}{a^2}(a^2 - 3x^2) = 0 \quad \therefore \quad x = \frac{a}{\sqrt{3}}$$

同様にして $y = b/\sqrt{3}, z = c/\sqrt{3}$ となる. $\therefore (x_0, y_0, z_0) = \underline{(a/\sqrt{3}, b/\sqrt{3}, c/\sqrt{3})}$

(2) g の E 上での極値は $g(x_0, y_0, z_0)$ のみである. 一般の E 上の点 (x, y, z) に対して相加・相乗平均の関係より

$$1 = \frac{x^2}{a^2} + \frac{y^2}{b^2} + \frac{z^2}{c^2} \geq 3\sqrt[3]{\frac{x^2}{a^2}\frac{y^2}{b^2}\frac{z^2}{c^2}} \quad \therefore g(x, y, z) = xyz \leq \frac{abc}{3\sqrt{3}} = x_0 y_0 z_0$$

この不等式より $g(x,y,z)$ の最大値は $g(x_0,y_0,z_0) = x_0 y_0 z_0 = \dfrac{abc}{3\sqrt{3}}$ となる. ∎

解 説

1. 1等式制約付き極値問題，および Lagrange の未定乗数法を説明する.

[等式制約付き極値問題] n 変数 $\mathbf{x} = (x_1, \cdots, x_n) \in \mathbb{R}^n$ の領域 D で定義された C^1 級関数 $z = f(\mathbf{x})$, $z = g(\mathbf{x})$ に対して，$\partial g/\partial x_i$ $(i = 1, \ldots, n)$ が同時に 0 にならないとする.

$E = \{\mathbf{x} \in D : g(\mathbf{x}) = 0\}$, $f_E(\mathbf{x}) : f(\mathbf{x})$ の定義域を E に制限した関数

とするとき，

 "等式制約条件 $g(\mathbf{x}) = 0$ の下で関数 $f(\mathbf{x})$ の極値を求めよ (＝制限した関数 $f_E(x)$ の極値を求めよ)"

という問題を考える. これらに対して

$$F(\mathbf{x}, \lambda) = f(\mathbf{x}) - \lambda g(\mathbf{x}) \quad (\lambda \text{ はパラメーター})$$

という関数 (条件付極値問題に対する Lagrange 関数という) を定義する. ここで条件付極値問題を次の手順で解く：

(i) 極値の候補を求める. 関数 f_E が E 上の点 $\mathbf{a} = (a_1, \cdots, a_n)$ で極値ならば

$$\frac{\partial F}{\partial x_i}(\mathbf{a}, \lambda^*) = 0 \quad (i = 1, \ldots, n), \qquad \frac{\partial F}{\partial \lambda}(\mathbf{a}, \lambda^*) = 0 \qquad \cdots (*)$$

となる λ^* が存在する (これを Lagrange 乗数という). この事実を基にして $F(\mathbf{x}, \lambda)$ に対し $(*)$ を満たす $\mathbf{a}$, λ^* を求める.

(ii) 求めた極値の候補 $F(\mathbf{a}, \lambda^*)$ が関数 F に対する極値であるかどうかを調べる. F について条件のない場合の極値問題に対する方法論

が適用できる．$F(a, \lambda^*)$ が F の極値ならば $f(a)$ が制限された関数 $f_E(x)$ の極値になる．

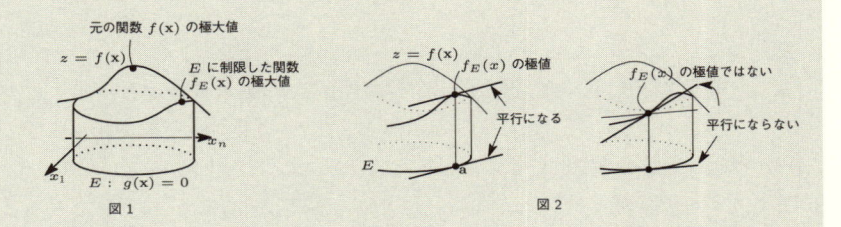

図1: 元の関数 $f(x)$ の極大値，$z = f(x)$，E に制限した関数 $f_E(x)$ の極大値，$E : g(x) = 0$

図2: $z = f(x)$，$f_E(x)$ の極値，平行になる／$f_E(x)$ の極値ではない，平行にならない

上の図の場合，極値のときだけ底辺の図形の接線と上にできる曲線の接線が平行になる．この平行性を手掛かりに極値の候補を求めようというのが Lagrange の未定乗数法である．

2. 前問の解説にも注意したように (i) の極値の候補を求める所もそうだが条件付極値問題では (ii) の候補が実際に極値であるかどうかを調べる所も難しい．Lagrange 関数に対し 2 階の偏導関数を用いた極値の判定法もある（たとえば杉山昌平『最適問題』(共立出版 1967) 第 1 章 §3 参照）．Lagrange 関数自体は未定乗数の分だけ変数が増えるので仮に $f(x)$ が 2 変数だとしても実質は 3 変数以上の極値問題となる．3 変数以上の関数に対する極値であるための十分条件を【発展問題 1】の解説で与えるが，計算に時間が掛かり入試等では有効とは言えない．上の解答では相加・相乗平均の関係を用いたが，条件付極値の問題ではこの解答のように 2 階偏導関数による判定法とは別の方法で極大である事を示すのが一般的である．問題によって扱い方も異なるので，条件付極値問題が頻繁に出題される場合は問題とその解法パターンを幾つか準備したほうがよいだろう．

3. 上では 1 個の等式の制約下での極値問題を説明したが，さらに複数個の等式の制約，不等式による制約などさまざまな条件下の極値問題が考えられる．しかし一般論を展開しようとすると大変難しい問題になり，大学院入試では一部例外を除き条件付極値の基本的な所までの出題

となる．専門的に扱わない限り一般論まで手を伸ばす必要はないだろう．ちなみに経済系大学院ではミクロ経済学の問題に対する一方法論として Lagrange の未定乗数法は必須アイテムであるが，この場合，単純に問題を解くための道具というだけでなく，一つひとつの要素が経済学的に意味を持つ．社会科学では問題を解く，数値を求める作業よりも数式の意味する所を紐解くことのほうが重要となる．

〔練習問題 5〕 $D = \{(x,y) | x^2 - 2x + 2y^2 \leq 0\}$ における $f(x,y) = xy$ の最大値を求めなさい．
(東京農工大工学府)

〔練習問題 6〕 $a > 0$, $b > 0$, $c > 0$ を定数とする．$x > 0$, $y > 0$, $z > 0$ が $x^2 + y^2 + z^2 = 1$ を満たしながら変化するとき，$x^a y^b z^c$ の最大値を求めよ．
(東北大情報科学研究科)

§6.2 標準・発展問題編

標準問題1

原点 O を中心とする半径 r $(r>0)$ の円に外接する三角形 $\triangle$ ABC について以下の問いに答えよ．

(1) 内接円と 3 辺 AB, BC, CA との接点を P,Q,R とし，$\angle$POQ, $\angle$QOR の大きさをそれぞれ $2x$ $(0<x<\pi/2)$, $2y$ $(0<y<\pi/2)$ とするとき $\triangle$ABC の面積 S は $S=r^2[\tan x+\tan y-\tan(x+y)]$ と表されることを示せ．

(2) S が最小となるのはどのような三角形の時か？また，そのときの x と y の値，ならびに S の最小面積を求めよ．

(筑波大システム情報工学研究科)

標準問題1の解答

直角三角形 $\triangle$OBP, $\triangle$OBQ は斜辺が一致し，かつ OP=OQ だから合同となる．同様に $\triangle$OCQ と $\triangle$OCR, $\triangle$OAR と $\triangle$OAP はそれぞれ合同である．

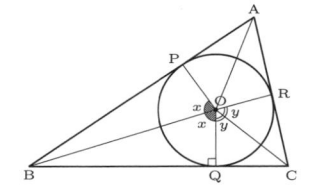

したがって

$$\angle\text{BOP}=\angle\text{BOQ}=x, \qquad \angle\text{COQ}=\angle\text{COR}=y,$$
$$\text{および}\quad \angle\text{AOR}=\angle\text{AOP}=\pi-(x+y)$$

となる．次に $\triangle$OPB を考えると，PB $= r\tan x$ だからその面積は $\frac{1}{2}$OP$\times$OP$\tan x=\frac{1}{2}r^2\tan x$ となる．他の三角形についても同様に考えれば

$$\begin{aligned}
S &= 2\times\triangle\text{OPB}+2\times\triangle\text{OQC}+2\times\triangle\text{ORA}\\
&= 2\times\frac{1}{2}r^2\tan x+2\times\frac{1}{2}r^2\tan y+2\times\frac{1}{2}r^2\tan(\pi-(x+y))\\
&= r^2[\tan x+\tan y+\tan(\pi-(x+y))]
\end{aligned}$$

一般に $\tan(\pi - \theta) = -\tan\theta$ だから $S = r^2[\tan x + \tan y - \tan(x+y)]$ となる．

(2) S を変数 (x, y) の 2 変数関数と考える．$1 + \tan^2 x = \sec^2 x$ という関係を用いれば各偏導関数は次のように整理される：

$$S_x = \frac{r^2}{\cos^2 x} - \frac{r^2}{\cos^2(x+y)} = r^2(\tan^2 x - \tan^2(x+y)),$$

$$S_y = r^2(\tan^2 y - \tan^2(x+y))$$

$$S_{xx} = 2r^2 \frac{\tan x}{\cos^2 x} - 2r^2 \frac{\tan(x+y)}{\cos^2(x+y)}$$
$$= 2r^2(\tan x + \tan^3 x - \tan(x+y) - \tan^3(x+y))$$

$$S_{xy} = -2r^2 \frac{\tan(x+y)}{\cos^2(x+y)} = -2r^2(\tan(x+y) + \tan^3(x+y))$$

$$S_{yy} = 2r^2(\tan y + \tan^3 y - \tan(x+y) - \tan^3(x+y))$$

図形上の仮定より得られる (x, y) の範囲

$$0 < x, y, \pi - (x+y) < \pi/2 \quad \Leftrightarrow \quad \begin{array}{l} 0 < x, y < \pi/2, \\ \pi/2 < x+y < \pi \end{array}$$

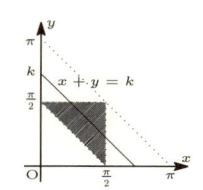

の下で $S_x = S_y = 0$ ($\Leftrightarrow \tan^2(x+y) = \tan^2 x = \tan^2 y$) となる点を求める．まず $\tan^2 x = \tan^2 y$, および $0 < x, y < \pi/2$ より $x = y$ となることが分かる．また $\tan^2 2x = \tan^2 x$ と 2 倍角の公式より

$$\tan^2 x = \left(\frac{2\tan x}{1 - \tan^2 x}\right)^2, \quad \{(1 - \tan^2 x)^2 - 4\}\tan^2 x = 0.$$

特に $0 < x$ より $\tan x > 0$ だから $1 - \tan^2 x = \pm 2$, $\tan^2 x = 3$, $\tan x = \sqrt{3}$ となる．したがって $S_x = S_y = 0$ を満たす点は $(x, y) = (\pi/3, \pi/3)$ のみとなる．

このとき $\tan x = \tan y = \sqrt{3}$, $\tan(x+y) = -\sqrt{3}$ より

$$S_{xx} = S_{yy} = 2r^2(\sqrt{3} + 3\sqrt{3} - (-\sqrt{3}) - (-3\sqrt{3})) = 16\sqrt{3}r^2 > 0$$

$$S_{xy} = -2r^2(-\sqrt{3} - 33\sqrt{3}) = 8\sqrt{3}$$

$$\therefore \quad S_{xx}S_{yy} - S_{xy}^2 = 16^2 \times 3r^4 - 8^2 \times 3r^4 > 0$$

したがって S は $x = y = \pi/3$ のとき極小となる．一方，点 (x, y) が上の範囲内にあるとき $\tan x > 0, \tan y > 0, -\tan(x+y) > 0$ となるが，点がこの領域の境界に当たる 3 種類の直線 $x = \pi/2, y = \pi/2$ または $x + y = \pi/2$ に近づくとき，たとえば $x = \pi/2$ に近づくとき $\tan x \to \infty$ だから，全体として $S \to \infty$ となる．ゆえに S はこの領域で $\underline{x = y = \pi/3}$ のとき最小となり，そのときの値は $\underline{S = 3\sqrt{3}r^2}$ となる． ■

> **解　説**
>
> 【基本問題 1】のように関係式を用いて 1 変数になる問題のほうが多いのだが，この問題は本格的に 2 変数の極値問題になっている．前半は高校数学でも御馴染みの初等幾何の問題なので解説の必要はないだろう．後半だが図形に関する極値問題では図形の形状から自然に変数の範囲が導かれる．たとえば上の問題の x は $x = \pi/2$ だとすると直線 AP と CQ は交点を持たず，ABC が三角形であるという大前提が崩れている．大抵は問題文中に範囲は指定してあるが，変数を自分で設定しなければいけない場合，まずは変数の範囲を調べたほうがよいだろう．基本問題編でも再三注意したが，極小値が最小値であることの証明も忘れずに！

標準問題 2

p, q を $\dfrac{1}{p} + \dfrac{1}{q} = 1$ を満たす正の実数とする．

(1) A, B を正の実数とするとき，任意の正の実数 t に対して
$$A^{\frac{1}{p}} B^{\frac{1}{q}} \leq \frac{A}{p} t^p + \frac{B}{q} t^{-q}$$
が成り立つことを示せ．またどのような t について等号が成立するか答えよ．

(2) $2n$ 個の正の実数 $x_1, x_2, \ldots, x_n, y_1, y_2, \ldots, y_n$ に対して
$$x_1^{\frac{1}{p}} y_1^{\frac{1}{q}} + x_2^{\frac{1}{p}} y_2^{\frac{1}{q}} + \cdots + x_n^{\frac{1}{p}} y_n^{\frac{1}{q}} \leq (x_1 + x_2 + \cdots + x_n)^{\frac{1}{p}} (y_1 + y_2 + \cdots + y_n)^{\frac{1}{q}}$$
を示せ．

(東北大情報科学研究科)

標準問題 2 の解答

$0 < p \leq 1$ だとすると $1 \leq 1/p = 1 - 1/q$, $1/q \leq 0$．したがって $q < 0$ となり仮定に反する．したがって $p > 1, q > 1$ である．

(1) $x > 0$ に対し $f(x) = \dfrac{x^p}{p} + \dfrac{1}{q} - x$ とする．このとき

$$f'(x) = x^{p-1} - 1, \quad f''(x) = (p-1)x^{p-2}$$

$f''(x) > 0$ より $f'(x)$ は狭義単調増加であり，また $f'(x) = 0 \Leftrightarrow x = 1$ だから右のような $f(x)$ に対する増減表を得る．これより $f(1) = 0$ が最小値であり，したがって $f(x) \geq 0$ となることが分かる．

x	0	$\cdots$	1	$\cdots$
$f'(x)$	-1	$-$	0	$+$
$f(x)$	$1/q$	↘	(最小)	↗

ここで $f(x) \geq 0$, すなわち不等式 $x \leq x^p/p + 1/q$ において $x = (A/B)^{1/p} t^q \; (> 0)$ と置き，さらに両辺に $Bt^{-q} \; (> 0)$ を掛ければ

$$(A/B)^{1/p}t^q \le \frac{(A/B)}{p}t^{pq}+\frac{1}{q}, \ (A/B)^{1/p}t^q \cdot Bt^{-q} \le \frac{(A/B)\cdot B}{p}t^{pq}\cdot t^{-q}+\frac{B}{q}t^{-q}$$

$$\therefore \quad A^{1/p}B^{1-1/p} \le \frac{A}{p}t^{(p-1)q}+\frac{B}{q}t^{-q}$$

$1-1/p=1/q, (p-1)q=p$ より (1) の不等式を得る.
また $x=(A/B)^{1/p}t^q=1$, したがって $t=(B/A)^{1/pq}$ のときに等号が成立する.

(2) $\sigma_1 = \sum_{i=1}^{n} x_i, \sigma_2 = \sum_{i=1}^{n} y_i$ と置く. (1) より任意の $t>0$ に対して

$$\left(\frac{x_i}{\sigma_1}\right)^{1/p}\left(\frac{y_i}{\sigma_2}\right)^{1/q} \le \frac{x_i}{p\sigma_1}t^p + \frac{y_i}{q\sigma_2}t^{-q}$$

が成り立つ. この両辺を $i=1$ から n まで加えれば

$$\frac{1}{\sigma_1^{1/p}\sigma_2^{1/q}}\sum_{i=1}^{n}x_i^{1/p}y_i^{1/q} \le \sum_{i=1}^{n}\left(\frac{x_i}{p\sigma_1}t^p + \frac{y_i}{q\sigma_2}t^{-q}\right)$$

$$= \frac{\sum_{i=1}^{n}x_i}{p\sigma_1}t^p + \frac{\sum_{i=1}^{n}y_i}{q\sigma_2}t^{-q} = \frac{t^p}{p} + \frac{t^{-q}}{q}$$

ここで $t=1$ と置けば $1/p+1/q=1$ より

$$\sum_{i=1}^{n}x_i^{1/p}y_i^{1/q} \le \sigma_1^{1/p}\sigma_2^{1/q} = (x_1+x_2+\cdots+x_n)^{\frac{1}{p}}(y_1+y_2+\cdots+y_n)^{\frac{1}{q}}$$

が成り立つ. また (1) において $A=x_i/\sigma_1$, $B=y_i/\sigma_2$, $t=1$ とすれば各 i に対する等号成立条件は $((y_i/\sigma_2)/(x_i/\sigma_1))^{1/pq}=1 \Leftrightarrow x_i/y_i=\sigma_1/\sigma_2$ だから, (2) の総和に対する等号成立条件は $x_1/y_1=x_2/y_2=\cdots=x_n/y_n$ となる. ∎

解 説

1. これは有名な Hölder の不等式 ((2) の不等式) に関する問題である. ノルムに関するこれら一連の不等式はしばしば出題されるので知識として覚えたほうが良いよいだろう. たとえば『詳解 微積分演習 I』(福田他共著, 共立出版 1960), 第 3 章の問題 [69]～[72] を参照されたい.

上の解答は Hölder の不等式の標準的な証明方法である．(1) の関数 $f(x)$ は不等式から逆算して導かれたもので不等式を示すための補助関数として知られている．また関数 $f(x)$ の不等式を利用するもの以外にも対数の凹性を利用する証明，相加・相乗平均を利用する証明等が知られている．(2) の σ_i で割るというのは各量 x_i, y_i を平均化する作業であり，平均化したものの総和が 1 となるという所が味噌である．

2. 数学では絶対値の p 乗の積分が頻繁に現れる．これについて少々解説する．

今，試験の点数の分布を考えてみる．i 番目の学生の点数を x_i としたとき，ある点数 t に対する差の p 乗 $|x_i - t|^p$ は p が大きくなるにつれて $|x_i - t|^p$ も大きくなっていく（右図参照）．ここで元の絶対値と同様の尺度になるように調整した総和

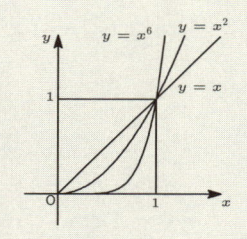

$$T_p = \left(\sum_i |x_i - t|^p\right)^{1/p}$$

を考えよう．T_p は分散量，すなわち t からの散らばり具合を測る量であり，p が大きい程，t から離れた点数の影響が強く現れるような和になっている．
たとえば t との差が 10 点以上であるような学生が一人の場合と 10 人の場合を比較すれば，前者よりも後者の場合のほうが p を増加させたときの T_p の増加率は高くなる．仮に $t =$ 平均点が 60 点，自分は 50 点だったとし，また p の増加に対する分散量 T_p の増加率が極めて低いとしよう．これはほとんどの学生が 60 点付近の点数であり，10 点差以上ある学生はほとんどいなかったということを意味し，自分だけが 60 点未満だったという可能性もある．平均点に近い点数だからと言って安心してはいけないのだ！

標準問題 3

関数 $f(x,y)$ が連続な 2 階導関数を持つとして，次の問いに答えよ．

(1) f が点 (a,b) で $f_x = f_y = 0$ となるとき，$\Delta = f_{xy}^2 - f_{xx}f_{yy} < 0$ であれば $f(a,b)$ は極値だが，$\Delta > 0$ ならば $f(a,b)$ は極値ではない．このことを次の Taylor の定理を用いて示せ．ただし $0 < \theta < 1$ とする：

$$f(a+h, b+k)$$
$$= f(a,b) + \left(h\frac{\partial}{\partial x} + k\frac{\partial}{\partial y}\right)f(a,b) + \frac{1}{2}\left(h\frac{\partial}{\partial x} + k\frac{\partial}{\partial y}\right)^2 f(a+\theta h, b+\theta k).$$

(2) $f(x,y) = \alpha x^2 + \beta y^2$ について $(x,y) = (0,0)$ において Δ が正，または負となるよう実数 α, β の数値例を一組ずつ与えよ．また Δ が負となる場合について $f(0,0)$ が極大値であるか，極小値であるかを判定せよ．

(東工大理工学研究科 知能システム科学)

標準問題 3 の解答

(1) $A = f_{xx}(a,b), B = f_{xy}(a,b), C = f_{yy}(a,b)$ とし，

$$\varepsilon_1 = f_{xx}(a+\theta h, b+\theta k) - A$$
$$\varepsilon_2 = f_{yx}(a+\theta h, b+\theta k) - B \qquad (0 < \theta < 1, \theta \text{ は } (h,k) \text{ の関数})$$
$$\varepsilon_3 = f_{yy}(a+\theta h, b+\theta k) - C$$

と置く．f の 2 階導関数が連続だから $(h,k) \to (0,0)$ のとき $\varepsilon_i \to 0$ となる．また Taylor の定理と $f_x(a,b) = f_y(a,b) = 0$ より

$$f(a+k, b+h)$$
$$= f(a,b) + \frac{1}{2}\{h^2 f_{xx}(a+\theta h, b+\theta k)$$
$$\quad + 2hk f_{xy}(a+\theta h, b+\theta k) + k^2 f_{yy}(a+\theta h, b+\theta k)\}$$
$$= f(a,b) + \frac{1}{2}\{h^2(A+\varepsilon_1) + 2hk(B+\varepsilon_2) + k^2(C+\varepsilon_3)\} \qquad \cdots\cdots \quad (*)$$

という形になる.

(i) $\Delta < 0$ のとき : $B^2 < AC$ より $A \neq 0$ となる. 仮に $A > 0$ だとすると $|h|, |k|$ を十分小さくとれば $A + \varepsilon_1 > 0$ となる. ここで $(*)$ の右辺の 2 次式について平方完成すると

$$
\begin{aligned}
f(a+k, b+h) &= f(a,b) \\
&\quad + \frac{(A+\varepsilon_1)}{2}\left\{\left(h + \frac{B+\varepsilon_2}{A+\varepsilon_1}k\right)^2 - \frac{(B+\varepsilon_2)^2 - (A+\varepsilon_1)(C+\varepsilon_3)}{(A+\varepsilon_1)^2}k^2\right\} \\
&= f(a,b) + \frac{(A+\varepsilon_1)}{2}\underbrace{\left\{\left(h + \frac{B+\varepsilon_2}{A+\varepsilon_1}k\right)^2 - \frac{\Delta + \varepsilon}{(A+\varepsilon_1)^2}k^2\right\}}_{(**)}
\end{aligned}
$$

ここで $\varepsilon = 2B\varepsilon_2 + \varepsilon_2^2 - A\varepsilon_3 - C\varepsilon_1 - \varepsilon_1\varepsilon_3$ と置いた. $|h|, |k| \to 0$ ならば $\varepsilon \to 0$ だから, $|h|, |k|$ が十分小さいときは $\Delta + \varepsilon < 0$ となる. したがって $|h|, |k|$ が十分小さいところで $(h, k) \neq 0$ ならば $(**) > 0$ となり, $A + \varepsilon_1 > 0$ と合わせて $f(a+h, b+k) - f(a,b) > 0$ となる. ゆえに $f(a,b)$ は極小値であることが分かる. $A < 0$ のときも同様の議論により $f(a,b)$ が極大となることが示される.

(ii) $\Delta > 0$ のとき : 今, $A > 0$ だとすれば $|h|, |k|$ が十分小さければ $A + \varepsilon_1 > 0$ となる. 上と同様に $(*)$ の右辺の 2 次式を平方完成すれば $\Delta + \varepsilon > 0$ となる. このとき直線 $k = 0$ 上の点 $(h, 0)$ に対しては $(**) = h^2 \geq 0$. 一方, 直線 $Ah + Bk = 0$ 上の点 (h, k) について $h = (-B/A)k$ より

$$\left(h + \frac{B+\varepsilon_2}{A+\varepsilon_1}k\right)^2 = \left(\frac{(A+\varepsilon_1)h + (B+\varepsilon_2)k}{A+\varepsilon_1}\right)^2$$

$$= \left(\frac{\varepsilon_1 h + \varepsilon_2 k}{A+\varepsilon_1}\right)^2 = \left(\frac{-B\varepsilon_1 + A\varepsilon_2}{A(A+\varepsilon_1)}\right)^2 k^2$$

$$\therefore \quad (**) = \frac{(-B\varepsilon_1 + A\varepsilon_2)^2 - A^2(\Delta + \epsilon)}{A^2(A+\varepsilon_1)^2}k^2$$

$$= \frac{\{(-B\varepsilon_1 + A\varepsilon_2)^2 - A^2\epsilon\} - A^2\Delta}{A^2(A+\varepsilon_1)^2}k^2$$

$|h|, |k|$ が十分小さければ $(-B\varepsilon_1 + A\varepsilon_2)^2 - A^2\epsilon < A^2\Delta$, ゆえに $(**) < 0$ となる. これは近づく方向によって極大にも極小にもなることを言っており, したがって $f(a,b)$ は極値ではないことが分かる. $A < 0$ のときも同様に議論により $f(a,b)$ は極値ではないことが示される. 最後に $A = 0$ だとすると

$$(*) = f(a,b) + \frac{1}{2}\{2(B+\varepsilon_2)h + (C+\varepsilon_3)k\}k$$

となる. これにより直線 $k = 0$ 上で常に $f(a+h, b) = f(a,b)$ と一定値になるので, やはり $f(a,b)$ は極値ではない. 以上より $\Delta > 0$ ならば $f(a,b)$ は極値にならないことが示された.

(2) $f_{xx} = 2\alpha$, $f_{xy} = 0$, $f_{yy} = 2\beta$ より $\Delta = -4\alpha\beta$ となる. たとえば $(\alpha, \beta) = (1, -1)$, すなわち $f = x^2 - y^2$ の場合は $\Delta > 0$ であり, また $(\alpha, \beta) = (1, 1)$, すなわち $f = x^2 + y^2$ の場合は $\Delta < 0$ となる. また後者の場合, $(x,y) \neq (0,0)$ ならば $f(x,y) > 0$ となるから $f(0,0)$ は極小値となる. ∎

§6.2 標準・発展問題編

解　説

2変数の極値問題を説明させる問題である．頻繁に出題される問題ではないが，解法の意味，特に判別式の意味を理解する上で有効なので取り上げた．極値問題の基本は2次部分の考察である．$\Delta \neq 0$ のとき，上の解答のように適当に変数を置きなおすと展開の2次部分は $\alpha X^2 + \beta Y^2$ という形で表される．α, β が同符号の場合は原点が極値になり．一方，α, β が異符号の場合，X 軸方向と Y 軸方向で凸の方向（上に凸，下に凸）が変わる（下図参照）．

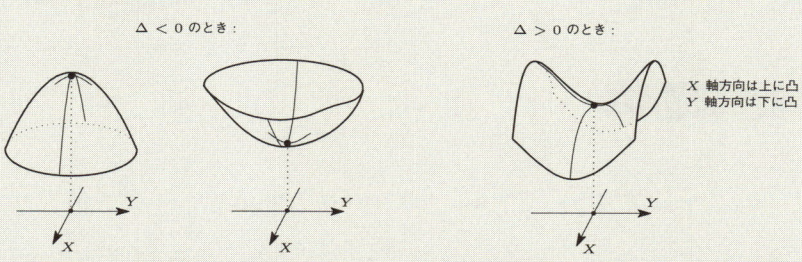

△＜0のとき：　　　　　　　　　　　△＞0のとき：

X 軸方向は上に凸
Y 軸方向は下に凸

いまの場合，判別式は $\Delta = -\alpha\beta$ となるのでこれを調べることにより極値を持つかどうかが判定できるのである．なお，判別式 Δ は本問のように $\Delta = f_{xy}^2 - f_{xx}f_{yy}$ とする流儀と $\Delta = f_{xx}f_{yy} - f_{xy}^2$ とする流儀がある．これは流儀の差で本質的な問題ではないのだが，混乱の恐れがあるので問題文中で必ず確認したほうがよいだろう．

発展問題 1

n 次の係数が 1 である n 次多項式 $P(x)$ について積分 $I = \int_a^b P(x)^2 dx$ が最小となるものは

$$P(x) = \frac{n!}{(2n)!} \frac{d^n}{dx^n}\{(x-a)^n(x-b)^n\}$$

により与えられることを示せ.

発展問題 1 の解答

$P(x) = a_0 + a_1 x + \cdots + a_{n-1}x^{n-1} + x^n$ と置けば積分

$$I = \int_a^b P(x)^2 dx = \int_a^b (a_0 + a_1 x + \cdots + a_{n-1}x^{n-1} + x^n)^2 dx$$

は n 変数 $a_0, a_1, \cdots, a_{n-1}$ の 2 次関数であり,I が極値を持つための必要条件として

$$\frac{\partial I}{\partial a_k} = \int_a^b \frac{\partial (P(x))^2}{\partial a_k} dx = 2\int_a^b x^k P(x) dx = 0 \quad \cdots (*)_k (0 \le k \le n-1)$$

を得る.$P(x)$ に対し

$$P_0(x) = P(x), \qquad P_k(x) = \int_a^x P_{k-1}(x) dx \quad (k = 1, 2, \cdots, n)$$

各 $P_k(x)$ は $n+k$ 次の多項式であり,さらに $P_k(a) = P_k(b) = 0 \ (1 \le k \le n)$ が成り立つ.

[証明] 定義より $P_k(x)$ が $n+k$ 次多項式であること,および $P_k(a) = 0$ となることは明らか.$P_k(b) = 0$ であることを k に関する帰納法により示す.

$k = 1$ のとき $P_1(b) = \int_a^b P(x) dx = \int_a^b x^0 P(x) dx = 0.$

$k > 1$ のとき $P_\ell(b) = 0 \ (1 \le \ell \le k-1)$ と仮定すれば部分積分と $(P_\ell(x))' = P_{\ell-1}(x)$ より

$$\int_a^b x^{\ell-1} P_{k-\ell}(x) dx = \left[\frac{x^\ell}{\ell} P_{k-\ell}(x)\right]_a^b - \frac{1}{\ell}\int_a^b x^\ell P_{k-\ell-1}(x) dx$$

$$= -\frac{1}{\ell}\int_a^b x^\ell P_{k-(\ell+1)}(x)dx$$

$(1 \le \ell \le k-1)$ が成立. これと $(*)_{k-1}$ より

$$P_k(b) = \int_a^b P_{k-1}(x)dx = -\int_a^b xP_{k-2}(x)dx$$
$$= (-1)\left(-\frac{1}{2}\right)\int_a^b x^2 P_{k-3}(x)dx = \cdots = \frac{(-1)^{k-1}}{(k-1)!}\int_a^b x^{k-1}P_0(x)dx$$
$$= \frac{(-1)^{k-1}}{(k-1)!}\int_a^b x^{k-1}P(x)dx = 0$$

したがって k のときも成立する. ■

$P_n(x)$ について $\dfrac{d^k P_n}{dx^k}(a) = P_{n-k}(a) = 0$ $(0 \le k \le n-1)$ より $(x-a)^n$ で割り切れ,同様に $(x-b)^n$ でも割り切れる.よって $P_n(x)$ は $2n$ 次多項式だから $P_n(x) = c(x-a)^n(x-b)^n$ (c は定数) と表されることになる.$P_n(x)$ の最高次 cx^{2n} は n 回微分すれば

$$2n(2n-1)(2n-2)\cdots(n+1)cx^n = \frac{(2n)!}{n!}cx^n$$

であり,一方,作り方より $P_n^{(n)}(x) = P_0(x) = P(x) = x^n + \cdots$ だから最高次の係数を比較すれば $c = n!/(2n)!$ となる.

ゆえに $P(x) = \dfrac{n!}{(2n)!}\dfrac{d^n}{dx^n}\{(x-a)^n(x-b)^n\}$ である.特に I の極値を与えるような多項式は必ずこの形になり,よって I の極値の候補はこの多項式しかない.

次に I の 2 階偏導関数は $\dfrac{\partial^2 I}{\partial a_k \partial a_l} = \int_a^b x^{k+l}dx$ $(0 \le k, l \le n-1)$ となるから,I の 2 次微分 $d^2 I$ は n 次対称行列 J:

$$J = \begin{bmatrix} \int_a^b dx & \int_a^b xdx & \int_a^b x^2 dx & \cdots & \int_a^b x^{n-1}dx \\ \int_a^b xdx & \int_a^b x^2 dx & \int_a^b x^3 dx & \cdots & \int_a^b x^n dx \\ \int_a^b x^2 dx & \int_a^b x^3 dx & \int_a^b x^4 dx & \cdots & \int_a^b x^{n+1}dx \\ & & \cdots & & \\ \int_a^b x^{n-1}dx & \int_a^b x^n dx & \int_a^b x^{n+1}dx & \cdots & \int_a^b x^{2n-2}dx \end{bmatrix}$$

を用いて $d^2 I(\mathbf{h}) = {}^t\mathbf{h} J \mathbf{h}$ （ここで $\mathbf{h}$ は任意の n 次列ベクトル $\mathbf{h} = {}^t[h_0, h_1, h_2, \cdots, h_{n-1}]$ とする）と表される．任意の $\mathbf{h}$ について

$$
{}^t\mathbf{h} J \mathbf{h} = \int_a^b \left(\sum_{k,l=0}^{n-1} h_k h_l x^k x^l \right) dx = \int_a^b (h_0 + h_1 x + \cdots + h_{n-1} x^{n-1})^2 dx \geq 0
$$

となるから J は正定値，したがって2次微分 $d^2 I$ は正定値．したがって上で求めた極値の候補は極小値となる．極値の候補が1つであり，これが極小値になっているということから最小値であり，したがって $P(x)$ が積分 I の最小値を与えるものであることが分かる． ∎

解 説

多変数の極値問題である．この種の問題は理系文系問わず一般的な理論を展開する上で現れるのだが，教科書では割愛するものも多い．大学院入試というよりもその後の研究への応用という意味で取り上げた．

前半：1階微分が消滅するという必要条件から，極値を与える多項式 P が満たすべき条件 $(*)_k$ を導く．問題文より求める P が $(x-a)^n (x-b)^n$ を n 回微分したものであるということが分かっているので，P を求めるために n 回積分した $P_n(x)$ について考えた，というのが前半のストーリーである．

後半：極値の候補が実際に極値である事を示すために次の判定法を用いた：

定理 1　多変数関数の極値の判定

n 変数 C^2 級関数 $y = f(x_1, \cdots, x_n)$ が $\mathbf{x}^* = (x_1^*, \cdots, x_n^*)$ において

$$\frac{\partial f}{\partial x_i}(\mathbf{x}^*) = 0 \ (i = 1, \ldots, n)$$

かつ f の Hesse 行列

$$H = \begin{bmatrix} \frac{\partial^2 f}{\partial x_1^2} & \frac{\partial^2 f}{\partial x_1 \partial x_2} & \cdots & \frac{\partial^2 f}{\partial x_1 \partial x_n} \\ \frac{\partial^2 f}{\partial x_2 \partial x_1} & \frac{\partial^2 f}{\partial x_2^2} & \cdots & \frac{\partial^2 f}{\partial x_2 \partial x_n} \\ & & \cdots & \\ \frac{\partial^2 f}{\partial x_n \partial x_1} & \frac{\partial^2 f}{\partial x_n \partial x_2} & \cdots & \frac{\partial^2 f}{\partial x_n^2} \end{bmatrix}$$

の行列式が 0 でないとする.

(i) $\mathbf{x}^*$ において正定値対称行列（零ベクトル以外の任意の n 次列ベクトル $\mathbf{h} = {}^t[h_1, h_2, \cdots, h_n]$ に対して

${}^t\mathbf{h} H(\mathbf{x}^*) \mathbf{h}$

$= [h_1, h_2, \cdots, h_n] \begin{bmatrix} \frac{\partial^2 f}{\partial x_1^2}(\mathbf{x}^*) & \frac{\partial^2 f}{\partial x_1 \partial x_2}(\mathbf{x}^*) & \cdots & \frac{\partial^2 f}{\partial x_1 \partial x_n}(\mathbf{x}^*) \\ \frac{\partial^2 f}{\partial x_2 \partial x_1}(\mathbf{x}^*) & \frac{\partial^2 f}{\partial x_2^2}(\mathbf{x}^*) & \cdots & \frac{\partial^2 f}{\partial x_2 \partial x_n}(\mathbf{x}^*) \\ & & \cdots & \\ \frac{\partial^2 f}{\partial x_n \partial x_1}(\mathbf{x}^*) & \frac{\partial^2 f}{\partial x_n \partial x_2}(\mathbf{x}^*) & \cdots & \frac{\partial^2 f}{\partial x_n^2}(\mathbf{x}^*) \end{bmatrix} \begin{bmatrix} h_1 \\ h_2 \\ \vdots \\ h_n \end{bmatrix}$

が常に正である対称行列）ならば $f(\mathbf{x}^*)$ は極小値である.

(ii) $H(\mathbf{x}^*)$ が負定値（零ベクトルではない任意の列ベクトル $\mathbf{h}$ に対して ${}^t\mathbf{h} H(\mathbf{x}^*) \mathbf{h} < 0$）ならば $f(\mathbf{x}^*)$ は極値であり, $f(\mathbf{x}^*)$ は極大値となる.

(iii) $H(\mathbf{x}^*)$ が不定値ならば $f(\mathbf{x}^*)$ は極値ではない.

（定値対称行列に関する性質などの説明は線形代数の教科書を参照のこと）これは多変数の極値に対する一般的に通用する十分条件の一つである.

234 第6章 極値の問題

発展問題 2

y は 2 階微分までが連続な x の実関数であり，$y' = dy/dx$ とするとき，次の汎関数

$$I(y) = \int_{x_1}^{x_2} F(x, y, y')dx \quad \cdots\cdots \quad (1)$$

の極値を与える $y(x)$ を求めたい．以下の問いに答えよ．

1. 任意の微分可能な関数 $\eta(x)$ に対して，$Y(x) = y(x) + k\eta(x)$ とおく．この実数 k が微小であるとき ($|k| \ll 1$)，$\delta I = I(Y) - I(y)$ を k について展開し 1 次の項まで示せ．
2. 式 (1) の積分範囲両端において $y(x_1) = y_1, y(x_2) = y_2$ が満たされるとする．1. の結果を用いて $I(y)$ の極値を与える条件を F, x, y, y' の式で表せ．
3. 式 (1) の積分範囲の端点のうち，$y(x_1) = y_1$ のみが与えられているとき，$I(y)$ の極値を与える条件を求めよ．
4. $F(x, y, y') = y'^2 + y^2, x_1 = 0, x_2 = 1, y(x_1) = 1$ のとき，$I(y)$ の極値を与える関数 $y(x)$ を求めよ．

(東京大工学系研究科)

発展問題 2 の解答

1. k に関する 1 次の無限小記号 $o(k)$ $(k \to 0)$ を用いれば

$$\begin{aligned}
&F(x, y + k\eta, y' + k\eta') \\
&= F(x, y, y') + \frac{\partial F}{\partial y}(x, y + k\eta, y' + k\eta')\frac{d(y + k\eta)}{dk}\bigg|_{k=0} k \\
&\quad + \frac{\partial F}{\partial y'}(x, y + k\eta, y' + k\eta')\frac{d(y' + k\eta')}{dk}\bigg|_{k=0} k + o(k) \ (k \to 0) \\
&= F(x, y, y') + \left\{\frac{\partial F}{\partial y}(x, y, y')\eta(x) + \frac{\partial F}{\partial y'}(x, y, y')\eta'(x)\right\} k + o(k) \ (k \to 0)
\end{aligned}$$

であるから，k が十分小さいとき δI を 1 次の項まで展開すれば次のように

なる：

$$\delta I = I(Y) - I(y) \approx \underline{\left[\int_{x_1}^{x_2} \left\{\frac{\partial F}{\partial y}(x,y,y')\eta(x) + \frac{\partial F}{\partial y'}(x,y,y')\eta'(x)\right\} dx\right] k}$$

2. $I(y)$ が極値となるためには δI の k に関する展開の 1 次の項が 0 であること，すなわち

$$\int_{x_1}^{x_2} \left\{\frac{\partial F}{\partial y}(x,y,y')\eta(x) + \frac{\partial F}{\partial y'}(x,y,y')\eta'(x)\right\} dx = 0$$

であることが必要条件となる．両端条件より $\eta(x_1) = \eta(x_2) = 0$ となることに注意し，部分積分を使えば

$$\int_{x_1}^{x_2} \frac{\partial F}{\partial y'}(x,y,y')\eta'(x)dx = \left[\frac{\partial F}{\partial y'}(x,y,y')\eta(x)\right]_{x_1}^{x_2} - \int_{x_1}^{x_2} \frac{d}{dx}\left(\frac{\partial F}{\partial y'}(x,y,y')\right)\eta(x)dx$$

$$= -\int_{x_1}^{x_2} \frac{d}{dx}\left(\frac{\partial F}{\partial y'}(x,y,y')\right)\eta(x)dx$$

$$\therefore \quad \int_{x_1}^{x_2} \left\{\frac{\partial F}{\partial y}(x,y,y')\eta(x) + \frac{\partial F}{\partial y'}(x,y,y')\eta'(x)\right\} dx$$

$$= \int_{x_1}^{x_2} \left\{\frac{\partial F}{\partial y}(x,y,y') - \frac{d}{dx}\left(\frac{\partial F}{\partial y'}(x,y,y')\right)\right\} \eta(x) dx = 0$$

この等式が任意の $\eta(x)$ について成り立つことから $I(y)$ が極値であるための必要条件は

$$\underline{\frac{\partial F}{\partial y}(x,y,y') - \frac{d}{dx}\left(\frac{\partial F}{\partial y'}(x,y,y')\right) = 0}$$

である．

3. 端点条件より $\eta(x_1) = 0$ のみが要請されるので

$$\int_{x_1}^{x_2} \frac{\partial F}{\partial y'}(x,y,y')\eta'(x)dx = \left[\frac{\partial F}{\partial y'}(x,y,y')\eta(x)\right]_{x_1}^{x_2} - \int_{x_1}^{x_2} \frac{d}{dx}\left(\frac{\partial F}{\partial y'}(x,y,y')\right)\eta(x)dx$$

$$= \frac{\partial F}{\partial y'}(x,y,y')\eta(x)\Big|_{x=x_2} - \int_{x_1}^{x_2} \frac{d}{dx}\left(\frac{\partial F}{\partial y'}(x,y,y')\right)\eta(x)dx$$

したがって 2. と同様に考えれば $I(y)$ が極値であるための条件は

$$\int_{x_1}^{x_2} \left\{\frac{\partial F}{\partial y}(x,y,y') - \frac{d}{dx}\left(\frac{\partial F}{\partial y'}(x,y,y')\right)\right\} \eta(x) dx + \frac{\partial F}{\partial y'}(x,y,y')\eta(x)\Big|_{x=x_2} = 0$$

$\eta(x_1) = 0$ であれば $\eta(x_2)$ は任意なので，上の等式が成り立つためには右辺の項より $\eta(x)$ を除いたそれぞれの項が 0 になること，すなわち，求める必要条件は

$$\frac{\partial F}{\partial y}(x,y,y') - \frac{d}{dx}\left(\frac{\partial F}{\partial y'}(x,y,y')\right) = 0 \quad \text{かつ} \quad \frac{\partial F}{\partial y'}(x,y,y')\bigg|_{x=x_2} = 0$$

である．

4. $F = y'^2 + y^2$ に 3. の条件を当て嵌めれば，$\dfrac{\partial F}{\partial y} = 2y, \dfrac{\partial F}{\partial y'} = 2y'$ より

$$I(y) \text{ は極値，かつ } y(0) = 1 \text{ を満たす} \quad \Leftrightarrow \quad \begin{cases} y = y'' \\ y'(1) = 0 \\ y(0) = 1 \end{cases}$$

右辺の微分方程式 $y'' = y$ の一般解は $y = Ae^x + Be^{-x}$ であり，初期条件より $A = \dfrac{1}{1+e^2},\ B = \dfrac{1}{1+e^{-2}}$ となる．したがって $y = \dfrac{e^x}{1+e^2} + \dfrac{e^{-x}}{1+e^{-2}}$ ∎

解 説

一風変わった極値問題を紹介する（一部「微分方程式」などの内容を含んでいる．読者はある程度の知識があるという前提で話を進める．微分方程式が未履修の読者は読み飛ばして頂きたい）．

物理学の一分野である解析力学では，物体は「最小作用の原理」という基本原理に従って運動する，と考える．今，地点Aから地点Bに向かう曲線に対し Lagrangian と呼ばれる関数 F を用いて積分 $I(C) = \displaystyle\int_C F$ を考える（これを作用積分という）．曲線 C 1つに対して1つの数値（量）が定まり，したがって曲線全体の集合上の関数になっている（このような関数を"汎関数"と呼ぶ）．最小作用の原理によればこの関数の極小値を与える曲線が存在し，物体はこの曲線に沿って運動することになる．したがって物体の軌跡を求めよ，という問題は $I(C)$ が極小値となる曲線 C を求めよ，という極値問題だと考えられる．極値を与える曲線に対し「1階の微分が0」という必要条件を求めたものが解答 2. の微分方程式（Euler-Lagrange 方程式）である．

物理学，工学に現れる微分方程式は極値問題の必要条件として得られる場合が多い．極値問題は単なる微分法の応用問題ではなく自然科学全体の基本問題なのである．

第7章　図形への応用

　大学院入試では複数の項目に渡った知識が必要になることが多い．特に微積分の総合的な知識，技術が必要となる図形の考察は格好の素材である．また機械や建築物の設計やデザインなど，ものづくりの現場においても幾何学は重要であり，そういった意味でも入試問題としてふさわしい題材の一つだろう．本章ではサイクロイドなど頻繁に扱われる題材や総合力を必要とするような例題を紹介する．試験場では厳しいが，ここでは時間を掛けてじっくりと問題を味わって頂きたい．

§7.1　基本問題編

基本問題1

　下記の設問に答えよ．

(1) 　半径 a の円が x 軸にそって滑らずに転がるとき（回転角 θ），円周上の点 P が描く座標は下記で与えられる．x および y それぞれを a, θ を用いて示せ．ただし $0 \leq \theta \leq 2\pi$ とし，$\theta = 0$ のとき，点 P は原点 O に一致するものとする．

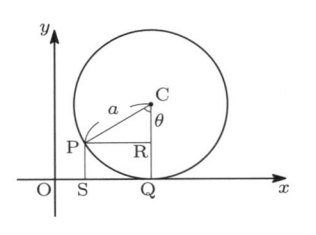

$$x = \text{OS} = \text{OQ} - \text{SQ}, \quad y = \text{PS} = \text{CQ} - \text{CR}$$

(2) 　上記で求めた点 P の軌跡と x 軸によって囲まれた部分の面積 S を求めよ．

(首都大ヒューマンメカトロニクスシステム学域)

基本問題 1 の解答

(1) OQ は弧 PQ の長さ $a\theta$ と一致．また SQ=PR $= a\sin\theta$ だから $x =$ OQ $-$ SQ $= \underline{a\theta - a\sin\theta}$．一方，CQ $= a$，CR$= a\cos\theta$ より $y =$ CQ $-$ CR $= \underline{a - a\cos\theta}$．

(2) 円を 1 回転させると点 C の座標は $(2\pi a, a)$．これに注意すれば囲まれた部分の面積は $S = \int_0^{2\pi a} y dx$ により与えられる．ここで (1) で求めた式 $x = a\theta - a\sin\theta$ により置換すると $dx = (a - a\cos\theta)d\theta$, $y = a - a\cos\theta$，および

x	$0 \to 2\pi a$
θ	$0 \to 2\pi$

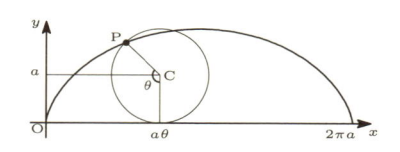

$$\begin{aligned}
S &= \int_0^{2\pi a} y dx = \int_0^{2\pi} (a - a\cos\theta) \cdot (a - a\cos\theta) d\theta \\
&= a^2 \int_0^{2\pi} (1 - \cos\theta)^2 d\theta \\
&= a^2 \left\{ \int_0^{2\pi} d\theta - 2\int_0^{2\pi} \cos\theta d\theta + \int_0^{2\pi} \cos^2\theta d\theta \right\} \\
&\underset{\text{半角の公式より}}{=} a^2 \left\{ 2\pi - 2\cdot 0 + \frac{1}{2}\int_0^{2\pi} (1 + \cos 2\theta) d\theta \right\} \\
&= a^2 \left\{ 2\pi + \frac{1}{2}\left[\theta + \frac{1}{2}\sin 2\theta \right]_0^{2\pi} \right\} = \underline{3\pi a^2}
\end{aligned}$$

∎

解 説

本問は大学入試でも御馴染みのサイクロイドを題材とした曲線で囲まれる平面領域の面積を求める問題である．平面領域の面積は積分が生まれる母体ともなった基本的な積分の応用問題であり理工系の大学入試でも花形である．通常の出題では回転円の中心角 θ をパラメータとした動点

の座標が与えられているが，本問ではその導出も込めての出題である．

〔練習問題 1〕 以下の式によって定まる xy 平面の曲線 C について，以下の 5 つの設問全てに解答せよ．ただし a は正の定数とする．

$$\begin{cases} x = a(t - \sin t) \\ y = a(1 - \cos t) \end{cases} \quad (0 \le t \le 2\pi)$$

(1) xy 平面上に曲線 C を図示せよ．
(2) 曲線の長さを求めよ．
(3) 曲線 C と x 軸に囲まれる図形の面積を求めよ．
(4) 曲線 C と x 軸に囲まれる図形を x 軸まわりに回転してできる立体の体積を求めよ．
(5) 曲線 C と x 軸に囲まれる図形を y 軸まわりに回転してできる立体の体積を求めよ．

(東京大新領域創成科学研究科)

〔練習問題 2〕 xy 平面上の曲線 $C: \begin{cases} x = \theta + \sin\theta \\ y = 1 + \cos\theta \end{cases}$ $(-\pi \le \theta \le \pi)$，および C と x 軸とで囲まれる領域 D について，次の問いに答えよ．

(i) C 上で y は x の関数となるが，これを $y = \varphi(x)$ $(-\pi \le x \le \pi)$ と表す．$\theta = \pi/3$ に対応する C 上の点を (x_0, y_0) とするとき，$\varphi'(x_0), \varphi''(x_0)$ を計算せよ．

(ii) D の面積 $\iint_D dxdy$ を求めよ．

(iii) D の重心 (x_D, y_D) を求めよ．ただし x_D, y_D は次式で与えられる：

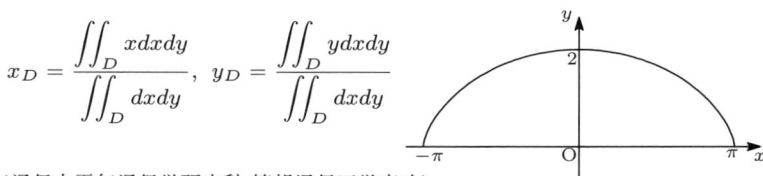

$$x_D = \frac{\iint_D x\,dxdy}{\iint_D dxdy}, \quad y_D = \frac{\iint_D y\,dxdy}{\iint_D dxdy}$$

(電気通信大電気通信学研究科 情報通信工学専攻)

§7.1 基本問題編　241

基本問題 2

点 $P(x,y,z)$ と $Q(x,y,0)$ において，x,y,z は時間 t の関数で表される．

$$x = e^{2t}\cos t, \qquad y = e^{2t}\sin t, \qquad z = t+1$$

(a) 点 Q が $t=0$ から $t=a$ $(a>0)$ まで移動した道のりを求めよ．
(b) $t=0$ から $t=a$ $(a>0)$ までに線分 PQ が描く図形の面積を求めよ．

(東北大工学研究科 技術社会システム専攻)

基本問題 2 の解答

(a) $\dot{x} = e^{2t}(2\cos t - \sin t)$, $\dot{y} = e^{2t}(2\sin t + \cos t)$ および

$$\begin{aligned}\dot{x}^2 + \dot{y}^2 &= e^{4t}\{(2\cos t - \sin t)^2 + (2\sin t + \cos t)^2\} \\ &= 5e^{4t}\end{aligned}$$

だから，$t=a$ までの曲線 C_a の道のり $s(a)$ は

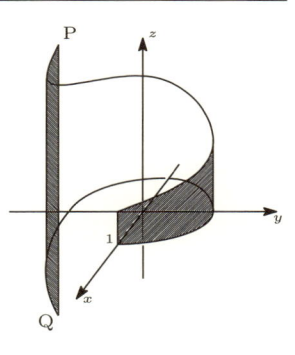

$$\begin{aligned}s(a) &= \int_{C_a}\sqrt{dx^2 + dy^2} = \int_0^a \sqrt{\dot{x}^2 + \dot{y}^2}\,dt \\ &= \int_0^a \sqrt{5}e^{2t}\,dt = \underline{\frac{\sqrt{5}}{2}(e^{2a}-1)}\end{aligned}$$

(b) 求める面積 $S(a)$ は $S(a) = \int_{C_a} z\,ds$ により与えられる．$ds = \dfrac{ds}{dt}dt = \sqrt{5}e^{2t}dt$ より

$$S(a) = \int_0^a (t+1)\cdot\sqrt{5}e^{2t}\,dt = \sqrt{5}\left\{\left[\frac{1}{2}(t+1)e^{2t}\right]_0^a - \frac{1}{2}\int_0^a e^{2t}\,dt\right\}$$

$$= \frac{\sqrt{5}}{4}\{(2a+1)e^{2a} - 1\}$$

解 説

1. 本問 (a) は曲線の長さを求める問題である．平面上の曲線 C は微小な線分 ds が繋がってできている，と考えられる（右図 1 参照）．曲線を構成する微小線分 ds を曲線の線素と呼ぶ．この線素の長さを曲線 C に渡って全て加えれば曲線の長さ

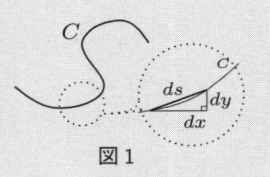

$$\ell = \int_C |ds| = \int_C \sqrt{dx^2 + dy^2} \quad (dx, dy \text{ は } x, y \text{ 軸方向の微分})$$

が得られる．実際の長さを計算するには曲線を表現する数式に合わせて線素を変形すればよい．たとえば曲線がパラメーターによって $x = x(t), y = y(t) \ (a \leq t \leq b)$ と表されるならば

$$|ds| = \sqrt{\frac{dx^2}{dt^2}dt^2 + \frac{dy^2}{dt^2}dt^2} = \sqrt{\left(\frac{dx}{dt}\right)^2 + \left(\frac{dx}{dt}\right)^2}\, dt$$

となるので曲線の長さは

$$\ell = \int_C |ds| = \int_a^b \sqrt{\left(\frac{dx}{dt}\right)^2 + \left(\frac{dx}{dt}\right)^2}\, dt$$

より計算できるようになる．

2. (b) は平面曲線 C 上の線積分の問題である．以下，大雑把な考え方を説明する（一般の場合の詳細な説明はベクトル解析の教科書に譲る）．

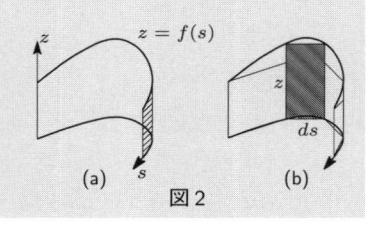

曲線 C を一種の曲がった軸（s 軸と呼ぶことにする）と考える．この軸上で定義される関数 $z = f(s)$ のグラフは図 2 (a) のようなカーテン状の図形になる．

ここで線素 ds を底辺，$z = f(s)$ を高さとする矩形（図 2 (b) の斜線部）の面積 $z \times ds$ を曲線 C に渡って加えていけば全体の面積 S は $S = \int_C z ds$ により与えられる（右図は大きすぎるが，ds が十分小さいと考えれば矩形と曲面との誤差は十分小さくなる）．これが C 上の線積分であり，実際の計算は長さの計算と同様に曲線を表現する数式に合わせて変形した式を用いる．

〔練習問題 3〕 原点 $O(0,0)$ から点 $P(x, x^2/2)$ までの区間の放物線 $y = \dfrac{1}{2}x^2$ に沿った長さを求めよ．
(東京大理学系研究科 地球惑星科学専攻)

〔練習問題 4〕 曲線 $\sqrt{x} + \sqrt{y} = 1$ の長さを求めよ．

基本問題 3

次の問いに答えよ.

(1) 円錐 $z = \sqrt{x^2 + y^2}$ と球 $x^2 + y^2 + z^2 = 1$ で囲まれた領域を D とする. 領域 D の xz 面における形状を描け.
(2) 領域 D の体積を求めよ.
(3) 領域 D の表面積を求めよ.

(東北大工学研究科 機械・知能系)

基本問題 3 の解答

(1) $D = \{(x, y, z) : \begin{matrix} z \geq \sqrt{x^2 + y^2}, \\ x^2 + y^2 + z^2 \leq 1 \end{matrix}\}$

と表される. 領域 D と xz 面 $y = 0$ との共通部分 D_y は

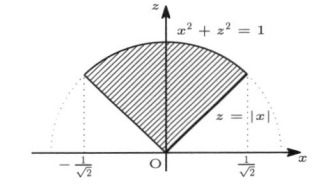

$D_y = \{(x, z) : z \geq \sqrt{x^2} = |x|,\ x^2 + z^2 \leq 1\}$
と表される. したがって断面は右図のようになる.

(2) 領域 D の体積 V は $E = \{(x, y) : x^2 + y^2 = 1/2\}$ とすれば

$$V = \int_E \sqrt{1 - x^2 - y^2}\, dxdy - \int_E \sqrt{x^2 + y^2}\, dxdy$$

により与えられる. ここに現れる重積分を極座標により変換すれば

$$V = \int_{E'} \sqrt{1 - r^2}\, |r|\, drd\theta - \int_{E'} \sqrt{r^2}\, r\, drd\theta \quad (E' = \{(r, \theta) : \begin{matrix} 0 \leq r \leq 1/\sqrt{2}, \\ 0 \leq \theta \leq 2\pi \end{matrix}\})$$

$$= \int_0^{2\pi} \left(\int_0^{1/\sqrt{2}} r\sqrt{1 - r^2}\, dr\right) d\theta - \int_0^{2\pi} \left(\int_0^{1/\sqrt{2}} r\sqrt{r^2}\, dr\right) d\theta$$

$$= 2\pi \int_0^{1/\sqrt{2}} r\sqrt{1 - r^2}\, dr - 2\pi \int_0^{1/\sqrt{2}} r^2\, dr$$

$$= 2\pi \left[-\frac{1}{3}(1 - r^2)^{3/2}\right]_0^{1/\sqrt{2}} - 2\pi \left[\frac{1}{3} r^3\right]_0^{1/\sqrt{2}} = \underline{\frac{2 - \sqrt{2}}{3}\pi}$$

(3) $z = \sqrt{1-x^2-y^2}$ のとき,$z_x = -\dfrac{x}{\sqrt{1-x^2-y^2}}$,$z_y = -\dfrac{y}{\sqrt{1-x^2-y^2}}$ だから領域 D の球面部分の表面積 S_1 は

$$S_1 = \iint_E \sqrt{1+z_x^2+z_y^2}\,dxdy = \iint_E \sqrt{\frac{1}{1-x^2-y^2}}\,dxdy$$

極座標に変換すれば

$$S_1 = \iint_{E'} \sqrt{\frac{1}{1-r^2}}\,r\,drd\theta = \int_0^{2\pi}\left(\int_0^{1/\sqrt{2}} r\sqrt{\frac{1}{1-r^2}}\,dr\right)d\theta$$

$$= 2\pi \int_0^{1/\sqrt{2}} r\sqrt{\frac{1}{1-r^2}}\,dr = 2\pi\left[-\sqrt{1-r^2}\right]_0^{1/\sqrt{2}} = (2-\sqrt{2})\pi$$

一方,側面部分の表面積 S_2 は側面を展開したときにできる扇形の面積であり,この中心角を θ とすれば,弧の長さは $\theta = $ (底面の円周) $= \sqrt{2}\pi$ だから

$$S_2 = \frac{1}{2}1^2 \times \theta = \frac{\sqrt{2}}{2}\pi$$

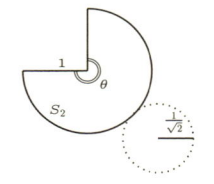

以上より全体の表面積は $S = S_1 + S_2 = \dfrac{4-\sqrt{2}}{2}\pi$ ∎

解　説

本問のメインは表面積の計算．大学によってはベクトル解析で学習する面積分の一部として扱う事もあるが，$z = f(x,y)$ によって与えられる曲面の場合は微分積分の範疇だろう．表面積を説明するにはベクトルの外積が必要である．詳しくは線形代数の教科書を参照してもらうこととし，ベクトルの外積を既知として説明しよう．

曲面 $S : z = f(x, y)$ に対して右図のように接平面上の平行四辺形 ABCD を考える．dx, dy が十分小さければ平行四辺形の下に位置する S の微小部分の面積と平行四辺形の面積はほぼ等しい．

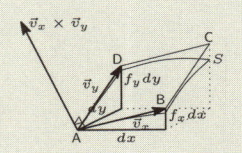

今，$\overrightarrow{AB} = \vec{v}_x$, $\overrightarrow{AD} = \vec{v}_y$ とすると外積の定義より平行四辺形 ABCD の面積は外積の長さ $|\vec{v}_x \times \vec{v}_y|$ と一致する．ベクトル $\vec{v}_x$, $\vec{v}_y$ の成分は $\vec{v}_x = (dx, 0, f_x dx)$, $\vec{v}_y = (dy, 0, f_y dy)$ だから

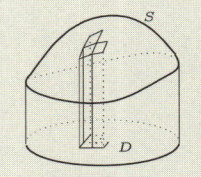

$$\vec{v}_x \times \vec{v}_y = (-f_x dxdy, -f_y dxdy, dxdy)$$

$$\therefore \ |\vec{v}_x \times \vec{v}_y| = \sqrt{(-f_x dxdy)^2 + (-f_y dxdy)^2 + (dxdy)^2}$$

$$= \sqrt{1 + f_x^2 + f_y^2}\, dxdy$$

この微小部分の面積を関数 $f(x,y)$ の定義域 D に渡り足せば

$$(曲面\ S\ の全面積) = \iint_D \sqrt{1 + f_x^2 + f_y^2}\, dxdy \quad となる．$$

計算できる量が平行四辺形のような直線的なものだけだった時代から無限小量という概念により曲線的な量が計算可能になったということだけを見ても微分積分法が如何に凄い発見だったかが分かるだろう．

〔**練習問題 5**〕 カージオイド $r = 1 + \cos\theta$ を x 軸の周りに回転させたときにできる立体の表面積 A を求めよ．
(東京大工学系研究科 原子力国際専攻)

§7.2 標準問題編

標準問題 1

問 1. 一辺の長さが a の正四面体の表面積 S および体積 V を求めよ.

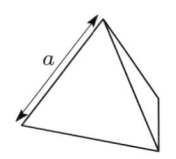

問 2. 次に一辺の長さが a の正四面体 2 個を,次図のように各辺の中点どうしが互いに一致するように組み合わせた立体 P を考える.ここで点 A〜D, A′〜D′ は頂点である.次の問 (a) および問 (b) に答えよ.

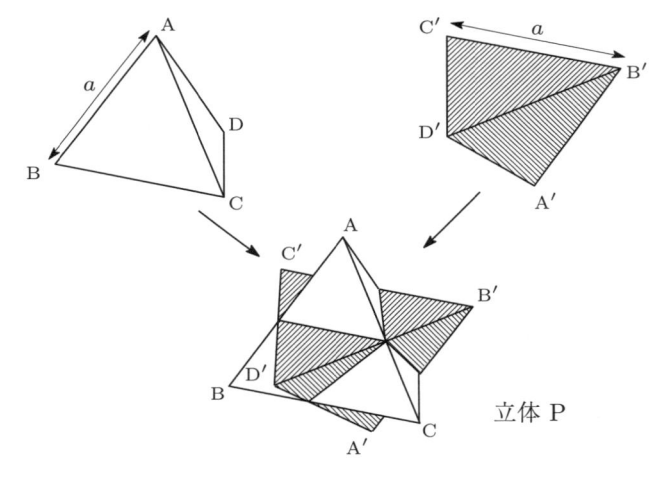

(a) 立体 P を AA′ を軸として回転させてできる回転体の体積 $V_{AA'}$ を求めよ.

(b) 立体 P を AC を軸として回転させてできる回転体の体積 V_{AC} を求めよ.

(東京大理学系研究科 天文学専攻)

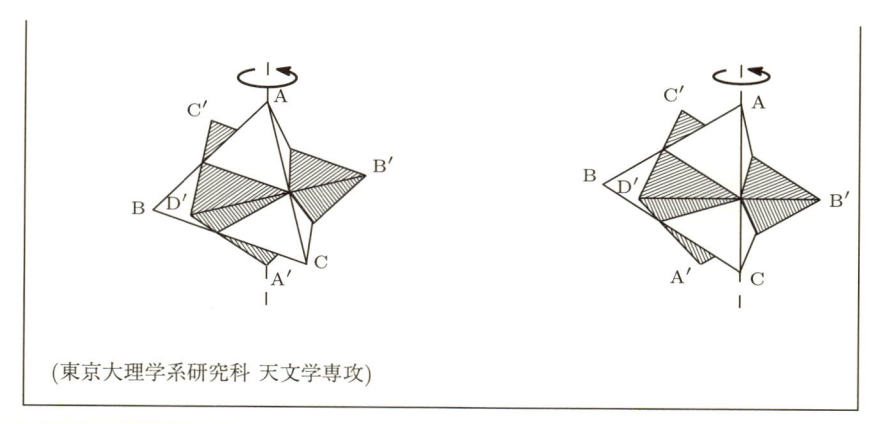

標準問題1の解答

問1. 正四面体の重心が原点O，Aがz座標，Dがyz平面に位置するように正四面体を置く．またBCの中点をHとし，直線OAと三角形BCDの交点をIと置く．

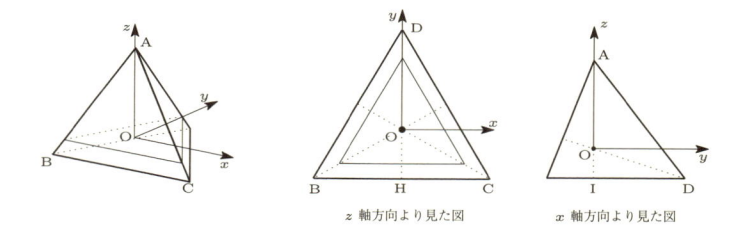

$HD = CD\sin\pi/3 = \sqrt{3}a/2$ より $\triangle BCD$ の面積は $(1/2)\times BC \times HD = \sqrt{3}a^2/4$．したがって正四面体の表面積は $\sqrt{3}a^2/4 \times 4 = \underline{\sqrt{3}a^2}$

$HI : ID = 1 : 2$ より $ID = 2/3 \times \sqrt{3}a/2 = \sqrt{3}a/3$．三平方の定理より

$$AI = \sqrt{AD^2 - ID^2} = \sqrt{a^2 - \frac{a^2}{3}} = \frac{\sqrt{2}a}{\sqrt{3}}$$

∴ （正四面体の体積）$= \frac{1}{3} \times (\triangle BCD \text{の面積}) \times AI = \frac{1}{3} \times \frac{\sqrt{3}a^2}{4} \times \frac{\sqrt{2}a}{\sqrt{3}} = \underline{\frac{\sqrt{2}}{12}a^3}$

問2. (a) 問1.のように座標軸を設定する．立体Pの回転体を考えると半

250　第 7 章　図形への応用

空間 $z \geq 0$ に含まれる部分と半空間 $z \leq 0$ に含まれる部分の体積は等しいので，$z \geq 0$ に含ま $z \geq 0$ に含まれる図形の体積を 2 倍すれば全体積 $V_{\mathrm{AA'}}$ が求められる．次に立体 P の回転体の $z > \sqrt{6}a/12$ に含まれる部分を P_1，$0 \leq z \leq \sqrt{6}a/12$ に含まれる部分を P_2 とする．

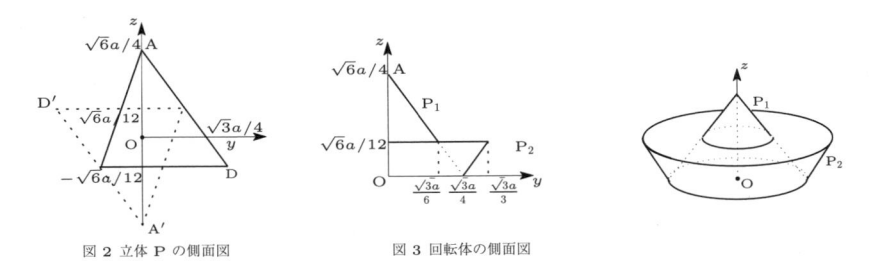

図 2　立体 P の側面図　　　　図 3　回転体の側面図

- P_1 について：P_1 は正四面体 ABCD の回転体である直円錐の $z \geq \sqrt{6}a/12$ にある部分である．図 2,3 の側面図より底面の半径は $\sqrt{3}a/6$，高さは $\sqrt{6}a/4 - \sqrt{6}a/12$ となる：

$$(\text{立体 } \mathrm{P}_1 \text{ の体積}) = \frac{1}{3} \times \pi \times \mathrm{O}_t\mathrm{D}_t{}^2 \times \mathrm{O}_t\mathrm{A}$$
$$= \frac{\pi}{3} \times \left(\frac{\sqrt{3}a}{6}\right)^2 \times \left(\frac{\sqrt{6}a}{4} - \frac{\sqrt{6}a}{12}\right) = \frac{\sqrt{6}}{2^3 \cdot 3^3}\pi a^3$$

- P_2 について：P_2 は正四面体 A'B'C'D' の回転体である直円錐より $z \leq 0$ にある部分の直円錐を除いた図形になる．全体の直円錐は底面の半径が $\sqrt{3}a/3$，高さが $\sqrt{6}a/3$ となり，一方，除くほうの直円錐は底面の半径が $\sqrt{3}a/4$，高さが $\sqrt{6}a/4$ となる：

$$(\text{立体 } \mathrm{P}_2 \text{ の体積}) = (\text{立体 } \mathrm{P}_2' \text{ の体積}) - (\text{立体 } \mathrm{P}_2'' \text{ の体積})$$
$$= \frac{1}{3} \times \pi \left(\sqrt{3}a/3\right)^2 \times \sqrt{6}a/3 - \frac{1}{3} \times \pi \left(\sqrt{3}a/4\right)^2 \times \sqrt{6}a/4 = \frac{37\sqrt{6}}{2^6 \cdot 3^3}\pi a^3$$

$$\therefore \quad V_{\mathrm{AA'}} = 2 \times \left(\frac{\sqrt{6}}{2^3 \cdot 3^3}\pi a^3 + \frac{37\sqrt{6}}{2^6 \cdot 3^3}\pi a^3\right) = \underline{\frac{5\sqrt{6}}{96}\pi a^3}$$

(b) AC が z 軸上，かつ B'D' が x 軸上にあるように座標系を設定する．立体 P の回転体を考えると半空間 $z \geq 0$ に含まれる部分と半空間 $z \leq 0$ に含まれ

る部分の体積は等しいので，$z \geq 0$ に含まれる図形の体積を2倍すれば全体積 V_{AC} が求められる．

正四面体 ABCD の回転体の $z \geq 0$ に含まれる部分 P_1 と正四面体 $\mathrm{A'B'C'D'}$ の回転体に含まれる部分から P_1 を除いた部分 P_2 に分けて考える．

正四面体 ABCD の回転体は正三角形 ABC を回転させたものだから，P_1 の yz 平面による断面は右図4の三角形 AOR である．したがって P_1 の体積 V_1 は

図4 回転体の断面

$$V_1 = \frac{1}{3} \times \pi \times \mathrm{OR}^2 \times \mathrm{OA} = \frac{\pi}{3} \times \left(\frac{\sqrt{3}a}{2}\right)^2 \times \frac{a}{2} = \frac{\pi}{8}a^3$$

一方，正四面体 $\mathrm{A'B'C'D'}$ の z 軸に垂直な平面による切断面内で z 軸より最も遠くにある点は直線 $\mathrm{A'C'}$ 上，最も近くにある点は直線 $\mathrm{OC'}$ 上にある．また P_1 に含まれる部分を考慮に入れれば，P_2 は図4の三角形 $\mathrm{PQC'}$ を z 軸周りに1回転させて出来る立体になる．yz 平面内で直線 $\mathrm{OC'}$，AR の方程式はそれぞれ

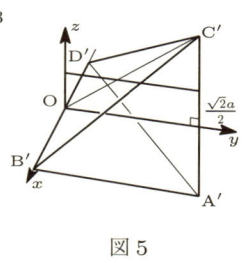

図5

$$\mathrm{OC'} : z = \frac{\sqrt{2}}{2}y, \qquad \mathrm{AR} : z = -\frac{\sqrt{3}}{3}y + \frac{a}{2}$$

だから，P_2 の体積 V_2 は

$$V_2 = \int_{y_1}^{\frac{\sqrt{2}a}{2}} 2\pi y \left(\frac{\sqrt{2}}{2}y\right) dy - \int_{y_1}^{\frac{\sqrt{2}a}{2}} 2\pi y \left(-\frac{\sqrt{3}}{3}y + \frac{a}{2}\right) dy$$

$$(y_1 := (\tfrac{3\sqrt{2}}{2} - \sqrt{3})a)$$

$$= \sqrt{2}\pi \left[\frac{y^3}{3}\right]_{y_1}^{\frac{\sqrt{2}a}{2}} - 2\pi \left[-\frac{\sqrt{3}}{9}y^3 + \frac{a}{4}y^2\right]_{y_1}^{\frac{\sqrt{2}a}{2}} = \frac{7}{6}\pi a^3 - \frac{4}{9}\sqrt{6}\pi a^3$$

$$\therefore \quad V_{\mathrm{AC}} = 2(V_1 + V_2) = 2\left(\frac{\pi}{8}a^3 + \frac{7}{6}\pi a^3 - \frac{4}{9}\sqrt{6}\pi a^3\right) = \underline{\frac{(93 - 32\sqrt{6})\pi}{36}a^3}$$

∎

解　説

大学入試でも扱う回転体の体積を求める問題である．

(a)：回転体と聞くと直ぐに積分の問題と考えたくなるが，問 2. (a) の解答のように直円錐を組み合わせとして処理することもできる．積分の計算を実行するには辺を表現する式，交点の座標などの複数の情報が必要であり，考え方は単純だが実行するのは意外に面倒な場合もある．

(b)：こちらも円筒，直円錐の体積の公式の組み合わせで求めることは可能だが，こちらは積分の問題として極座標を利用して処理してみた．たとえば関数 $z = f(x)$ $(0 \leq a < x < b)$ の z 軸に関する回転体の体積を V とする．$f(x)$ を 2 変数化 $f(\sqrt{x^2+y^2})$ すれば求める体積は

$$V = \int_D f(\sqrt{x^2+y^2})dxdy \underset{\text{極座標}}{=} \int_{D'} f(r)rdrd\theta$$
$$= \int_0^{2\pi} \left\{ \int_a^b rf(r)dr \right\} d\theta = 2\pi \int_a^b rf(r)dr$$

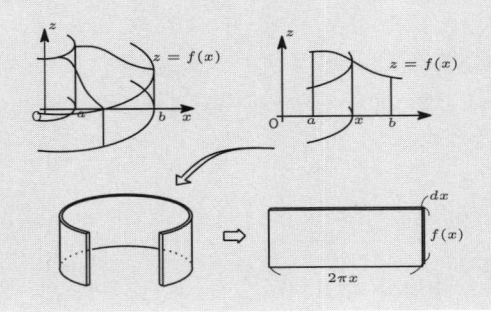

（ただし $D = \{(x,y) : a^2 \leq x^2+y^2 \leq b^2\}$, $D' = \left\{(r,\theta) : \begin{matrix} a \leq r \leq b, \\ 0 \leq \theta \leq 2\pi \end{matrix}\right\}$）となる．

このように公式を用いて機械的に導出してもよいが，もう少し初等的な考察で導出して見よう．z 軸周りの回転体を右図のように円筒状に分割していくと，1 枚の円筒は底が半径が x の円周だから，展開すれば横が $2\pi x$，高さが $f(x)$，厚さが dx の板になる．したがって

$$(1 \text{枚の板の体積}) = 2\pi x \times f(x) \times dx$$

これを $a \leq x \leq b$ に渡って足し合わせれば全体積 V は

$$V = \int_a^b (1 \text{枚の板の体積}) = \int_a^b 2\pi x f(x) dx$$

となる．（大学）受験の業界では "バームクーヘン法" などと呼ばれている．

他にも Pappus-Guldinus の定理を使う別解もある：

定理 1　Pappus-Guldinus の定理

平面内の直線 ℓ と共通点を持たない面積 S の図形 F があるとする．ℓ と F の重心 G までの距離を R とすれば，F を直線 ℓ を軸として回転してできる回転体の体積 V は次で与えられる：

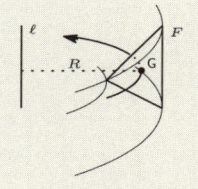

$$V = 2\pi R S$$

これを使って (b) の解答，P_2 の体積 V_2 を求めて見よう．解答の図 4 において三角形 PQC' の面積 S は $S = (3\sqrt{2} - 2\sqrt{3})a^2/12$．また三角形 PQC' の重心 G の座標は $\left((5\sqrt{2} - 2\sqrt{3})a/6, 5(3 - 2\sqrt{3})a/6\right)$ だから z 軸から重心までの距離 R は $R = (5\sqrt{2} - 2\sqrt{3})a/6$ である．したがって Pappus-Guldinus の定理より

$$V_2 = 2\pi \times \frac{(5\sqrt{2} - 2\sqrt{3})a}{6} \times \frac{(3\sqrt{2} - 2\sqrt{3})a^2}{12} = \frac{7}{6}\pi a^3 - \frac{4}{9}\sqrt{6}\pi a^3$$

となる.

この定理の鍵は図形の重心を求める所にあるのだが，これが結構難しい．しばしばこの定理を利用している答案を見かけるのだが，重心までの距離ではなく別の距離になっている場合が多く，うろ覚えで利用される定理の代表のようになっている．注意されたし．

標準問題 2

次式で表される xy 平面上の曲線 C について，以下の問いに答えよ．

$$4(x^2+y^2)^2 - (x^2-y^2) = 0 \tag{7.1}$$

I. 曲線 C 上で y が極大値をとる点の座標を求めよ．
II. 曲線 C の概形を描け．
III. 曲線 C で囲まれた領域の面積を求めよ．
IV. 曲線 C を x 軸の周りに回転して得られる回転体の表面積を求めよ．
V. 曲線 C の全長を求めよ．必要であれば $\displaystyle\int_0^1 \frac{du}{\sqrt{1-u^4}} \simeq 1.31$ を用いて計算すること．

(東京大工学系研究科)

標準問題 2 の解答

$f(x,y) = 4(x^2+y^2)^2 - (x^2-y^2)$ と置く．C 上では $x^2-y^2 = (x+y)(x-y) = 4(x^2+y^2)^2 \geq 0$ より $-x \leq y \leq x$ または $x \leq y \leq -x$ が成り立つ．前者は $x \geq 0$ のとき，後者は $x \leq 0$ のときのみ有効となる．次に極座標を用いると

$$\begin{aligned} f(x,y) = 0 &\Leftrightarrow r^2\{4r^2 - (\cos^2\theta - \sin^2\theta)\} = 0 \\ &\Leftrightarrow r = 0 \text{ または } r^2 = \frac{1}{4}\cos 2\theta \end{aligned}$$

特に原点以外は $r^2 = \dfrac{1}{4}\cos 2\theta$ と表される．この表示は $-\pi \leq \theta < -3\pi/4$, $-\pi/4 < \theta < \pi/4$, および $3\pi/4 < \theta \leq \pi$ のときのみ有効となる．

I. f の x, y に関する偏導関数はそれぞれ

$$\begin{aligned} f_x &= 8(x^2+y^2) \cdot 2x - 2x = 2x\{8(x^2+y^2) - 1\}, \\ f_y &= 8(x^2+y^2) \cdot 2y + 2y = 2y\{8(x^2+y^2) + 1\} \end{aligned}$$

である．陰関数定理より $f(x,y) = 0$ により定まる陰関数 $y = y(x)$ の x に関する導関数を y' とすれば $f_x + f_y y' = 0$ だから

$$2y\{8(x^2+y^2)+1\}y' = -2x\{8(x^2+y^2)-1\} \qquad \cdots (*)$$

y が最大値をとる点において $y'=0$ だから $x=0$ または $x^2+y^2=1/8$ が成り立つ. $x^2+y^2=1/8$ のとき $f(x,y)=0$ と併せて $(x,y)=(\pm\sqrt{6}/8,\pm\sqrt{2}/8)$ となる. 一方, $x=0$ のとき $f(x,y)=0$ とあわせて $(x,y)=(0,0)$ となる.

$(x,y)=(\pm\sqrt{6}/8,\pm\sqrt{2}/8)$ について：$(*)$ の両辺を x で微分すれば

$$2\{8(x^2+y^2)-1\}+2x\cdot 16(x+yy')$$
$$+2y'\{8(x^2+y^2)+1\}y'+2y\cdot 16(x+yy')y'+2y\{8(x^2+y^2)+1\}y''=0$$

ここで $(x,y)=(\sqrt{6}/8,\sqrt{2}/8)$ だとすると $x^2+y^2=1/8$ かつ $y'=0$ だから

$$32x^2+4yy''=0, \qquad y''=-\frac{8x^2}{y}=-3\sqrt{2}<0$$

したがって (7.1) の定める陰関数は $x=\sqrt{6}/8$ で極大になることが分かる. 最初に注意したように曲線 C は y 軸に関して対称だから, y は $(x,y)=(-\sqrt{6}/8,\sqrt{2}/8)$ でも極大となる. 一方, x 軸に関する対称性より y は $(x,y)=(\sqrt{6}/8,-\sqrt{2}/8),(-\sqrt{6}/8,-\sqrt{2}/8)$ では極小となる.

$(x,y)=(0,0)$ について：上の極座標表示を用いると

$$\begin{cases} r=\frac{1}{2}\sqrt{\cos 2\theta}>0 \ (0\leq\theta<\pi/4) \\ r\to 0 \ (\theta\to\pi/4-0) \end{cases}, \quad \begin{cases} r=\frac{1}{2}\sqrt{\cos 2\theta}>0 \ (-\pi/4<\theta\leq 0) \\ r\to 0 \ (\theta\to-\pi/4+0) \end{cases}$$

となる. 前者から原点は極小となるが, 後者から原点は極大となり, したがって $y=0$ は極値ではないことが分かる.

以上より y は 2 点 $(\pm\sqrt{6}/8,\sqrt{2}/8)$ で極大となることが分かる.

II. 曲線 C は x 軸, y 軸に関してそれぞれ対称であることが分かる．ゆえに第1象限のみを調べる．また上の予備考察より極座標表示において $0 \leq \theta < \pi/4$ についてのみ調べればよい．この範囲で $r = \frac{1}{2}\sqrt{\cos 2\theta}$ は $0 \to \theta \to \pi/4$ のとき $1/2$ から 0 へ単調減少する．

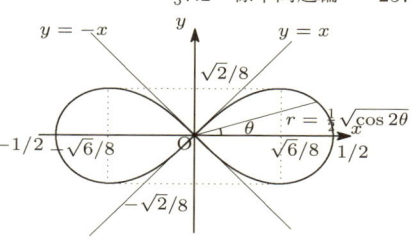

この考察と I. の結果より曲線 C は右図のようになる．

III. 曲線 C の対称性より $0 \leq \theta \leq \pi/4$ において曲線 C および x 軸で囲まれる図形の面積を4倍すれば全体の面積が求められる．この範囲での面積は

$$\int_0^{\frac{\pi}{4}} \frac{1}{2} r^2 d\theta = \frac{1}{2} \int_0^{\frac{\pi}{16}} \frac{\cos 2\theta}{4} d\theta = \frac{1}{16}$$

ゆえに全体の面積は $\underline{\dfrac{1}{4}}$ となる．

IV. 曲線 C の場合，図の対称性より第1象限内の曲線の x 軸に関する回転体の表面積 S_+ を2倍すれば全体の表面積 S が求められる．一般に x 軸の周りを回転させて得られる回転体表面の面積要素 $2\pi y \sqrt{dx^2 + dy^2}$ は極座標で表すと $2\pi r \sin\theta \sqrt{r^2 + \left(\dfrac{dr}{d\theta}\right)^2} d\theta$ となる．曲線 C については $2r \dfrac{dr}{d\theta} = -\dfrac{1}{2}\sin 2\theta$ だから

$$r\sqrt{r^2 + \left(\frac{dr}{d\theta}\right)^2} = \sqrt{r^4 + \left(r\frac{dr}{d\theta}\right)^2} = \sqrt{\left(\frac{\cos 2\theta}{4}\right)^2 + \left(-\frac{\sin 2\theta}{4}\right)^2} = \frac{1}{4}.$$

θ の範囲が $0 \leq \theta \leq \pi/4$ であることに注意すれば

$$S_+ = \int_0^{\frac{\pi}{4}} 2\pi r \sin\theta \sqrt{r^2 + \left(\frac{dr}{d\theta}\right)^2} d\theta = \frac{\pi}{2} \int_0^{\frac{\pi}{4}} \sin\theta d\theta = \frac{2-\sqrt{2}}{4}\pi.$$

したがって $S = 2S_+ = \underline{\dfrac{2-\sqrt{2}}{2}\pi}$

V. 曲線 C の場合，図の対称性より第1象限内の曲線の長さ ℓ_+ を4倍すれば全長 ℓ を得る．一般に線素 $\sqrt{dx^2+dy^2}$ は極座標で表すと $\sqrt{r^2+\left(\dfrac{dr}{d\theta}\right)^2}\,d\theta$ であり，曲線 C の場合 $\dfrac{dr}{d\theta}=-\dfrac{1}{4r}\sin 2\theta$ だから $r^2=\dfrac{1}{4}\cos 2\theta$ を用いて変形すれば

$$\sqrt{r^2+\left(\frac{dr}{d\theta}\right)^2}=\sqrt{r^2+\left(-\frac{\sin 2\theta}{4r}\right)^2}=\frac{1}{2}\sqrt{\frac{1}{\cos 2\theta}}$$

θ の範囲が $0\leq\theta\leq\pi/4$ であることに注意すれば

$$\ell_+=\int_0^{\frac{\pi}{4}}\frac{1}{2}\sqrt{\frac{1}{\cos 2\theta}}\,d\theta=\frac{1}{2}\int_0^{\frac{\pi}{4}}\sqrt{\frac{1}{\cos^2\theta-\sin^2\theta}}\,d\theta$$

ここで $u=\tan\theta$ と置けば $\cos^2\theta=1/(1+u^2)$, $\sin^2\theta=u^2/(1+u^2)$ および $d\theta=du/(1+u^2)$ より

$$\ell_+=\frac{1}{2}\int_0^1\sqrt{\frac{1+u^2}{1-u^2}}\,\frac{du}{1+u^2}=\frac{1}{2}\int_0^1\sqrt{\frac{1}{1-u^4}}\,du\simeq\frac{1}{2}\times 1.31$$

$$\therefore\quad \ell=4\ell_+\simeq 2\times 1.31=\underline{2.62}$$

■

解 説

1. 閉曲線を題材にした問題は頻出問題の1つである．本問のように幾つかの問題がセットになっている場合もあれば，単独で出題される場合もある．基本的な計算問題の練習を積んだら一つの素材について複数の問題が組まれているような問題に挑戦してみることをお勧めする．

2. 閉曲線のグラフの作成も割合よく出題される問題である．閉曲線の対称性を"最初に"考察すべきである．

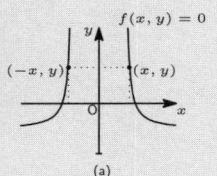

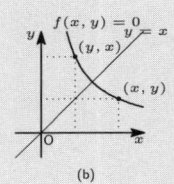

関数 $f(x,y)$ の零点集合，すなわち $f(x,y)=0$ という式で定義されている図形について，$f(-x,y)=0$ だとしたら (x,y), $(-x,y)$ はともにその図形上の点であり，これは y 軸に関し対称であることを意味する（図(a)）．また $f(x,y)=f(y,x)$ だとしたら (x,y), (y,x) はともにその図形上の点であり，直線 $x=y$ に関し対称であることを意味する（図(b)）．対称性がある場合，一部を調べれば対称な部分の情報は自動的に得られ，余計な時間を除くことができるのである．

3. (1.1) はレムニスケート（連珠形）と呼ばれる閉曲線である．解答に現れる積分 $\int_0^u \dfrac{du}{\sqrt{1-u^4}}$ は楕円積分と呼ばれる積分の一種である．この積分を逆三角関数 $\sin^{-1}x = \int_0^x \dfrac{1}{\sqrt{1-x^2}}$ の延長線上にあるものと考えると，上の積分の逆関数は正弦関数 $\sin x$ のレムニスケート版だと考えられる．より一般に楕円積分の逆関数は楕円関数と呼ばれる特殊関数になる．大学初級年次までに有理関数，指数関数，三角関数，およびそれらの逆関数という，所謂，初等関数を学んできたが，1936 年に出版された『楕円函数論』の序文で竹内端三博士は「理論上にも実用上にも之を恰も三角函数の如くに自在に利用して然るべきである」と述べ，初等関数の次に学ぶべき関数の候補として楕円関数を挙げている．

〔練習問題6〕 a を正の定数とするとき，$(x^2+y^2+ax)^2 = a^2(x^2+y^2)$ で表される曲線について，以下の問いに答えよ．

(1) この曲線を極座標で表せ．
(2) この曲線を xy 平面上に図示せよ．x または y が最大または最小となる点の座標を全て求めよ．
(3) この曲線の全長を求めよ．
(4) この曲線が囲む領域の面積を求めよ．

(東北大工学研究科 機械知能専攻)

Column
極方程式について

平面上の曲線 C が極座標 (r,θ) を用いて

$$C: r = f(\theta) \qquad (\alpha \leq \theta \leq \beta)$$

という形で表されるとき，この式を曲線 C の極方程式という．曲線の方程式とは曲線上の点の座標 (x,y) が満たすべき条件式のことだが，極方程式は条件式というよりも「θ 方向に原点より距離 $r = f(\theta)$ だけ進んだ所に点を置け」（図1）という指示文と解釈すべきである．

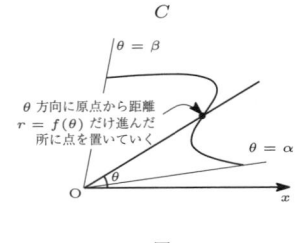

図1

極方程式についてしばしば問題になるのが「$r < 0$ の場合」の考え方．たとえば正葉曲線（バラ曲線） $r = \cos n\theta$（n は正数）という極方程式で表される曲線がある（図2）．

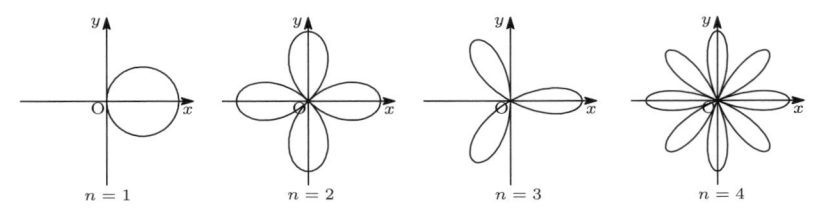

$n=1$ $n=2$ $n=3$ $n=4$

図2 正葉曲線の例

$n = 2$ の場合を考えると 0 から 2π の範囲で $\pi/4 < \theta < 3\pi/4$, $5\pi/4 < \theta < 7\pi/4$ という θ に対し $r < 0$ となるが，r は "原点からの距離" だとするとこの範囲では意味を持たない．したがってこれら以外の範囲で曲線を描くと左右2枚の葉になる（下図3）．

図3 $r > 0$, $0 \leq \theta \leq 2\pi$ の場合

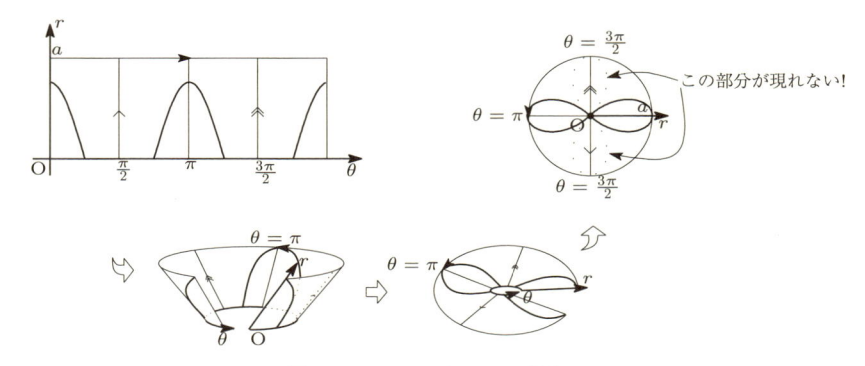

これは $r \geq 0$ に限定したことによる弊害であり，極座標 $x = r\cos\theta$, $y = r\sin\theta$ を $r\theta$ 平面の点 (r, θ) に対し xy 平面の点 (x, y) を与える対応（＝写像）と考える限り r が距離である必要はないのである．$r < 0$ の部分も込めて再度 $n = 2$ の場合を $0 \leq \theta \leq \pi$ の範囲で描くと下図4のようになる．

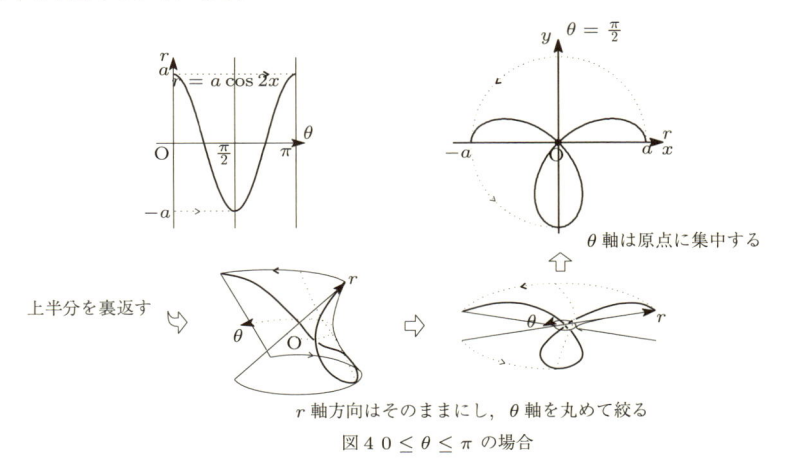

図4 $0 \leq \theta \leq \pi$ の場合

したがって対応 $(r, \theta) \stackrel{\text{極座標}}{\mapsto} (x, y)$ では制限 $r \geq 0$ は不要，というよりも $r < 0$ の部分も必要となる．制限 $r \geq 0$ はその逆の対応を考える際に必要となる．たとえば下図5の (3) は $r\theta$ 平面の2つの領域が xy 平面で重なって1つの葉に見えるので，逆に xy 平面の葉を $r\theta$ 内の領域に対応させるとき，どちらの領域を選んでよいのか分からなくなる．

図5　$n=3$ の場合

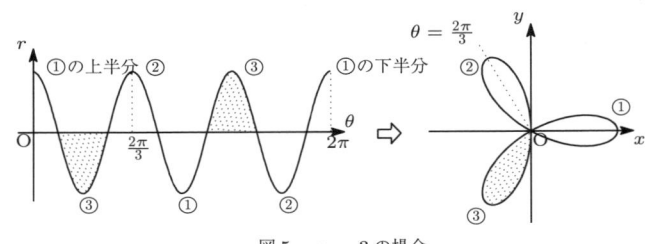

偏角 θ に制限をつけてもよいが，θ は1周分 $(0 \leq \theta \leq 2\pi)$ とした方が分かりやすい．そこで r を「原点からの距離」と考えて $r \geq 0$ という制限を設けると $r\theta$ の領域を1つに絞り込むことができる．

xy 平面上の点 (x,y) を (r,θ) に読み替える，すなわち $(r,\theta) \stackrel{極座標}{\mapsto} (x,y)$ の逆対応を考えるのが極座標の通常の使い方だが，上の例のように1つの点に多数の点が同時に対応する性質をこの対応の **多価性** という．「r は原点からの距離である」という解釈は多価性を解消するための一つのアイディアなのである．

発展問題 1

図 1 に関して以下の問い 1) 〜 6) に答えよ.

1) 原点を中心とする半径 a の円 O 上の点 Q の座標を $(a\cos\theta, a\sin\theta)$ とする. ただし θ は実変数 a は正定数である. 点 Q での接線を θ を用いて表せ.

2) 円 O に時計まわりに巻きつけられた糸を,点 $\mathrm{A}(a,0)$ から糸が弛まないように引っ張りつつ反時計まわりにほぐしていく. このとき糸の端点 P の軌跡を曲線 C とする. 点 P の座標 (x,y) を θ を用いて表せ.

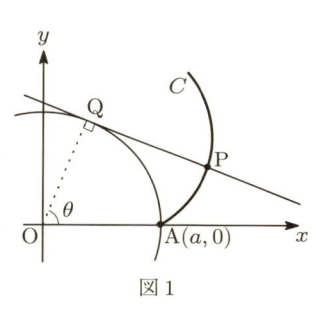

3) 曲線 C に沿った弧 AP の長さを求めよ.

4) 点 P における曲率 κ を求めよ. ただし $\theta > 0$ とし,曲率 κ は次式で表される.

$$\kappa = \frac{x'y'' - x''y'}{(x'^2 + y'^2)^{3/2}}$$

ここで $x' = \dfrac{dx}{d\theta}$, $y' = \dfrac{dy}{d\theta}$, $x'' = \dfrac{d^2 x}{d\theta^2}$, $y'' = \dfrac{d^2 y}{d\theta^2}$ である.

5) 曲線 C が原点を中心として反時計まわりに ϕ 回転している曲線 C_ϕ を求めよ.

6) 円 O 上のある点 $(a\cos\alpha, a\sin\alpha)$ を通る接線を L とする. ただし α は $0 \leq \alpha < \pi/2$ の定数である. 曲線 C_ϕ が最初に接線 L と交わる点を P_ϕ とする. ただし $0 \leq \phi < \alpha$ とする. ϕ の角速度を $\dot\phi = \dfrac{d\phi}{dt}$ とするときの点 P_ϕ の速度ベクトルを求めよ.

図 1

(大阪大基礎工学研究科 電子システム工学専攻)

発展問題1の解答

1) 点 Q での接線ベクトルは $\begin{bmatrix} -\sin\theta \\ \cos\theta \end{bmatrix}$ だから，接線上の点は実数 s を用いて

$\begin{bmatrix} x \\ y \end{bmatrix} = \begin{bmatrix} a\cos\theta \\ a\sin\theta \end{bmatrix} + s \begin{bmatrix} -\sin\theta \\ \cos\theta \end{bmatrix}$ と表される．$\begin{cases} x = a\cos\theta - s\sin\theta \\ y = a\sin\theta + s\cos\theta \end{cases}$ より s

を消去すれば，接線の方程式は $\underline{\cos\theta x + \sin\theta y = a}$

2) 条件より弧 AQ の長さ $a\theta$ と点 Q と点 P との長さが一致するような接線上の点 P を求める．$\overrightarrow{OP} = \begin{bmatrix} x \\ y \end{bmatrix}$ とすれば点 P は実数 s を用いて上述のように表される．これより

$$PQ^2 = s^2(-\sin\theta)^2 + s^2\cos^2\theta = s^2 = a^2\theta^2 \qquad \therefore \quad s = \pm a\theta$$

1) で与えた接線の方向ベクトルは $\begin{bmatrix} -\sin\theta \\ \cos\theta \end{bmatrix}$ は θ が増加する向きと同じ向きを持つが，$\overrightarrow{QP}$ は反対の向きにあるので $s = -a\theta$ となる．

$$\therefore \quad \overrightarrow{OP} = \begin{bmatrix} a\cos\theta \\ a\sin\theta \end{bmatrix} + (-a\theta) \begin{bmatrix} -\sin\theta \\ \cos\theta \end{bmatrix} = \begin{bmatrix} a\cos\theta + a\theta\sin\theta \\ a\sin\theta - a\theta\cos\theta \end{bmatrix}$$

ゆえに $\underline{x = a(\cos\theta + \theta\sin\theta), \ y = a(\sin\theta - \theta\cos\theta)}$

3) $dx/d\theta = a\theta\cos\theta, \ dy/d\theta = a\theta\sin\theta$ より

$$(\text{弧 AP の長さ}) = \int_{AP} \sqrt{dx^2 + dy^2} = \int_0^\theta \sqrt{\left(\frac{dx}{d\theta}\right)^2 + \left(\frac{dy}{d\theta}\right)^2} d\theta$$

$$= \int_0^\theta \sqrt{a^2\theta^2\cos^2\theta + a^2\theta^2\sin^2\theta}\, d\theta = a\int_0^\theta \theta\, d\theta = \underline{\frac{a\theta^2}{2}}$$

4) $x' = a\theta\cos\theta, \ y' = a\theta\sin\theta, \ x'' = a(\cos\theta - \theta\sin\theta), \ y'' = a(\sin\theta + \theta\cos\theta)$ より

$x'y'' - x''y' = a\theta\cos\theta \cdot a(\sin\theta + \theta\cos\theta) - a(\cos\theta - \theta\sin\theta) \cdot a\theta\sin\theta = a^2\theta^2$

これと 4) での計算より $x'^2 + y'^2 = a^2\theta^2$ だったので，これらを合わせて
$\kappa = \dfrac{1}{a\theta}$

5) C_ϕ 上の点の座標を (x, y) とすれば

$$\begin{bmatrix} x \\ y \end{bmatrix} = \begin{bmatrix} \sin\phi & -\cos\phi \\ \cos\phi & \sin\phi \end{bmatrix} \begin{bmatrix} a\cos\theta + a\theta\sin\theta \\ a\sin\theta - \theta\cos\theta \end{bmatrix}$$

$$= \begin{bmatrix} \cos\phi(a\cos\theta + a\theta\sin\theta) - \sin\phi(a\sin\theta - \theta\cos\theta) \\ \sin\phi(a\cos\theta + a\theta\sin\theta) + \cos\phi(a\sin\theta - \theta\cos\theta) \end{bmatrix}$$

$$= \begin{bmatrix} a\{\cos(\theta+\phi) + \theta\sin(\theta+\phi)\} \\ a\{\sin(\theta+\phi) - \theta\cos(\theta+\phi)\} \end{bmatrix}$$

ゆえに C_ϕ は $\begin{cases} x = a\{\cos\theta + (\theta - \phi)\sin\theta\} \\ y = a\{\sin\theta - (\theta - \phi)\cos\theta\} \end{cases}$ $(\theta > \phi)$ より与えられる曲線である．

6) C_ϕ（または C）の定義より P_ϕ の座標は

$$\begin{cases} x = a\{\cos\alpha + (\alpha - \phi)\sin\alpha\} \\ y = a\{\sin\alpha - (\alpha - \phi)\cos\alpha\} \end{cases}$$

により与えられる（図2参照）．
したがって P_ϕ の速度ベクトルは

$$\begin{bmatrix} \dot{x} \\ \dot{y} \end{bmatrix} = \begin{bmatrix} -a\dot{\phi}\sin\alpha \\ a\dot{\phi}\cos\alpha \end{bmatrix} = a\dot{\phi}\begin{bmatrix} -\sin\alpha \\ \cos\alpha \end{bmatrix}$$

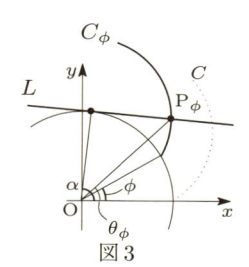

■

解 説

歯車のかみ合わせ部分で用いられるインボリュート曲線が題材になって

いる．詳細は機械系の専門家にお任せするが，幾何学が単に数学者だけのおもちゃではなく，機械の設計など実用的にも重要な学問だということを教えてくれる例だと思う．ちなみに下の練習問題はCGで与えられた点を通る曲線を描画する際に用いられるベジェ曲線が題材であり，実際に利用される題材が多いのも大学院入試の特徴だろう．

2. インボリュート曲線は円の伸開線として定義される曲線である．伸開線について簡単に紹介しておこう．

一般に2つの曲線 $y = f(x)$, $y = g(x)$ が共に点 (a,b) を通り，

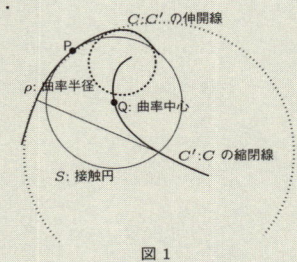

$$f^{(k)}(a) = g^{(k)}(a) \qquad (k=1,\ldots,n)$$
$$f^{(n+1)}(a) \neq g^{(n+1)}(a)$$

となるとき，両曲線は n 位の接触をするという．

曲線 C 上の点Pで2位の接触をする円 S を C のPでの接触円といい，Pでの接触円の半径と中心をそれぞれ C のPでの曲率半径，曲率中心という（右図1参照）．点Pを曲線 C に沿って移動させると接触円，したがって曲率中心も連動する．このとき曲率中心が描く軌跡 C' を曲線 C の縮閉線と呼び，縮閉線 C' に対し元の曲線 C を曲線 C' の伸開線と呼ぶ．また曲率半径の逆数を曲率という．曲線と単位円周の円弧を比較する量が曲率であり，曲率が大きければ曲がり方が急になり，反対に接触円は小さくなる．

ベクトル解析の内容に属する話なので，微積分の教科書でも扱っているものとそうでないものに分かれている．進学希望の大学院の入試情報を参考にして必要な知識を習得してもらいたい．

§7.2 標準問題編 267

3. 平面図形を扱う上で回転行列は必須の道具である．原点を中心として角 φ だけ反時計まわりに回転させる．回転前と回転後の点の座標をそれぞれ $(x, y), (x', y')$ と置けば

$$\begin{bmatrix} x' \\ y' \end{bmatrix} = \begin{bmatrix} \cos\varphi x - \sin\varphi y \\ \sin\varphi x + \cos\varphi y \end{bmatrix} = \begin{bmatrix} \cos\varphi & -\sin\varphi \\ \sin\varphi & \cos\varphi \end{bmatrix} \begin{bmatrix} x \\ y \end{bmatrix}$$

となる．左辺に現れる2次正方行列を回転行列と呼び $R(\varphi)$ と記す．

三角関数の加法定理より $R(\theta)R(\varphi) = R(\theta+\varphi)$ が成立するがこれは指数関数の指数法則 $e^x e^y = e^{x+y}$ と酷似している．詳細は線形代数の教科書に譲るが，微分積分の範囲でもこれらは常識として覚えておいたほうがよいだろう．

〔練習問題7〕 三角形 ABC の辺 AB と BC をそれぞれ $t : 1-t$ の比率で分割する点を D,E とする．さらに，線分 DE を $t : 1-t$ の比率で分割する点を F とおく．いま，t を 0 から 1 まで変化させたとき，点 F の軌跡 (locus or trajectory) は三角形 ABC の内部に曲線 β を描く．この曲線 β は3点 A,B,C で決まるベジェ曲線 (Bézier Curve) と呼ばれる．3点を与える順序が変わると，同じ三角形でも描かれる曲線が変わることに注意せよ．図1にベジェ曲線の例を示す．

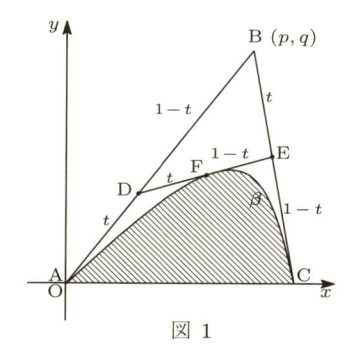

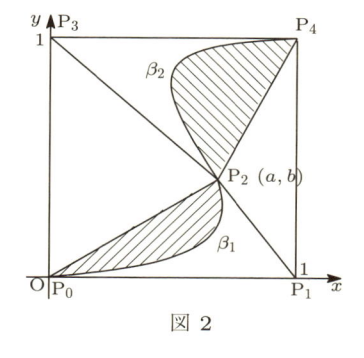

図 1　　　　図 2

$\boxed{1}$ 三角形 ABC が図1に示すように配置されていて，点 A, B, C の座標は，それぞれ $(0,0), (p,q), (1,0)$ であるとする．ただし $0 < p < 1,\ q > 0$ である．このとき以下の設問に答えよ．

(1) 点 D と E の座標を p, q, t を用いて表せ.
(2) 点 F の座標 (x, y) はそれぞれ t のある多項式 $f(t), g(t)$ によって $x = f(t), y = g(t)$ と表される. この多項式 $f(t), g(t)$ を求めよ.
(3) 曲線 β と x 軸で囲まれた領域の面積 $M = \int_0^1 y dx$ を置換積分 (integration by substitution) を用いて求めよ. さらに M と三角形 ABC の面積 N の比 M/N を求めよ.
(4) (3) の結果を用いて, 点 C の座標が $(r, 0)$ で与えられる場合の面積 M を求めよ. ただし A, B の座標は図 1 と同じで, さらに $r > 0$, $0 < p < r$, $0 < q$ とする.

$\boxed{2}$ 図 2 において, 正方形 $P_0P_3P_4P_1$ の内部に任意にとった点 P_2 の座標を (a, b) とおく. 3 点 P_2, P_1, P_0 で決まるベジェ曲線 β_1 と線分 P_2P_0 で囲まれた領域の面積と, 3 点 P_2, P_3, P_4 で決まるベジェ曲線 β_2 と線分 P_2P_4 で囲まれた領域の面積の和を求めよ.

$\boxed{3}$ 再び図 1 において, 点 B が円
$$\left(x - \frac{1}{2}\right)^2 + y^2 = \left(\frac{1}{2}\right)^2$$
上を動くとき, 曲線 β 上で y 座標が最大値をとる点 G の軌跡を求めよ.
(電通大情報システム研究科)

発展問題 2

物体 V の定直線 ℓ に関する慣性モーメントを I, V の重心 G を通って ℓ に平行な直線 ℓ_0 に関する V の慣性モーメントを I_0 とすれば,

$$I = I_0 + a^2 M$$

となることを示せ. ここで a は直線 ℓ, ℓ_0 間の距離, M は V の質量とする.

発展問題 2 の解答

剛体 V の各点 P (x, y, z) に於ける質量密度を $\rho = \rho(x, y, z)$, 体積要素を $dV = dxdydz$ とする. 一般に定直線 ℓ から点 P までの距離を r とすれば図形 V の直線 ℓ に関する慣性モーメント I は

$$I = \iiint_V r^2 \rho dV$$

で与えられる. 今, 直線 ℓ を z 軸にとり, 重心 G を通って ℓ に垂直な直線を x 軸にとれば, $G(a, 0, 0)$ であり, z 軸からの距離が $r^2 = x^2 + y^2$ となるので

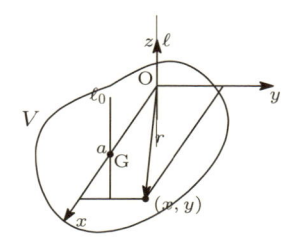

$$I = \iiint_V (x^2 + y^2) \rho dxdydz$$

となる. 座標軸を平行移動して原点を G に移した座標を (ξ, η, ζ) とすれば

$$I = \iiint_V \{(\xi + a)^2 + \eta^2\} \rho d\xi d\eta d\zeta$$
$$= \iiint_V (\xi^2 + \eta^2) \rho d\xi d\eta d\zeta + 2a \iiint_V \xi \rho d\xi d\eta d\zeta + a^2 \iiint_V \rho d\xi d\eta d\zeta$$

第 1 項は直線 ℓ_0 に関する V の慣性モーメント, G は重心だから第 2 項は 0, また第 3 項の積分は全質量となる.

$$\therefore \quad I = I_0 + 0 + a^2 M = I_0 + a^2 M$$

解　説

〔解説〕慣性モーメントとは回転運動に関する量である．回転運動する質点の場合，力と軸からの距離の積であるモーメント（あるいはトルク）T と回転角 θ の速度の変化を表す角加速度 $\ddot{\theta}$ は比例関係にあり，比例定数 I を用いて $I\ddot{\theta} = T$ と表される．この比例定数 I を慣性モーメントと呼んでいる．

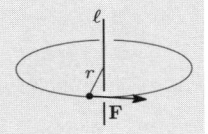

比較のため，運動方程式 $m\ddot{x} = \mathbf{F}$（$\mathbf{F}$ は力，$\ddot{x}$ は質点の加速度，m は質点の質量）を考える．加えた力によって質点の速度 $\dot{x}$ が変化する，すなわち加速度が生じるが，同じ力を加えても m が大きいと加速度は小さくなってしまう．質量とは力に対する質点の「動きにくさ」を表していると解釈できる．

再び回転運動について考えると，同じモーメント T でも I が大きければ回転速度 $\dot{\theta}$ の変化は小さくなる．慣性モーメントとは「回転のしにくさ」を表す量である．

質点の場合，質量を m，軸からの距離を r とすれば $I = mr^2$ となる．剛体の場合，これを"質点の集まり"と考え，各質点に対する慣性モーメントの総和をもって物体の慣性モーメントする．この総和を表しているのが解答内の積分である．面積，体積と結びつけて積分を説明するが，実用上は「（物理量の）総和」という意味で用いることのほうが多い．

微分積分の基本公式

微分関係

微分の連鎖率

$y = f(u),\ u = g(x)$ のとき, $\dfrac{dy}{dx} = \dfrac{dy}{du}\dfrac{du}{dx}$

$z = f(u, v),\ u = u(x, y),\ v = v(x, y)$ のとき, $\dfrac{\partial z}{\partial x} = \dfrac{\partial z}{\partial u}\dfrac{\partial u}{\partial x} + \dfrac{\partial z}{\partial v}\dfrac{\partial v}{\partial x}$

逆三角関数の微分公式

$\left(\sin^{-1}\dfrac{x}{a}\right)' = \dfrac{1}{\sqrt{a^2 - x^2}}$, $\left(\cos^{-1}\dfrac{x}{a}\right)' = -\dfrac{1}{\sqrt{a^2 - x^2}}$, $\left(\tan^{-1}\dfrac{x}{a}\right)' = \dfrac{a}{a^2 + x^2}$

Leibniz の法則

$\{f(x)g(x)\}^{(n)} = \displaystyle\sum_{k=0}^{n} {}_nC_k f^{(n-k)}(x) g^{(k)}(x)$

対数，指数を用いた関数の微分公式

$(\log|f(x)|)' = \dfrac{f'(x)}{f(x)}$, $(e^{f(x)})' = e^{f(x)} f'(x)$

媒介変数の微分公式

$x = f(t),\ y = g(t)$ のとき, $\dfrac{dy}{dx} = \dfrac{\frac{dy}{dt}}{\frac{dx}{dt}}$

陰関数の微分

$F(x, y) = 0$ のとき, $F_x + F_y \dfrac{dy}{dx} = 0$ より, $\dfrac{dy}{dx} = -\dfrac{F_x}{F_y}$

微分積分学の基本定理

$\dfrac{d}{dx}\displaystyle\int_a^x f(x)dx = f(x)$

Taylor 展開

$f(x) = \displaystyle\sum_{k=0}^{n-1} \dfrac{1}{k!} f^{(k)}(a)(x-a)^k + R_n$. R_n は剰余項.

$R_n = \dfrac{f^{(n)}(c)}{n!}$ (c は a と x の間の数)（微分形）

$R_n = \dfrac{1}{(n-1)!}\displaystyle\int_a^x f^{(n)}(t)(x-t)^{n-1}dt$ （積分形）

展開公式

$$e^x = \sum_{n=0}^{\infty} \frac{x^n}{n!}, \quad \sin x = \sum_{n=0}^{\infty} (-1)^n \frac{x^{2n+1}}{(2n+1)!},$$

$$\cos x = \sum_{n=0}^{\infty} (-1)^n \frac{x^{2n}}{(2n)!}, \quad \frac{1}{1-x} = \sum_{n=0}^{\infty} x^n$$

全微分

$z = f(x,y)$ のとき, $\quad dz = \dfrac{\partial z}{\partial x}dx + \dfrac{\partial z}{\partial y}dy$

2 変数関数の極値

$z = f(x,y)$ において, $\quad f_x(a,b) = 0$, $f_y(a,b) = 0$, $\Delta(x,y) = f_{xx}f_{yy} - (f_{xy})^2$ のとき,

$\Delta(a,b) > 0,\ f_{xx}(a,b) > 0$ なら $f(a,b)$ は極小値.
$\Delta(a,b) > 0,\ f_{xx}(a,b) < 0$ なら $f(a,b)$ は極大値.
$\Delta(a,b) < 0$ なら $f(a,b)$ は極値でない.

l'Hospital の定理

極限値が不定形のとき $\displaystyle\lim_{x \to a} \frac{f(x)}{g(x)} = \lim_{x \to a} \frac{f'(x)}{g'(x)}$ が成り立つ. (a は $\pm\infty$ も含む)

積分関係

主な置換の仕方

$\displaystyle\int f(\sin^2 x, \cos^2 x)dx \quad (\tan x = t$ と置換$)$

$\displaystyle\int f(\sin x, \cos x)dx \quad (\tan \dfrac{x}{2} = t$ と置換$)$

$\displaystyle\int f(x, \sqrt[n]{ax+b})dx \quad (\sqrt[n]{ax+b} = t$ と置換$)$

$\displaystyle\int f(x, \sqrt{a^2 - x^2})dx \quad (x = a\sin t$ と置換$)$

$\displaystyle\int f(x, \sqrt{a^2 + x^2})dx \quad (x = a\tan t$ と置換$)$

$\displaystyle\int f(x, \sqrt{x^2 - a^2})dx \quad (x = a\sec t$ と置換$)$

紛らわしい不定積分の公式

$\displaystyle\int \frac{1}{a^2 + x^2}dx = \frac{1}{a}\tan^{-1}\frac{x}{a}$

$\displaystyle\int \frac{1}{\sqrt{a^2 - x^2}}dx = \sin^{-1}\frac{x}{a}$

$\displaystyle\int \frac{1}{\sqrt{x^2 + A}}dx = \log|x^2 + \sqrt{x^2 + A}\,|$

$$\int \sqrt{a^2 - x^2} dx = \frac{1}{2}(x\sqrt{a^2 - x^2} + a^2 \sin^{-1}\frac{x}{a})$$

$$\int \sqrt{x^2 + A} dx = \frac{1}{2}(x\sqrt{x^2 + A} + A\log|x + \sqrt{x^2 + A}|)$$

Wallis の公式

$$I_n = \int_0^{\frac{\pi}{2}} \sin^n x dx = \int_0^{\frac{\pi}{2}} \cos^n x dx = \begin{cases} \dfrac{n-1}{n}\dfrac{n-3}{n-2}\cdots\dfrac{1}{2}\cdot\dfrac{\pi}{2} & (n:偶数) \\ \dfrac{n-1}{n}\dfrac{n-3}{n-2}\cdots\dfrac{2}{3}\cdot 1 & (n:奇数) \end{cases}$$

不定積分の求められない例

$$\int e^{-x^2} dx \text{（確率積分）}, \quad \int \sin(x^2) dx \text{（Frenel 積分）}, \quad \int \frac{\sin x}{x} dx \text{（積分正弦関数）}$$

重積分の変数変換

$x = x(u, v), y = y(u, v)$ の変数変換で，

$$\iint_D f(x,y) dxdy = \iint_{D'} f(x(u,v), y(u,v))|J| dudv$$

ただし，$J = \dfrac{\partial(x,y)}{\partial(u,v)} = \begin{vmatrix} x_u & x_v \\ y_u & y_v \end{vmatrix}$ （J はヤコビ行列式，ヤコビアン）

曲線の長さ

$y = f(x)$ の長さ L $(a \leq x \leq b)$ は，線素 $ds = \sqrt{dx^2 + dy^2}$ より，
$L = \int ds = \int \sqrt{dx^2 + dy^2}$.

よって，$L = \int_a^b \sqrt{1 + \left(\dfrac{dy}{dx}\right)^2} dx$.

$x = x(t), y = y(t), \alpha \leq t \leq \beta$ のとき $L = \int_\alpha^\beta \sqrt{\left(\dfrac{dx}{dt}\right)^2 + \left(\dfrac{dy}{dt}\right)^2} dt$.

$x = r\cos\theta, y = r\sin\theta, \alpha' \leq \theta \leq \beta'$ のとき $L = \int_{\alpha'}^{\beta'} \sqrt{r^2 + \left(\dfrac{dr}{d\theta}\right)^2} d\theta$.

練習問題の略解

1章

1. (1) $y' = \frac{-2x}{(1+x^4)}$, (2) $y' = \frac{2x \sec^2 \ln(x^2+1)}{(x^2+1)\{1-\tan^2 \ln(x^2+1)\}^{1/2}}$, (3) $y' = \frac{1}{x^4+1}$.

2. $y' = \sqrt{x^2 + A}$.

3. (1) $y' = (\log x + (\log x)^2 + \frac{1}{x}) x^x \cdot x^{x^x}$, (2) $y' = \frac{2x \sec^2 \ln(x^2+1)}{(x^2+1)\{1-\tan^2 \ln(x^2+1)\}^{1/2}}$,

(3) $y' = (\sin x)^{\sin x} \cdot \cos x \cdot (1 + \log \sin x)$, (4) $y' = \frac{1}{2} \sqrt[4]{\frac{(a+x)(b+x)}{(a-x)(b-x)}} (\frac{a}{a^2-x^2} + \frac{b}{b^2-x^2})$.

4. (1) $y^{(n)} = \frac{1}{2}(-1)^n n!(\frac{1}{(x-1)^{n+1}} - \frac{1}{(x+1)^{n+1}})$, (2) $y^{(n)} = \frac{(ad-bc)(-c)^{n-1}n!}{(cx+d)^{n+1}}$, (3) $y^{(n)} = \frac{(a+b)^n}{2} \sin((a+b)x + \frac{n\pi}{2}) + \frac{(a-b)^n}{2} \sin((a-b)x + \frac{n\pi}{2})$, (4) $\cos^3 x = \frac{3\cos x + \cos 3x}{4}$ ∴ $y^{(n)} = \frac{3}{4} \cos(x + \frac{n\pi}{2}) + \frac{3^n}{4} \cos(3x + \frac{n\pi}{2})$, (5) $y^{(n)} = (\sqrt{2})^n e^x \sin(x + \frac{n\pi}{4})$, (6) $y^{(n)} = x(x^2 - 3n(n-1))\sin(x + \frac{n\pi}{2}) - n(3x^2 - (n-1)(n-2))\cos(x + \frac{n\pi}{2})$, (7) $y_n = x^{n-1}e^{1/x}$ とすると, $(y_n)^{(n)} = (-1)^n \frac{e^{1/x}}{x^{n+1}}$ と予想できる. あとは帰納法で証明する.

5. 解説内の変形を使う. (略).

6. (1) $\frac{f(x)-f(a)}{x-a} - f'(a) = \epsilon(x)$ とおけば $\lim_{x \to a \pm 0} \epsilon(x) = 0$, よって $\lim_{x \to a \pm 0}(f(x) - f(a)) = \lim_{x \to a \pm 0}(x-a)(f'(a) + \varepsilon(x)) = 0$. よって連続. (2) 反例 $f(x) = |x-a|$, (3) $F(x) = (x-a)f(x)$ とおくと, $F'(a) = \lim_{h \to 0} \frac{(a+h-a)f(a+h)-(a-a)f(a)}{h} = f(a)$. よって微分可能.

7. (1) '任意の2点 $x, y \in C$ に対し $(1-t)x + ty \in C$ $(0 \leq \forall t \leq 1)$' が成り立つとき, C を凸集合という. (2) '任意の2点 $x, y \in \mathbb{R}^n$ に対し $f((1-t)x + ty) \leq (1-t)f(x) + tf(y)$ $(0 \leq \forall t \leq 1)$' が成り立つとき, f を凸関数という. (3) 任意の $x, y \in C$ および $0 \leq t \leq 1$ に対し, f が凸だから $f((1-t)x + ty) \leq (1-t)f(x) + tf(y) \leq (1-t)\beta + t\beta = \beta$, したがって $(1-t)x + ty \in C$ となる. ゆえに C は凸集合である.

8. $x = r\cos\theta, y = r\sin\theta$ とおくと $f(r\cos\theta, r\sin\theta) = rf(\cos\theta, \sin\theta)$. $(\cos\theta, \sin\theta)$ は単位円なので有界. したがって $f(\cos\theta, \sin\theta)$ は最大値 b と最小値 a をとる. $f(x, y) > 0$ なので $0 < a \leq b$. $r = \sqrt{x^2 + y^2}$ より $a\sqrt{x^2+y^2} \leq f(x, y) \leq b\sqrt{x^2+y^2}$ が成り立つ.

2章

1. (a) $f^{(0)}(0) = 0, f^{(1)}(0) = 0, f^{(2)}(0) = 2, f^{(3)}(0) = 0, f^{(4)}(0) = -12$, (b) $f(x) \approx x^2 - \frac{x^4}{2}$.

2. (1) $F(x) = 0$, (2) $F^{(n)} = (1-x^2)f^{(n+2)} - (2n+1)xf^{(n+1)} - n^2 f^{(n)}$, (3) $g'(x) = \frac{3}{\sqrt{1-(3x)^2}}$ のマクローリン展開を考えると, 収束半径は $\frac{1}{3}$. $g'(x)$ のマクローリン展開を積分して $\sin^{-1} 3x = \sum_{k=0}^{\infty} \binom{-1/2}{k} \frac{(-1)^k (3x)^{2k+1}}{(2k+1)}$.

3. $e^x \cos(x+a) = \sum_{k=0}^{\infty} (\sqrt{2})^k \cos(a + \frac{k\pi}{4}) \frac{x^k}{k!}$.

4. $y^{(n)} = \frac{(x+2n)e^{x/2}}{2^n}$ より $y^{(n)}(0) = \frac{n}{2^{n-1}}$.

5. (1) 1, (2) $\frac{1}{3}$, (3) 0.

6. $\sqrt{\frac{a+b}{a-b}} = \sqrt{\frac{1+(b/a)}{1-(b/a)}}$ となる. ここで b/a は十分小. よって $f(x) = \sqrt{\frac{1+x}{1-x}}$ をマクローリン展開すると, $f(x) = 1 + x + 0(x^2)$. $\therefore f(\frac{b}{a}) \approx 1 + \frac{b}{a} = \frac{a+b}{a}$.

3章

1. (積分定数は省略する.) (i) $\frac{1}{a} \tan^{-1} \frac{x}{a}$, (ii) $\frac{1}{2a} \log |\frac{x-a}{x+a}|$, (iii) $\sin^{-1} \frac{x}{a}$, (iv) $\log |x + \sqrt{x^2 + A}|$, (v) $\frac{1}{2}(x\sqrt{a^2-x^2} + a^2 \sin^{-1} \frac{x}{a})$, (vi) $\frac{1}{2}(x\sqrt{x^2+A} + A \log |x + \sqrt{x^2+A}|)$.

2. (i) $\frac{1}{x^2+ax+b} = \frac{1}{(x+\frac{a}{2})^2 + (\frac{4b-a^2}{4})}$ より $\int \frac{1}{x^2+ax+b} dx = \frac{2}{\sqrt{4b-a^2}} \tan^{-1}(\frac{2x+a}{\sqrt{4b-a^2}})$, (ii) $\int (\tan^6 x + \tan^4 x) dx = \int \tan^4 x \frac{1}{\cos^2 x} dx = \frac{\tan^5 x}{5}$, (iii) $\int \tanh 2x dx = \frac{1}{2} \log \cosh 2x$.

3. (i), (ii), (iii), (iv), (v), (vi) 部分積分を使い証明する. (省略)

4. (1) $\int \sqrt{\frac{x-1}{x+1}} dx = 4 \int \frac{t^2}{(1-t^2)^2} dt$, (2) $\frac{4t^2}{(1-t^2)^2} = \frac{1}{(1+t)^2} + \frac{1}{(1-t)^2} - \frac{1}{1+t} - \frac{1}{1-t}$, (3) $4 \int \frac{t^2}{(1-t^2)^2} dt = \frac{2t}{1-t^2} + \log|\frac{1-t}{1+t}| = \sqrt{x^2-1} + \log|x - \sqrt{x^2-1}|$.

5. (1) 直接計算すればよい, (2) $\int_{-1}^{1} P_0 P_3 dx = 0$ より $\frac{b}{3} + d = 0$, $\int_{-1}^{1} P_1 P_3 dx = 0$ より $\frac{a}{5} + \frac{c}{3} = 0$, $\int_{-1}^{1} P_2 P_3 dx = 0$ より $b = 0$. $\therefore d = 0$. $c = -\frac{3}{5}a$ を代入して, $\int_{-1}^{1} P_3^2 dx = \frac{2}{7}$ より $a = \frac{5}{2}$. よって $P_3 = \frac{1}{2}(5x^3 - 3x)$, $(a = \frac{5}{2}, b = 0, c = -\frac{3}{2}, d = 0)$, (3) $\int_{-1}^{1} P_2(x) \epsilon(x) dx = 0$ より $\int_{-1}^{1} P_2(x) e^x dx - A_2 \int_{-1}^{1} P_2^2 dx = 0$ となる. $\therefore A_2 = \frac{5}{2} \int_{-1}^{1} P_2(x) e^x dx = \frac{5}{2}(e - 7e^{-1})$.

6. (1) 絶対収束は $\int_0^{\infty} x^p |\sin x|^q dx$ が収束すればよい. $x = 0$ の近傍では $\sin x \fallingdotseq x$ より $x^p \cdot x^q = x^{p+q}$ が積分できればよい. $\therefore -1 < p+q$. また ∞ までの積分は $p < -1$ なら収束する. よって $-1 - q < p < -1$, (2) 条件収束は, $(-1)^q = -1$ となる q についてのみ考える. $\int_{n\pi}^{(n+1)\pi} x^p \sin^q x dx \to 0 (n \to \infty)$ となればよいので, $p < 0$. $x = 0$ の近傍では, $\sin x > 0$ なので (1) と同じ条件となる. $\therefore -1 - q < p < 0$, ただし $(-1)^q = -1$. (詳解略)

7. (1) $1 + \frac{1}{2} + \frac{1}{3} + \cdots = 1 + \frac{1}{2} + (\frac{1}{3} + \frac{1}{4}) + (\frac{1}{5} + \frac{1}{6} + \frac{1}{7} + \frac{1}{8}) + \cdots > \frac{2}{2} + 2 \cdot \frac{1}{4} + 4 \cdot \frac{1}{8} + \cdots$ と変形すると, 右辺 $= 1 + \frac{1}{2} + \frac{1}{2} + \frac{1}{2} + \cdots$ となり発散する. (2) $\sum_{n=1}^{N} (-1)^{n+1} \frac{2n+1}{n(n+1)} =$

$\sum_{n=1}^{N}(-1)^{n+1}(\frac{1}{n}+\frac{1}{(n+1)}) = 1 + \frac{(-1)^{N+1}}{N+1}$ $\therefore \sum_{n=1}^{\infty}(-1)^{n+1}\frac{2n+1}{n(n+1)} = 1$. $\sum_{n=1}^{\infty}|(-1)^{n+1}\frac{2n+1}{n(n+1)}| = \sum_{n=1}^{\infty}\frac{1}{n} + \sum_{n=2}^{\infty}\frac{1}{n}$. よって発散する.

4章

1. (1) $z_{xx} = 4e^{2x+3y}$, $z_{xy} = z_{yx} = 6e^{2x+3y}$, $z_{yy} = 9e^{2x+3y}$, (2) $z_{xx} = \frac{2xy}{(x^2+y^2)^2}$, $z_{xy} = z_{yx} = \frac{y^2-x^2}{(x^2+y^2)^2}$, $z_{yy} = \frac{-2xy}{(x^2+y^2)^2}$, (3) $x > 0$ のとき $z_{xx} = \frac{y(2x^2-y^2)}{x^2(\sqrt{x^2-y^2})^3}$, $z_{xy} = z_{yx} = \frac{-x}{(\sqrt{x^2-y^2})^3}$, $z_{yy} = \frac{y}{(\sqrt{x^2-y^2})^3}$, $x < 0$ のとき $z_{xx} = \frac{-y(2x^2-y^2)}{x^2(\sqrt{x^2-y^2})^3}$, $z_{xy} = z_{yx} = \frac{x}{(\sqrt{x^2-y^2})^3}$, $z_{yy} = \frac{-y}{x^2(\sqrt{x^2-y^2})^3}$, (4) 対数をとって計算するとよい. $z_{xx} = \{(\frac{y}{x} + \log y)^2 - \frac{y}{x^2}\} x^y y^x$, $z_{xy} = z_{yx} = \{(\frac{y}{x} + \log y)(\frac{x}{y} + \log x) + \frac{x+y}{xy}\} x^y y^x$, $z_{yy} = \{(\frac{x}{y} + \log x)^2 - \frac{x}{y^2}\} x^y y^x$.

2. 接平面 $\frac{x}{a} + \frac{y}{b} + \frac{z}{c} = \frac{1}{3}$. 交点 $(\frac{a}{9}, \frac{b}{9}, \frac{c}{9})$ となる.

3. 0.

4. $\beta = 2 - n$.

5. $\frac{dz}{dt} = \frac{\partial z}{\partial x}\frac{dx}{dt} + \frac{\partial z}{\partial y}\frac{dy}{dt} = 2xy\cos t + x^2(e^t - 1)$.

6. (1) $g_x = f_u \frac{\partial u}{\partial x} + f_v \frac{\partial v}{\partial x} = f_u + yf_v$, $g_y = f_u \frac{\partial u}{\partial y} + f_v \frac{\partial v}{\partial y} = f_u + xf_v$, $g_{xx} = \frac{\partial}{\partial x}(f_u + yf_v) = f_{uu} + 2yf_{uv} + y^2 f_{vv}$, (2) (1) より $\begin{pmatrix} 1 & y \\ 1 & x \end{pmatrix} \begin{pmatrix} f_u \\ f_v \end{pmatrix} = \begin{pmatrix} g_x \\ g_y \end{pmatrix}$. $f_u = \frac{xg_x - yg_y}{x-y}$, $f_v = \frac{g_y - g_x}{x-y}$. (3) $f_{vv} = \frac{2(g_y - g_x)}{(x-y)^3} + \frac{g_{xx} - 2g_{xy} + g_{yy}}{(x-y)^2}$.

7. (1) $y' = \frac{1}{2x^2 y \cos(x^2 y)} - \frac{y}{x}$, (2) $y'' = \frac{\sin(x+y)}{\cos^3(x+y)}$, (3) $y' = -\frac{4x^3 + 2y^2 + 8xy}{4xy + 4x^2 - 7}$ より, $y + 1 = -\frac{2}{7}(x-1)$, あるいは $y = -\frac{2}{7}x - \frac{5}{7}$.

8. (1) $f(x, 0) = x$ より $f_x(0, 0) = 1$, $f(0, y) = -y$ より $f_y(0, 0) = -1$, (2) 与式 $= |\frac{xy(x-y)}{(x^2+y^2)^{3/2}}|$. $y = -x$ として $x \to 0$ とすると与式 $= \frac{2x^3}{2\sqrt{2}x^3} \to \frac{1}{\sqrt{2}}$ となり 0 とならない.

9. (1) $(x, y) \neq (0, 0)$ のとき $f_x(x, y) = y\sin\frac{1}{\sqrt{x^2+y^2}} - \frac{x^2 y}{(\sqrt{x^2+y^2})^3}\cos\frac{1}{\sqrt{x^2+y^2}}$, $(x, y) = (0, 0)$ のとき $f(h, 0) = 0$ より $f_x(0, 0) = 0$, (2) $y = x > 0$ とする. このとき $f_x(x, x) = x\sin\frac{1}{\sqrt{2}x} - \frac{1}{2\sqrt{2}}\cos\frac{1}{\sqrt{2}x}$. よって $x \to 0+0$ とすると第 2 項は振動し続けるので $f_x(x, x)$ の極限は存在しない. ゆえに $f_x(x, y)$ は原点において不連続である. (3) $\left|\frac{hk}{\sqrt{h^2+k^2}}\sin\frac{1}{\sqrt{h^2+k^2}}\right| \leq |h|$ あるいは $|k|$. ゆえに $h \to 0, k \to 0$ で $\to 0$ となる. $f(x, y)$ は $(0, 0)$ で全微分可能.

10. (1) $(x, y) = (0, 0)$ のとき $f(h, 0) = 0$ より $f_x(0, 0) = 0$, (2) $f_{xy}(0, 0) = \lim_{k \to 0} \frac{f_x(0, k) - f_x(0, 0)}{k} = \lim_{k \to 0} \frac{(1 - e^k + k)}{k^2} = -\frac{1}{2}$. $f_{yx}(0, 0) = \lim_{h \to 0} \frac{f_y(h, 0) - f_y(0, 0)}{h} = \lim_{h \to 0} \frac{(e^h - 1 - h)}{h^2} = \frac{1}{2}$. (ロピタルの定理を使う)

11. $f(x, y) = e^{r\varphi} = 1 + r\varphi + \frac{(r\varphi)^2}{2} + \frac{(r\varphi)^3}{3!} + \cdots$ として $\frac{f(x,y) - g(x,y)}{r^2}$ を考える. もし r の 2 次以下の項が残ると, 極限は発散してしまう. したがって, $g(x, y) = 1 + (2x + $

$3y) + \frac{(2x+3y)^2}{3}$ でなければならない．（ここで $r = \sqrt{x^2+y^2}$, $\varphi = 2\cos\theta + 3\sin\theta$）

12. $g'(t) = \lim_{h\to 0} \frac{\int_0^{t+h} f(t+h,s)ds - \int_0^t f(t,s)ds}{h}$
$= \lim_{h\to 0} f(t+h, t') + \lim_{h\to 0} \int_0^t \frac{f(t+h,s)-f(t,s)}{h} dx = f(t,t) + \int_0^t \frac{\partial f}{\partial t} ds$ となる．
$(t \le t' \le t+h)$.

5 章

1. 5 番．

2. (1) $x^4 + x^2y^2 + y^4 = r^4\{(\cos^2\theta + \sin^2\theta)^2 - \sin^2\theta\cos^2\theta\}$ より
$I = \int_{-\pi}^{\pi} (\int_0^\infty re^{-r^4(1-\frac{\sin^2 2\theta}{4})} dr) d\theta$. (2) $\frac{3}{4} \le 1 - \frac{\sin^2 2\theta}{4} \le 1$ なので $t = r^4\varphi$, $(\varphi = 1 - \frac{\sin^2 2\theta}{4})$ とおいて置換積分すると $\int_0^\infty re^{-r^4(1-\frac{\sin^2 2\theta}{4})} dr = \frac{\sqrt{\pi}}{\sqrt{1-\frac{\sin^2 2\theta}{4}}}$. よって $I = \int_{-\pi}^{\pi} \frac{\sqrt{\pi}}{\sqrt{1-\frac{\sin^2 2\theta}{4}}} d\theta = 8\sqrt{\pi} \int_0^{\frac{\pi}{4}} \frac{1}{\sqrt{1-\frac{\sin^2 2\theta}{4}}} d\theta$, $\sin 2\theta = t$ と置き直すと $I = \Gamma(1/2)K(1/2) = \sqrt{\pi}K(1/2)$. （$\Gamma(1/2)$ の求め方は p.121 を参照）

6 章

1. (1) $F(a,b) = \frac{2}{3}\pi e^{\frac{-(a+b)}{2}}$, (2) $\begin{cases} \max F(a,b) = \frac{2\pi}{3} e^{\frac{\sqrt{2}}{2}} \\ \min F(a,b) = \frac{2\pi}{3} e^{-\frac{\sqrt{2}}{2}} \end{cases}$

2. $(x,y) = (1,2), (-1,-2)$ で極大値 0．

3. (1) $(0,0), (1,-1), (-1,1)$, (2) $C: z = x^2(x^2-1)$, $D: z = \frac{t^4}{2} (x = y = \frac{t}{\sqrt{2}})$, (3) $(1,-1), (-1,1)$ で極小値 -2．

4. $(\frac{\pi}{3}, \frac{\pi}{3})$ で極大値 $\frac{3\sqrt{3}}{8}$, $(-\frac{\pi}{3}, -\frac{\pi}{3})$ で極大値 $\frac{-3\sqrt{3}}{8}$．

5. 極大値 $\frac{3\sqrt{3}}{4\sqrt{2}}$．

6. 極大値 $(\frac{a}{a+b+c})^{\frac{a}{2}} (\frac{b}{a+b+c})^{\frac{b}{2}} (\frac{c}{a+b+c})^{\frac{c}{2}} = \frac{a^{\frac{a}{2}} b^{\frac{b}{2}} c^{\frac{c}{2}}}{(a+b+c)^{\frac{a+b+c}{2}}}$.

7 章

1. (1) 曲線はサイクロイド．(2) 長さ $\ell = 8a$, (3) 面積 $S = 3\pi a^2$, (4) x 軸まわりの回転体の体積 $V_1 = 5\pi^2 a^3$, (5) y 軸まわりの回転体の体積 $V_2 = 6\pi^3 a^3$．

2. (i) $\varphi'(x) = \frac{dy}{dx} = -\frac{\sin\theta}{1+\cos\theta}$, $\varphi''(x) = \frac{d^2y}{dx^2} = -\frac{1}{(1+\cos\theta)^2}$. ここで $\theta = \pi/3$ とすれば $\varphi'(x_0) = -\frac{1}{\sqrt{3}}$, $\varphi''(x_0) = -\frac{4}{9}$. (ii) $\iint_D dxdy = \int_{-\pi}^{\pi} ydx = 3\pi$. (iii) $\iint_D xdxdy = 0$, $\iint_D ydxdy = \int_{-\pi}^{\pi} \frac{(1+\cos\theta)^3}{2} d\theta = \frac{5}{2}\pi$ より．$(x_D, y_D) = (0, \frac{5}{6})$．

3. 長さ $\ell = \int_0^x \sqrt{1+y'^2} dx = \int_0^x \sqrt{1+x^2} dx = \frac{1}{2}(x\sqrt{1+x^2} + \log(x+\sqrt{1+x^2}))$．

4. 長さ $\ell = 1 + \frac{1}{\sqrt{2}} \log(\sqrt{2}+1)$．

5. $r = 1 + \cos\theta$ より $A = 2\pi \int_0^\pi (1+\cos\theta)\sin\theta \sqrt{(1+\cos\theta)^2 + \sin^2\theta} d\theta = \frac{32\pi}{5}$．

6. (1) $r = a(1-\cos\theta)$, (2) 図は省略する． y は $x = -\frac{3a}{4}$ のとき最大値 $\frac{3\sqrt{3}a}{4}$, 最小値 $\frac{-3\sqrt{3}a}{4}$. x は $y = \pm\frac{\sqrt{3}a}{4}$ のとき最大値 $\frac{a}{4}$, $y = 0$ のとき最小値 $-2a$ をとる. (3) 全長 $\ell = 8a$, (4) 面積 $S = \frac{3\pi a^2}{2}$.

7. 1-(1) D : $\begin{pmatrix} tp \\ tq \end{pmatrix}$, E : $\begin{pmatrix} (1-p)t+p \\ (1-t)q \end{pmatrix}$, 1-(2) $f(t) = (1-2p)t^2 + 2pt$, $g(t) = -2qt^2 + 2qt$, 1-(3) $M = \frac{q}{3}$, $\frac{M}{N} = \frac{2}{3}$, 1-(4) $M = \frac{qr}{3}$

2 面積は $\frac{1}{3}$.

3 $(x - \frac{1}{2})^2 + y^2 = (\frac{1}{4})^2$

索引

■英字

cosec, 86

sec, 86

■あ行

陰関数, 148
陰関数定理, 148
Wallis の公式, 100, 122
円柱座標, 161
凹関数, 18

■か行

確率積分, 133
カージオイド, 247
ガンマ関数, 108, 120, 191
奇関数の定積分, 97
基本関数の展開公式（テンプレート）, 41
逆三角関数, 3
逆三角関数の積分, 82
曲率, 263, 266
曲率中心, 266
曲率半径, 266
近似, 41, 75
近似式, 66
近似値, 75
偶関数の定積分, 97

区分求積法, 31
k 階連続微分可能, 153
広義積分, 102, 105, 198
広義積分の絶対収束, 131
合成関数の微分連鎖律, 158, 159
項別積分, 54
項別微分, 54
誤差, 45, 46, 51
誤差の評価, 41, 59, 75
Cauchy による判定法, 108

■さ行

サイクロイド, 239
三角不等式, 101
3 重積分, 185
C^k 級, 153
次数判定法, 110
実解析的, 38, 50
重心, 240
重積分, 171
重積分の変数変換, 176
剰余項, 50
初等関数の不定積分, 88
積分可能条件, 98
積分指数関数, 133, 175
積分正弦関数, 133
積分の順序変更, 175
積分の漸化式, 85

積分変換, 110, 189
積分余弦関数, 133
接平面, 134
線素, 242
全微分 (total differential), 136
全微分可能, 152

■た行

対数微分法, 11
楕円関数, 194
楕円積分, 133, 259
多価性, 262
多変数関数の連続性, 151
置換積分, 81
調和関数, 166
直交関数系, 113
釣鐘関数, 38, 40
定積分, 95
Taylor 級数, 38
Dirac のデルタ関数, 40
Taylor 多項式 (Taylor polynomial), 38, 45
Taylor 展開 (Taylor expansion), 41, 45, 50
Taylor の定理, 41, 43, 45
展開公式：一般二項定理, 52
展開公式：幾何級数系, 52
展開公式：三角関数系, 51
展開公式：指数関数系, 51
凸関数, 32
凸集合, 23

■な行

2 変数関数の極値の求め方, 209, 230

■は行

媒介変数による微分法, 17
波動方程式 (wave equation), 170
汎関数, 234, 236
非正規化 sinc 関数, 132
微分可能, 21
微分積分学の基本定理, 98

表面積, 245
Frenel 積分, 133
部分積分法, 80, 81, 87
ベキ級数, 54
ベキ級数展開, 41, 57
ベキ級数展開可能, 50
Hesse 行列, 139
ベータ関数, 120
偏微分 (partial differential), 136
偏微分の連鎖律, 141
変分学の基本補題, 116
方向微分可能, 151
Hölder の不等式, 224

■ま行

Maclaurin 展開 (Maclaurin expansion), 41, 45, 48, 50
無限領域における広義積分, 187

■や行

Jacobi 行列, 191, 202
Jacobi 行列式, 176, 202, 273
優関数判定法, 108
有理関数の不定積分, 88, 90
有理関数の部分分数展開, 89
余剰項 (remainder term), 45
4 重積分, 183

■ら行

Leibniz の法則, 14, 46, 159
Lagrange 関数, 217
Lagrange 乗数, 217
ラプラシアン, 139
Riemann-Liouville 積分, 189
Riemann 和, 97
累次積分, 171
Lamé 曲線, 178
レムニスケート, 181, 259

■わ行

Weierstrass の多項式近似定理, 126

■監修者紹介

佐藤 義隆（さとう よしたか）
金沢大学大学院理学研究科数学専攻修了
国立東京工業高等専門学校名誉教授　応用解析専攻

■著者紹介

本田 龍央（ほんだ たつお）
職業能力開発総合大学校，城西大学理学部数学科，
青山学院大学理工学部，非常勤講師

五十嵐 貫（いがらし かん）
東京工業大学大学院理工学研究科応用物理学専攻修了（応用確率論）
University of Kuala Lumpur, マレーシア日本高等教育プログラム (MJHEP) 講師，
応用数学

詳解　大学院への数学──微分積分編
© Sato Yoshitaka, Honda Tatsuo, Igarashi Kan 2014

2014年10月25日　第1刷発行　　　　　　　　Printed in Japan
2024年 3月25日　第6刷発行

監修者　佐藤義隆
著　者　本田龍央，五十嵐貫
発行所　東京図書株式会社
〒102-0072 東京都千代田区飯田橋3-11-19
振替 00140-4-13803 電話 03(3288)9461
http://www.tokyo-tosho.co.jp

ISBN 978-4-489-02193-0

齋藤正彦 微分積分学

●齋藤正彦 著　　　　　　　　　　　　A5判

高等学校の要約からベクトル解析の概要まで，随所で新しい驚きと大胆なアイデアにあふれる読んでいて心地よい微積分教科書。定義がきちんとされているか，厳密な証明は済んだか，といったことも常に念頭に置いて議論が進む。

齋藤正彦 線型代数学

●齋藤正彦 著　　　　　　　　　　　　A5判

長年にわたる東大での講義をまとめた，線型代数学の教科書。行列の定義から始め，区分けと基本変形を道具として，1次方程式，行列式，線型空間を解説し，ジョルダン標準形に至る。奇をてらわずに，正攻法で読者を導く。簡潔な文体の中に，著者ならではの洗練された数学のエッセンスがちりばめられている。

長岡亮介 線型代数入門講義
――現代数学の《技法》と《心》――

●長岡亮介 著　　　　　　　　　　　　A5判

大学数学に困惑する読者を，線型代数の魅力的世界へ誘う教科書。「試験に出そうな問題の詳しい解説」より「一題がしっかりわかれば理論的な理解が得られ，そこから百題，千題が解けるようになる」ことを目標に精選した「本質例題」で，計算演習に加え現代数学の規範になる論証も組込み，現代数学特有の（論証の）考え方を理解できるようまとめた。

詳解 大学院への数学（改訂新版）

●東京図書編集部 編　　　　　　　　　　A5判

詳解 大学院への数学 微分積分編

詳解 大学院への数学 線形代数編

●佐藤義隆 監修／本田龍央・五十嵐貫 著　　　A5判